U0210602

GREEN BOOK

智 库 成 果 出 版 与 传 播 平 台

黄河生态文明绿皮书

GREEN BOOK OF YELLOW RIVER ECO-CIVILIZATION

黄河流域生态文明建设发展报告（2021）

ANNUAL REPORT ON ECO-CIVILIZATION CONSTRUCTION OF THE YELLOW RIVER BASIN(2021)

保护传承黄河文化生态　繁荣发展黄河生态文化

主　编／安黎哲
执行主编／林　震

社会科学文献出版社
SOCIAL SCIENCES ACADEMIC PRESS（CHINA）

图书在版编目（CIP）数据

黄河流域生态文明建设发展报告.2021：保护传承
黄河文化生态　繁荣发展黄河生态文化/安黎哲主编；
林震执行主编.--北京：社会科学文献出版社，2022.10
（黄河生态文明绿皮书）
ISBN 978-7-5228-0504-7

Ⅰ.①黄…　Ⅱ.①安…②林…　Ⅲ.①黄河流域-生
态环境建设-研究报告-2021　Ⅳ.①X321.2

中国版本图书馆 CIP 数据核字（2022）第 134821 号

黄河生态文明绿皮书
黄河流域生态文明建设发展报告（2021）
——保护传承黄河文化生态　繁荣发展黄河生态文化

主　　编／安黎哲
执行主编／林　震

出 版 人／王利民
责任编辑／张建中
文稿编辑／王　娇
责任印制／王京美

出　　版／社会科学文献出版社
　　　　　　地址：北京市北三环中路甲 29 号院华龙大厦　邮编：100029
　　　　　　网址：www.ssap.com.cn
发　　行／社会科学文献出版社（010）59367028
印　　装／三河市东方印刷有限公司

规　　格／开　本：787mm×1092mm　1/16
　　　　　　印　张：24　字　数：362 千字
版　　次／2022 年 10 月第 1 版　2022 年 10 月第 1 次印刷
书　　号／ISBN 978-7-5228-0504-7
定　　价／169.00 元

读者服务电话：4008918866

黄河生态文明绿皮书编委会

主要编撰者简介

安黎哲　男，1963年6月生，甘肃天水人，博士，教授，博士生导师，国家湿地科学技术专家，毕业于兰州大学生命科学学院。现任北京林业大学校长、黄河流域生态保护和高质量发展研究院院长。兼任中国生态学学会副理事长、中国林学会副理事长、国家三北防护林建设专家委员会副主任委员、国家自然保护区评审委员会委员、海南热带雨林国家公园研究院副理事长、大熊猫国家公园学术委员会委员、《植物生态学报》《应用生态学报》副主编、教育部高等学校生物科学类专业教学指导委员会副主任等职。曾入选中科院"西部之光"人才培养计划、中科院"百人计划"、教育部"跨世纪优秀人才培养计划"、"中国科学院优秀博士后"和甘肃省领军人才。主要从事有关植物生态学和环境生物学方面的教学和科研工作。主持国家杰出青年科学基金项目、国家自然科学基金重点项目、科技部国际合作项目、教育部科技基础资源数据平台建设项目和甘肃省科学技术攻关项目等课题。在国内外学术刊物上发表论文265篇，其中SCI论文156篇，编写专著10部，获得发明专利11项。成果获教育部自然科学奖一等奖、甘肃省自然科学奖二等奖、甘肃省高等教育教学成果奖一等奖和北京市高等教育教学成果奖一等奖。

林　震　男，1972年6月生，福建福清人，博士，教授，博士生导师，毕业于北京大学政府管理学院。现任北京林业大学生态文明研究院院长及侨联主席。兼任北京市侨联常委、北京市海淀区政协委员、中国行政管理学会常务理事、中国生态文明研究与促进会理事、中国区域科学协会生态文明研究专业委员会副主任委员、北京市政治学行政学学会副会长、北京生态文化协会副会长等职。致力于生态文明、绿色治理、生态文化和比较政治等领域的研究。

主编的话

滔滔黄河，生态多样；巍巍华夏，文化流长。源出昆仑，绵延万里，鬼斧神工，气势如虹；滋养中华，赓续千年，天人合一，道法自然。

黄河是中华民族的母亲河，哺育了亿万的华夏儿女，造就了灿烂的历史文化。黄河文化是多元一体的，各美其美，美美与共；黄河文化是坚贞不屈的，中流砥柱，民族脊梁；黄河文化是仁民爱物的，民惟邦本，本固邦宁；黄河文化是顺天应时的，上善若水，人与天调；黄河文化是和谐统一的，万宗同源，和合大同。

今天，实现黄河流域生态保护和高质量发展的宏伟战略目标，持续推进黄河流域生态文明建设的千秋大计，需要传承好黄河文化这个根和魂，还要讲好新时代"黄河故事"的情与理。经过研究团队的精心筹划和努力推进，"黄河生态文明绿皮书"第二部如期和大家见面了，在第一部的基础上，本书更加深化和聚焦，突出"保护传承黄河文化生态 繁荣发展黄河生态文化"的核心主题，包含1篇总报告和20篇分报告，后者又分为历史篇、生态篇和文旅篇3个部分。

文化生态是文化生存发展的状态及其相互关系。在我们看来，黄河文化是厚重的，有历史悠久的传统文化，有奋斗不息的革命文化，还有多姿多彩的生态文化；黄河文化也是鲜活的，我们用心呵护黄河流域的文化遗产，我们用现代技术讲述古老的"黄河故事"，我们也用智慧和汗水不断塑造黄河文化的新篇章。

生态文化是反映人与自然和谐共生的文化形态。构建以生态价值为准则的生态文化体系是生态文明建设的重要内容和关键所在。千百年来，围绕黄河水系的开发、利用、防范、治理和保护，有成功的经验，也有失败的教训，人们由此形成了天人合一的生态智慧，追求尊重自然、师法自然的道德真经，也感悟了"水则载舟，水则覆舟"的治理之要。如今，我们站在实现第二个百年奋斗目标新征程的起点上，要以习近平生态文明思想为指导，传承和弘扬优秀的黄河文化，尤其要挖掘和创新黄河生态文化，推动黄河流域走出一条生态优先、绿色发展之路，实现生态振兴、文化振兴，把黄河打造成为一条造福人民的幸福河！

黄河文化博大精深，难以穷尽。我们的探索应永无止境，本书仅仅是一个开端、一次尝试、一点思考，希望能为黄河文化的传承和弘扬，为黄河生态的保护和发展尽绵薄之力。

最后，感谢参与本书写作的所有专家学者，感谢为本书付出辛劳的编辑团队，也感谢编委会全体成员的指导和支持！

摘 要

习近平总书记指出，"文化是一个国家、一个民族的灵魂"，"没有高度的文化自信，没有文化的繁荣兴盛，就没有中华民族伟大复兴"。黄河孕育了中华文明，黄河文化遗产延续着历史文脉和民族文脉。"保护传承弘扬黄河文化"是黄河流域生态保护和高质量发展的重要构成。《黄河生态文明绿皮书：黄河流域生态文明建设发展报告（2021）》以"保护传承黄河文化生态 繁荣发展黄河生态文化"为主题，分为1篇总报告和20篇分报告。总报告首先立足人类发展中客观存在的生态要素、作为文明外在展现形式的文化要素、满足人类基本需求和全面发展需要的文明要素，阐述了黄河流域生态、文化和文明三者多元统一的关系；其次以自先秦到现当代中国黄河文化的历史演变与发展为线索，探寻其中的中国生态智慧与实践智慧，指出黄河文化保护与传承的意义；最后以问题意识为引领，从发展路径和思路、宏观设计和引领方向出发，指出黄河文化发展的未来方向，构建黄河文化体系尤其是生态文化体系。20篇分报告包含3个方面的主题：历史篇、生态篇和文旅篇。历史篇以史前文化、农耕文化、红色文化和南梁革命根据地文化为主线，立足黄河流域民族文化从古至今的发展脉络，分析其所贯穿的中华民族文脉，研究黄河文化的产生、发展和变革，说明黄河文化的重要性和丰富性体现在对人们全部物质与精神生活的观照上；生态篇立足黄河自然环境和社会环境各因素，包括水文化、森林文化、古树名木文化、草原文化、沙漠文化、茶文化、玉石文化、中医药文化、人居文化、木结构建筑文化等，指向黄河文化基于地理环境、自然物候与人类实践共同形成的文明体系及其当代承继与挑战；文旅篇立足具有门类性的黄河文化呈现，包括黄河流域的石窟艺术和热贡艺术、古代诗歌中的黄河文化、英国文学中的黄河文化书写、黄河文化跨次元传播、黄河流域文化旅游等，旨在推动文旅融合发展，创新传播手段，以文旅产业的低碳效能和文化阐释效能，服务民族文化建设，打造黄河流域文化发展支柱产业。分报告中的不同主题都强调从历史和生态的视角突出黄河文化在历史中的承继，在观照其发生发展的同时，深入生态实践范畴，为黄河流域高质量发展贡献生态文化方面的核心动能。

关键词： 黄河文化　生态文化　文化遗产保护　黄河流域

目 录 ⤵

Ⅰ 总报告

Ⅱ 分报告

历史篇

生态篇

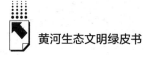
文旅篇

皮书数据库阅读 **使用指南**

总 报 告

General Report

G.1

保护传承黄河文化生态 繁荣发展
黄河生态文化

张连伟 林 震*

摘 要： 中华先民在黄河流域的活动孕育了丰富多彩的黄河文化生态。黄河文化从古至今前后相继的连续性，成就了其在中华文明中的主体地位，使其成为中华民族的根和魂，形成了中华民族的文脉。传承和弘扬黄河文化，是增强中华民族的文化认同、文化自信的重要根基，也是建设中国特色社会主义先进文化、实现中华民族伟大复兴的精神助力。黄河流域的生态环境基础薄弱，经济发展水平相对滞后，制约着黄河文化的发展。新时代，应以习近平生态文明思想为指导，探索黄河文化保护和发展的新路径、新思路，构建黄河文化体系尤其是生态文化体系，为建设美丽黄河和幸福黄河提供坚实的文化基础和文化保障。

* 张连伟，博士，北京林业大学马克思主义学院教授，研究方向为环境史、林业史；林震，博士，北京林业大学生态文明研究院院长、马克思主义学院教授，博士生导师，研究方向为生态文明、生态文化等。

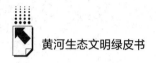
关键词： 黄河文化　生态文化　多元一体　文化遗产保护　黄河流域

文化是文明的根基和命脉。生态文化是生态文明的核心价值所在，也是生态文明得以持续发展的基础和支撑。构建以生态价值为准则的生态文化体系是我国构建生态文明体系的首要任务。在《黄河生态文明绿皮书：黄河流域生态文明建设发展报告（2021）》中，课题组主要从统筹山水林田湖草沙冰一体化保护和系统治理的角度阐述了黄河流域生态文明建设发展的路径、思路和政策建议。本报告将聚焦于黄河流域生态文明建设的文化基础，探讨多元一体的黄河文化生态的保护与传承，以及黄河生态文化的繁荣与发展，阐述黄河流域生态保护和高质量发展的文化路径。

一　黄河流域生态、文化与文明

（一）黄河流域的生态

黄河发源于青藏高原巴颜喀拉山北麓，呈"几"字形流经青海、四川、甘肃、宁夏、内蒙古、山西、陕西、河南、山东9省区，是中国第二大河。黄河流域西起巴颜喀拉山，北抵阴山，南倚秦岭，东入渤海，流域内地势西高东低，高差较大，自西而东、由高及低跨越三级地形阶梯，包括青藏高原、内蒙古高原、黄土高原、太行山脉和华北平原等地貌单元，形成了雪山、冰川、高原、峻岭、峡谷、河流、湖泊、湿地、森林、草原、荒漠、戈壁、农田等丰富的生态景观。

山脉是黄河的骨架。黄河流域的山脉分为三级阶梯，西部的青藏高原为第一级阶梯，平均海拔 4000 米以上，主要山脉有巴颜喀拉山脉和祁连山脉，流域内最高点为海拔 6282 米的阿尼玛卿山主峰，山顶终年积雪，冰峰起伏，气象万千；祁连山脉横亘高原北缘，构成青藏高原与内蒙古高原的分界。①

---

① 黄河水利委员会黄河志总编辑室编《黄河流域综述》，河南人民出版社，1998，第 63 页。

黄河流域的第二级阶梯由内蒙古高原和黄土高原组成，海拔为 1000～2000 米，主要山脉有阴山山脉、太行山脉和秦岭。太行山脉构成了这一阶梯的东界，把黄土高原和华北平原分割开，成为黄河流域与海河流域的分水岭，也成为华北地区一条重要的自然地理界线。横亘于黄土高原南部的秦岭，是我国自然地理上亚热带和暖温带的南北分界线；秦岭东延的崤山、熊耳山、外方山和伏牛山组成了豫西山地，而伏牛山、嵩山分别是黄河流域同长江流域、淮河流域的分水岭。西部的贺兰山、狼山等犹如一道道屏障，阻断了腾格里、乌兰布和等沙漠向黄河腹地的侵袭。白于山以北属于内蒙古高原的一部分，以南为黄土高原。第三级阶梯主要为冲积平原，唯一的山地是鲁中的泰山山脉，"泰山飞峙，异峰突起，虎踞平原，山势巍峨，令人仰止"。①

　　水系是黄河的血脉。黄河曾经水源充沛，支流众多，流域内河道纵横，湖泊沼泽星罗棋布。流域面积超过 100 平方公里的一级支流共 220 条，其中，流域面积超过 1000 平方公里的有 76 条，超过 1 万平方公里的有 11 条，仅这 11 条支流的流域面积就达 37 万平方公里，占全河集流面积的 50%，较大支流构成黄河流域面积的主体，如上游的湟水、洮河，中游的清水河、汾河、渭河、沁河，下游的伊河、洛河等。黄河从巴颜喀拉山北麓的涓涓细流，汇聚到星宿海，然后流入扎陵湖、鄂陵湖，出鄂陵湖后，逐渐成为一条大河。黄河源头所在的三江源湿地是世界上海拔最高、面积最大的高原湿地生态系统，有大小湖泊 16500 多个，被誉为"中华水塔"。白河于"九曲黄河第一湾"汇入黄河，使黄河水量骤然增加。由于岷山的阻挡，黄河急转 180 度，折向西北流去，进入高山峡谷，经拉加峡、野狐峡，又遇峻岭阻挡，再折转 180 度，东流奔向龙羊峡。黄河从龙羊峡到青铜峡，河道迂回曲折，坡陡流急，水多沙少。黄河出青铜峡后，流经宁夏、内蒙古两区，水流平缓，沙洲较多，后至内蒙古托克托县的河口镇，以上为黄河上游。从河口镇到河南郑州桃花峪为黄河中游，黄河出前套平原，因受吕梁山阻隔，折而南流，奔腾咆哮于晋陕之间的峡谷中，河窄流急，两岸支流众多且挟带大量

---

① 李鸿杰等编著《黄河》，科学普及出版社，1992，第 58 页。

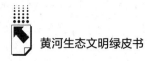

泥沙流入其中，至山西吉县和陕西宜川相峙的壶口，滚滚黄河从 70 米高处跌入深峡的石槽中，形成著名的壶口瀑布。明人诗歌形容："源出昆仑衍大流，玉关九转一壶收。双腾虹浅直冲斗，三鼓鲸鳞敢负舟。"黄河抵达潼关后，受秦岭阻挡，折向东流，抵达河南桃花峪，以上为黄河中游。从桃花峪到入海口为黄河下游，此段黄河横贯华北平原，由于泥沙沉淀淤积，河床不断抬高，形成著名的"地上悬河"。[①] 东平湖位于山东梁山、东平和平阴交界处，是黄河下游仅有的天然湖泊，也曾是黄河的天然滞洪区，鱼类等水生生物资源丰富。[②] 黄河入海口所形成的黄河三角洲湿地是我国暖温带最完整、最广阔、最年轻的湿地生态系统，是"中国六大最美湿地"之一。

森林是黄河的滋养。黄河流域的森林分布区主要包括上游河源区和风沙区、黄土丘陵区、平原区、山区。上游河源区包括四川阿坝、红原、若尔盖的一部分和青海黄河源头至青甘交界阿尼玛卿山以南一带；上游风沙区包括宁夏中西部盐池、同心、香山一带，内蒙古鄂尔多斯市和陕西长城以北地区；黄土丘陵区西起青海日月山，东至山西吕梁山，北界由青海达阪山经甘肃景泰、靖远，宁夏同心，陕西渭北至山西晋南盆地北缘；平原区包括宁夏银川、内蒙古河套、晋陕汾渭三个平原的全部和华北平原的一部分；山区包括青海祁连山东段，黄河上游下段，甘肃洮河上游、子午岭，内蒙古阴山西段，陕西黄龙山、乔山、关山、秦岭北坡，山西吕梁山，河南太行山南段，山东中南部山地等处。[③] 根据史念海的研究，历史时期黄河中游地区有大面积的森林，绝大部分的山间原野郁郁葱葱、绿荫冉冉。从西周到春秋时期，黄河流域的原始森林基本得到保存。但是，到了战国时期，随着人口的增加、农业地区的扩大，在河南西部的伊洛河下游、太行山南部的沁阳盆地和山西南部汾涑流域的平原地区，都已基本没有森林了。秦汉、魏晋南北朝时期，由于建筑、冶炼、薪炭等对木材的需求增加，平原地区的森林被采伐殆尽，山区的森林也遭到破坏。但是，秦岭、陇西以及关中东部的山地仍然有大面积的

---

① 邹乾印：《黄河纵横谈》，水利电力出版社，1990，第 1~4 页。
② 黄河水利委员会黄河志总编辑室编《黄河流域综述》，河南人民出版社，1998，第 46~47 页。
③ 黄河水利委员会黄河志总编辑室编《黄河流域综述》，河南人民出版社，1998，第 197~199 页。

森林。唐宋时期，伴随着城市的繁华、建筑规模的扩大，用材量不断增加，对黄河流域森林的采伐力度和强度也不断加大，黄河流域的森林采伐范围也扩展到了吕梁山区和陇西的渭河上游，到达天水、甘谷等地。明朝初期，经过战乱，人口减少，黄河流域的森林资源有所恢复，但是到了明朝中期以后，情况急剧变化，森林面积很快缩小，致使残存的林区遭到毁灭性破坏。到1949年，黄河流经的主要省区的森林覆盖率大都不超过10.0%，其中宁夏仅有1.0%，而山西、山东、河南、甘肃、青海等大都在1.8%～3.1%。[①]森林被砍伐和破坏，致使黄河流域水土流失严重，黄河成为"善淤、善决、善徙"的害河，给两岸人民带来了深重的灾难。新中国成立后，通过大规模的植树造林、退耕还林，实行天然林保护工程，黄河流域的森林覆盖率逐渐提升。根据第九次全国森林资源清查结果，黄河流域的森林覆盖率达到了19.74%，[②]这使黄河流域的景观得到美化，水源得到保护，水土流失逐步得到控制。

草原是黄河的点缀。中国是一个草原大国，拥有的各类天然草原面积达4亿公顷，草原面积仅次于澳大利亚，位居世界第二，约占全球草原面积的13.0%，占国土面积的41.7%，是耕地面积的3.2倍、森林面积的2.5倍，在中国农田、森林和草原等绿色植被生态系统中占到63.0%，草原是我国陆地最大的生态系统。[③]黄河流域的内蒙古、宁夏、甘肃、青海、四川等省区都是我国重要的草原分布区。根据自然资源部国土资源第二次调查，确定黄河流域9省区481旗县的天然草原面积约为9.3亿亩，包括高寒草原、高寒草甸、温性草原等十大类型。内蒙古草原是黄河流域草原的主体，从大兴安岭西坡向西南绵延直至合黎山和龙首山北麓，东西长达3000多公里，包括呼伦贝尔草原、锡林郭勒草原、乌兰察布草原和鄂尔多斯草原；宁夏草原主要分布在宁夏的中北部，包括盐池、同心和中卫3县与灵武、中宁、陶乐的山地，以及贺兰山东麓一带的半荒漠草原；甘肃草原位于黄土高原、内蒙古高原

①　何凡能等：《近300年来中国森林的变迁》，《地理学报》2007年第1期。

②　国家林业和草原局编《中国森林资源报告（2014—2018）》，中国林业出版社，2019，第91页。

③　韩俊等编著《中国草原生态问题调查》，上海远东出版社，2011，第2页。

和青藏高原的中间地带，主要分布在甘南藏族自治州、天祝、祁连山和河西走廊一带；青海草原主要分布在环青海湖地区、玉树和果洛藏族自治州等地区；四川草原主要分布在本省西北部的甘孜藏族自治州，阿坝藏族羌族自治州的松潘、黑水、金川及大雪山以西，木里藏族自治县以北，乡城、义敦及雀儿山以东的地区，处于青藏高原向东的延伸部分。①

沙漠是黄河的羁绊。黄河流域的沙漠主要分布于以鄂尔多斯高原为主的黄河中上游地区和位于青藏高原的黄河源区，包括腾格里沙漠、乌兰布和沙漠、库布其沙漠、毛乌素沙地等，在黄河源区的玛多盆地和共和盆地也有较为集中的沙地分布。毛乌素沙地也称鄂尔多斯东南沙地，位于内蒙古、宁夏和陕西3省区交界地带，东起神木市西部，西到鄂托克旗、鄂托克前旗与盐池县东部，北到伊金霍洛旗南缘，南到定边—安边—靖边一线；库布其沙漠位于河套平原以南、鄂尔多斯高原的北部边缘，西起杭锦旗西部的黄河东岸，东到准格尔旗东部的黄河西岸，呈条带状；乌兰布和沙漠位于石嘴山到三圣公黄河河段以西，其东南为贺兰山，北为狼山，西为乌拉山，西南为三道梁，地势平缓开阔，自东向西略显倾斜；腾格里沙漠位于甘肃民勤绿洲与贺兰山西侧山前平原之间，地域辽阔，地势平缓，间有湖盆草滩、基岩残丘和平地。② 黄河流域内沙漠化土地面积为128667平方公里，占流域总面积的16.2%，绝大部分分布于内蒙古，其沙漠化土地面积为91398平方公里，占全黄河流域沙漠化土地面积的71.0%；其次是青海，其沙漠化土地面积为17432平方公里，占全黄河流域沙漠化土地面积的13.5%；陕西和宁夏的沙漠化土地面积分别占全黄河流域沙漠化土地面积的8.3%和6.5%。③ 历史上，黄河流域沙漠的形成既是各种自然因素相互作用的结果，也有人类活动的影响。秦汉至明清时期，在黄河中上游地区，大规模的移民实边、屯兵屯田、设置郡县、垦殖和樵采，破坏了黄河流域原有的自然生态环境，导致其地表植被减少、土壤出现沙化，毛乌素沙地、库布其沙漠、乌兰布和沙漠等的形成与发展，都有人类活动的因素。

---

① 张明华：《中国的草原》，商务印书馆，1995，第22~36页。
② 王德甫等：《黄河流域的沙漠》，《人民黄河》1991年第5期。
③ 胡光印等：《黄河流域沙漠化空间格局与成因》，《中国沙漠》2021年第4期。

（二）黄河流域的文化

文化作为人类活动及其成果的体现，是人类社会中的普遍现象。对于文化，人们有不同的理解，一般比较容易接受的观点是将它区分为广义文化和狭义文化。从广义上讲，它泛指人类创造的物质财富和精神财富的总和；从狭义上讲，则是指与社会的经济和政治相对应的社会意识形态及其各种表现形式。广义的文化实际上是"人化"，是人的活动及其成果的凝结和体现。人类及其社会的存在首先要面对一定的自然地理环境，必须以一定的方式解决人类生存所必需的物质生活资料问题，实现人类社会与自然界之间的物质能量交换。文化就是在这些活动中形成和发展的，因此文化具有超越民族、地域的普遍性。然而，文化又是在特定的自然条件和以此为基础的社会历史条件下形成的，自然条件的差异性、社会历史条件的特殊性，形成了文化发展中的民族、地域和时代差异，造就了世界历史发展过程中各种样式的文化形态。

生态孕育文化，黄河流域多样的自然生态环境孕育了丰富多彩的黄河文化。黄河以及黄河流域的生态环境作为一种物质形态的客观存在，因人类活动而被铭刻了各种社会人文信息，被赋予了一定的文化意蕴和文化属性。因此，黄河文化是人类在黄河流域的活动及其成果的凝结，它包括人们的物质生产方式、社会制度、生活习俗、价值理念以及各种物质遗存、自然和人文景观，如秦始皇兵马俑、麦积山石窟、龙门石窟、大雁塔、白马寺、晋祠、永乐宫，以及西安、洛阳、开封、安阳等古都，乃至诸子百家、唐诗宋词、文献典籍和科技发明，不仅是中华文明的瑰宝，也对世界文明做出了重要贡献。

黄河文化具有鲜明的地域性、历史性和民族性。从历史演进角度看，黄河文化有史前文化、夏商周文化、秦汉文化、隋唐文化、宋文化等；从生态要素角度看，有山岳文化、森林文化、沙漠文化、水文化等；从地域角度看，有河湟文化、关中文化、三晋文化、河洛（中原）文化、齐鲁（海岱）文化等；从生产生活方式角度看，有农耕文化、游牧文化、渔猎文化、人居

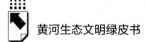

文化等。在中国近现代史上，中国共产党领导中国人民在黄河流域开展了卓越的革命斗争和社会主义建设，还创造出了红色文化、革命文化。

农耕文化是农业生产实践活动所创造出来的与农业有关的物质文化和精神文化的总和，内容主要有农业科技、农业思想、农业制度与法令、农事节日习俗、饮食文化等，其发展一般分为原始农业文化、传统农业文化和现代农业文化三个时期。黄河流域的大部分地区地处暖温带，属于半干旱半湿润气候，四季分明，黄土高原堆积成的黄土层，土壤疏松肥沃，动植物资源丰富，为农业的形成发展创造了良好的生态环境，[①] 而黄河水系则为发展农业生产提供了便利的灌溉条件，由此孕育出黄河流域早期的农耕文化。在距今 9000~7000 年的黄河裴李岗遗址中，考古人员发掘出了诸多农具，如石铲、石斧、石镰、石磨盘、石磨棒等，还出土了粟、稻等植物遗存，说明当时已经拥有较为发达的农业。在大地湾遗址中，出土了黍、粟、紫苏等农作物遗存以及一些动物骨骼，说明当时在黄河上游地区也已经出现原始农业。到距今 4000 年前后，黄河流域的气温有所下降，气候干旱、降水异常，造成了周边文化区的衰落，从而促进了中原文化区的兴起。《史记》记载"昔唐人都河东，殷人都河内，周人都河南。夫三河在天下之中"，说明了汾河谷地、伊洛平原和黄河中下游地区是早期的农耕区。秦汉时期，黄河流域农业进一步发展，黄河中下游地区成为经济最发达的地区，农业技术水平提高，进入精耕农业阶段，如代田法和区田法所采用的轮耕、精耕方法，农田水利发达。[②] 南北朝时期，贾思勰的《齐民要术》系统地总结了当时黄河中下游地区农业生产生活的经验，被誉为"中国古代农业百科全书"，是当时黄河流域农耕文化发展的结晶。隋唐时期，黄河流域出现了筒车、曲辕犁等农具，其大大提高了劳动效率，推动了灌溉农业的发展。宋代以降，中国经济重心南移，黄河流域农业生产发展趋缓，农业耕作更加精细化。元代王祯写成的《农书》，记载农具 100 多

---

① 于希贤、陈梧桐：《黄河文化——一个自强不息的伟大生命》，《北京大学学报》（哲学社会科学版）1994 年第 6 期。

② 王长松：《历史上黄河流域的人地关系演变》，《人民论坛》2020 年第 25 期。

种，比《齐民要术》多出 70 余种。① 黄河流域农耕文化是以北方旱作农业为基础而形成的社会经济文化体系，对中国历史与文化产生了重大作用与影响。对于中国人而言，农耕文化绝不仅仅是单纯的农业技术或产业，也体现着人与自然关系的和谐演进，并深深浸润和影响着人们的言行举止、思想观念，有着丰富而深刻的文化内涵。

水文化是黄河文化的血脉和灵魂，是黄河文化最生动直接的体现。从广义上讲，黄河流域的水文化也就是黄河文化，是黄河流域的人民在依靠黄河、利用黄河、治理黄河、保护黄河、欣赏黄河、亲近黄河的过程中创造的物质财富和精神财富的总和；从狭义上讲，黄河流域水文化则是黄河流域以水为载体的各种社会意识及其表现形式，如思想意识、价值观念、道德规范、民风习俗、政策法规、文学艺术、科学教育以及行为方式等。黄河流域众多的山脉、多样的地形地貌与滔滔的黄河水，形成了丰富的自然生态景观和水环境，如三江源、九曲黄河湾、峡谷湿地、地上悬河、壶口瀑布、黄河口湿地等。这些自然生态景观和水环境，不仅是黄河流域生态系统的重要组成部分，也被赋予了丰厚的人文意蕴。历史上，黄河流域丰沛的水资源是人们生产生活的重要基础，而水灾也不断发生，人们在驯服黄河、兴利除害的过程中建造了大量的水利工程，如郑国渠、黄河大堤等，创造了大量的水工具，如羊皮筏子、兰州水车等，留下了大量的历史遗迹，如林公堤、仓颉墓、铜瓦厢决口改道处、花园口扒堵口处、刘邓大军渡河处、小顶山毛泽东视察黄河纪念地等，这些都是物质形态的水文化。历代统治者在黄河治理上花费了巨大的人力和物力，制定了大量相关的制度法令，如《河防令》《河防》《营缮令》等，形成了制度形态的水文化。同时，古人在兴利除害的过程中，还总结出许多水利工程技术，保留了大量治理黄河的文献档案；在适应、治理、欣赏、崇拜黄河的过程中，创作出大量的诗词歌赋，如"巨灵咆哮擘两山，洪波喷箭射东海""九曲黄河万里沙，浪淘风簸自天涯"等，形成了有关黄河的文学艺术、价值理念、风俗信仰等。

---

① 侯仁之主编《黄河文化》，华艺出版社，1994，第 477 页。

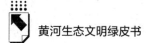

森林文化是华夏族群在黄河流域长期的生产和生活过程中，围绕森林形成的思想观念、宗教信仰和风俗习惯的具体体现，渗透于文学、音乐、绘画等诸多领域，包括树木文化、花卉文化、园林文化、动物文化、山居和森林旅游文化等。远古时期，黄河流域人类生活区域普遍有森林存在。据考古发掘，陕西蓝田人、山西丁村人的生活环境优良，气候温暖湿润，山上有茂密的森林，山下有丰腴的草地；内蒙古河套地区的河套人遗址、河南安阳小南海旧石器时代文化遗址出土的动物遗骸，也同样证明当时的气候湿润，森林、草原、湖泊、沼泽混杂其间，非常适合早期人类狩猎、采集和繁衍生息，形成了人类的原始森林文化。① 其后，伴随着黄河文化的发展，从先秦时期的《诗经》到汉代的上林苑、魏晋南北朝时期的《魏王花木志》、唐代的《茶经》、宋代的艮岳和各种花谱，再到明清时期的《园冶》和山林游憩文化，黄河流域森林文化的内容不断丰富，并呈现出鲜明的时代特征。在森林文化中，树木文化占据着重要位置，树木种类繁多，一些与人们生活密切相关的树种，如松、柏、桑、漆、茶等融入中国传统文化中，形成了松柏文化、桑蚕文化、茶文化等各具特色的树木文化。《诗经》中记载了大量黄河流域常见的树木，如《诗经·秦风·车邻》"阪有漆，隰有栗。既见君子，并坐鼓瑟。今者不乐，逝者其耋"，《诗经·小雅·南山有台》"南山有桑，北山有杨。乐只君子，邦家之光。乐只君子，万寿无疆"。茶文化也是黄河流域森林文化的重要内容，其历史悠久，经过数千年的发展，各省区都形成了极具地方特色的茶俗与饮茶习惯，其共同凝聚为带有黄河文明印记的区域文化。

草原文化是指世代生息在草原地区的族群、部落、人民共同创造的一种与草原生态环境相适应的文化，这种文化包括草原人民的生产方式、生活方式以及与之相适应的风俗习惯、社会制度、思想观念、宗教信仰、文学艺术等。② 在历史长河中，黄河流域的草原文化既有在草原区独立生存发展的文

① 李学勤、徐吉军主编《黄河文化史》（上），江西教育出版社，2003，第3页。
② 陈光林：《深化草原文化研究——〈草原文化研究丛书〉总序》，晓克主编《草原文化史论》，内蒙古教育出版社，2007，第2页。

化，也有与农耕文化互动交融的合成文化，形成了安多文化、河湟文化、陇右文化和河套文化等重要文化遗产。安多涉藏地区主要涵盖黄河源头和黄河上游的草原地区，其中的玉树草原、贵南草原、环青海湖草原都是优良牧场，为藏族游牧民提供了生存空间，并相应地产生了高原游牧文化。河湟地区泛指黄河上游及其支流湟水、大通河之间的广阔地域，既有草原游牧民族，也有依赖土地的农耕民族，具备游牧民族和农耕民族文化的双重性，是黄河流域草原文化向农耕文化过渡的起点。陇右地区主要指陇山以西、黄河以东一带，以甘肃为主，包括宁夏六盘山、青海海东部分黄土高原丘陵山地，处于中西交通的要道，是从三秦文化到西域文化整个西北文化带的中间环节，带有鲜明的草原民族色彩和游牧与农耕的过渡特征。河套地区位于黄河"几"字弯，历史悠久，西部是我国阿拉善荒漠草原区，东部是著名的乌拉特草原和鄂尔多斯草原，宜农宜牧，具有典型的草原游牧文化特征和农耕文化元素，在草原文化构成中占有重要的位置。

沙漠文化是人与沙漠相处的过程中显露出的独特人文精神和文化底蕴，以及在这一地理环境中形成的独特风俗习惯、行为规范、伦理道德、宗教信仰、艺术审美等。沙漠独特的自然现象决定了人类对它的认知和采取的行为方式，人类在沙漠中巧妙地生存，用自己的毅力去改造沙漠，凭借智慧去适应沙漠，甚至以期去征服沙漠，创造了丰富的物质财富和精神财富。黄河流域沙漠文化是黄河文化的重要组成部分，具有黄河文化的共性和沙漠文化的特质。在漫长的历史过程中，生活在黄河流域沙漠地区的人们在有意识地认识、适应、开发和改造沙漠的同时，也在不断地进行生产实践和文化创造，积累了丰富多彩的语言、宗教、文学艺术等文化财富，包括沙漠游牧文化、沙漠农耕文化、沙漠商旅文化、绿洲文化等。例如，在语言上，黄河流域的沙漠地区有汉语、蒙古语，还有颇具地方特色的晋语方言等，多种语言文化荟萃交融于此；在宗教上，这里受到佛教、道教、伊斯兰教、基督教的影响，有许多寺庙、道观等的踪迹；在文学艺术上，有包括榆林小曲、陕北说书、陕北秧歌、陕北道情、横山老腰鼓、绥德石雕等在内的陕北民间艺术，也有包括长调民歌等在内的蒙古族传统音乐。新中国成立以来，人们不畏艰险，以顽强的毅力和奋勇拼搏的精神，与肆虐无情的黄沙进行抗争和较量，付出了常人难以想象的艰辛和心血，将"生命禁区"逆转成"塞上绿洲"，创造出"人进沙退"的奇迹，这种不畏艰险、顽强拼搏的精神也成为黄河流域沙漠文化的重要内容。

人居文化的核心对象是人类早期定居遗址、原始聚落以及进入文明时代后的城市和乡村聚落。井泉分布决定着先民村落的位置，地下水源影响着城市的兴起。① 原始社会时期，人类在黄河流域逐水而居，建立了早期的聚落和城邑，留下了诸多史前城址，如属于仰韶和大汶口文化时期的河南郑州西山、山东滕州西康留和阳谷王家庄等。② 进入国家文明时代，黄河流域中下游的渭河平原、河洛地区成为黄河文化圈的核心区域，夏商周三代王朝的国都建构了中华文化中最核心的古都文化。从公元前 21 世纪夏朝建立迄今，历代王朝在黄河流域建都时间绵延 3000 余年。中国历史上的七大古都，在黄河流域和近邻地区的有安阳、西安、洛阳、开封四座。③ 宋金以后，黄河改道和政治中心的转移，导致洛阳、开封等传统政治中心及其周边城乡聚落衰落。明清时期，黄河流域虽不再是政治中心，但其城市的功能更加丰富，有以太原、兰州为代表的中心城市，以大同、榆林为代表的军事防卫城市，以安阳、天水、平凉为代表的一般府州县，以平遥、太谷为代表的工商业城市和以张秋镇、周口镇为代表的市镇。总体而言，黄河流域人居文化的建构依托于黄河流域水系的哺育，同时也同黄河的泛滥、治理密切交织。黄河流域中下游区域中心城市作为唐宋之前的中国政治文化中心，是中国传统人居文化的历史渊源与精神内核所在，并持续影响当代黄河流域人居文化的传承与发展。

依地理空间看，黄河流域革命文化遍布黄河上、中、下游，多分布于今宁、甘、陕、晋、豫、鲁等省区的交界处、偏远山区和农村地区，主要有川陕革命老区、陕甘宁革命老区、山西革命老区、山东革命老区等。这些地区

---

① 陶世龙：《孕育黄河文化的地质环境》，《中国三峡建设》2008 年第 2 期。
② 李学勤、徐吉军主编《黄河文化史》（上），江西教育出版社，2003，第 160 页。
③ 黄河水利委员会黄河志总编辑室编《黄河志》，河南人民出版社，2017，第 4 页。

革命文化的形成，既反映了当时革命形势的发展，也受到当地人文环境的影响，如川陕红军石刻文化、南梁精神、延安精神、太行精神、沂蒙精神等。黄河流域革命文化扎根于新民主主义革命的实践过程中，蕴含着马克思主义中国化的理论主题，赋予古老的黄河文化以新的内容，有助于传承红色基因，丰富革命精神谱系，提升民族凝聚力，增强民族认同感，诠释党的人民立场，弘扬党的斗争精神，是中国特色社会主义先进文化的重要组成部分，是中华民族伟大复兴的重要精神动力。

（三）黄河流域的文明

文明是指人类社会的开化状态和进步程度。与文化一样，文明也具有多义性，有广义和狭义之分。从文明的演进形态来看，人类文明的演进经历了由低级向高级、由简单向复杂的过程，先后形成了原始文明、农业文明、工业文明和生态文明;[①] 从文明的内在结构来看，文明可以分为物质文明、精神文明、社会文明、政治文明和生态文明；从文明的区域角度来看，不同地域的文明呈现不同的形态，如黄河文明、长江文明、中华文明、欧洲文明、美洲文明等。

黄河文明是中华民族在黄河流域创造的文明形态，它以黄河流域为基础，不断向外辐射，并深刻地影响了东亚文明的形态，对世界文明的发展做出了重要贡献。黄河文明包括物质文明、精神文明、社会文明、政治文明和生态文明等不同类型。

物质文明是人类改造自然界、进行物质生产的积极成果，它表现为人们物质生产的进步和物质生活的改善，包括生产力的进步、生产规模的扩大、生产条件的改善、物质财富的积累等。黄河流域的生产力和经济发展水平长期处于世界领先地位，助力创造出了先进的物质文明，为本流域的社会发展奠定了良好的基础。早在100万年前，黄河流域的西侯度人、蓝田人就已经开始使用打制石器，进入了旧石器时代。在新石器时代的大地湾遗址中，出土了黍、粟等农作物遗存，表明当时黄河流域已经有了一些原始的农耕部

---

① 何小刚：《生态文明新论》，上海社会科学院出版社，2016，第1页。

落，出现了农业文明的曙光。在距今 6000~4000 年前，黄河流域的先民发展出了养蚕缫丝、制陶、冶铜等技术，进行农业耕种、饲养家畜等活动，以农业文明为基础的物质文明不断发展。《周易·系辞下》记载：包牺氏"作结绳而为网罟，以佃以渔"，神农氏"斫木为耜，揉木为耒"，黄帝、尧、舜"刳木为舟，剡木为楫"。这些都表明传说时代物质生产的进步和生活水平的提高。夏商周时期的青铜铸造技术、春秋战国时期普遍使用的铁制农具、秦朝时期开始大规模修筑的万里长城、隋唐时期开凿的大运河，都是黄河流域物质文明发展的历史见证。

精神文明是社会精神生产和精神生活发展的成果，包括科学、文化、教育的进步和思想道德水平的提高等。黄河流域的精神文明是黄河文明在思想文化领域的集中体现，在中华文明发展历程中占有重要地位。夏商周时期，随着生产力水平的提高、青铜铸造技术的发展和国家制度的形成，黄河流域发展出了早期的青铜文化和礼乐文明，出现了比较规范的文字，产生了《诗》《书》《礼》《易》《春秋》等文化经典，出现了儒、墨、道、法等诸子百家争鸣的局面，确立了黄河文明在中华文明中的核心地位。秦汉至唐宋时期，黄河流域处于中国的政治、经济和文化中心，主导着中华文明的传承和发展。其后，黄河流域在天文历法、医药本草、建筑工程、水利灌溉、制陶冶炼、纺织酿造等诸多领域，都创造了引领世界的先进科学技术；在汉赋、唐诗、宋词、书法、绘画、音乐、雕刻等领域也取得了巨大的成就；产生的两汉经学、魏晋玄学、隋唐佛学、宋明理学等，不断堆垒中国思想的高峰。为了治理黄河，古代人民积累了丰富的治水经验，发展了水利工程技术，并在水文测量和兴修水利的过程中，推动了数学、力学、地理学、建筑、交通运输及农业、金属冶铸技术的进步。[①]

社会文明是指由社会生产生活方式的演进带来的社会生活条件的改善、社会关系的进步、社会意识的增强，反映了人类社会生活、社会关系、社会意识、社会环境等的进步状态和发展程度，包括社会治理方式、文化习俗、

---

① 王星光：《中国农史与环境史研究》，大象出版社，2012。

公共秩序和价值规范等。社会文明影响着物质文明的发展，以及精神文明和政治文明的需要，是物质文明、精神文明和政治文明发展的社会条件。① 黄河流域的自然生态环境影响着人们的社会生产生活方式，塑造着黄河流域社会文明的形态，而黄河流域社会文明的发展，也改变着黄河流域人们的社会生产生活方式、社会关系和价值理念。在黄河流域新石器时代遗址中发掘出的大量陶器，如西安半坡遗址出土的人面鱼纹盆、青海大通县上孙家寨遗址出土的舞蹈纹彩陶盆等，都反映了先民原初的渔猎、农耕生活以及祭祀习俗、审美情趣，"彩陶盆纹饰中的舞蹈图案，便是这种原始歌舞最早的身影写照"。② 夏商周时期，随着社会生产的发展，物质生产劳动与精神生活相分离，青铜铸造了新的文明时代，考古发掘的大量商周青铜器反映了这一时期人们的社会生产生活方式、习俗信仰和精神追求，"以饕餮为代表的青铜器纹饰具有肯定自身、保护社会、'协上下'、'承天休'的祯祥意义"。③ 春秋战国时期，以儒家和道家为代表的诸子百家，在争鸣中凝聚出仁爱中和、道法自然、天人合一的价值理念，奠定了中国传统社会生活的思想文化基础。秦汉雄风，魏晋风流，盛唐气象，大宋风情，辽金元多民族生活的交融，农耕文明与草原文明的互动，不断提升黄河流域社会文明的高度。

政治文明反映了人类自进入文明社会以来，在改造社会、实现自身完善和提高的过程中创造和积累的所有积极的政治成果以及与社会生产力发展需要相适应的政治进步状态。④ 黄河流域是中国传统政治文明的发源地，夏朝的建立、商周时期政治制度的发展，最终促成了以《周礼》为代表的早期政治制度的理想设计，其成为中国传统政治文明的理想典范。秦始皇统一六国，废除封建制，建立郡县制，书同文，车同轨，统一度量衡，奠定了后世政治文明的基础。秦汉以降，以小农经济为基础的君主专制政体主导了中国传统政治的发展，并在明清时期逐渐成为社会发展的桎梏，但无论是就其外

① 于建荣：《简论社会文明》，《科学社会主义》2008 年第 3 期。
② 李泽厚：《美的历程》，生活·读书·新知三联书店，2009，第 14 页。
③ 李泽厚：《美的历程》，生活·读书·新知三联书店，2009，第 37 页。
④ 郑慧：《政治文明：涵义、特征与战略目标》，《政治学研究》2002 年第 3 期。

部压力还是就其内部驱动力而言，中国传统政治理念、制度、机制始终处于演变过程中，发展出了民本和德治思想、大一统思想、察举制和科举制等政治理念和社会制度，对推动中华文明的进步与发展发挥了重要作用。例如，汉代董仲舒以儒家经典为依据，在总结历史经验的基础上，提出了大一统思想，其成为中华民族的政治观念和思维方式，对维护多元一体的中华民族存续和发展产生了深远影响。以儒家仁政为基础的民本思想，肯定了民众在政治上的根本地位和决定作用，对于维护民众的利益、追求民众的政治权利、反对君主专制也发挥了重要作用。[1] 明末清初，著名思想家黄宗羲的《明夷待访录》总结了历代兴亡治乱的经验，尤其是宋、明覆亡的历史教训，对古代君主制进行了批判，突破了传统民本思想的局限，被认为是从民本走向民主的开端。[2] 在近现代中国革命过程中，中国共产党领导中国人民反对帝国主义、封建主义、官僚资本主义，在黄河流域展开了长期的艰苦斗争，取得了中国革命的胜利，建立了人民民主专政的政治制度，确立了以人民为中心、人民至上的政治理念，是黄河流域政治文明复兴的重要体现。

生态文明就是人类在改造自然以造福自身的过程中为实现人与自然之间的和谐所做的全部努力和所取得的全部成果，它表征着人与自然相互关系的进步状态，既包含人类保护自然环境和生态安全的意识、法律、制度、政策，也包括维护生态平衡和可持续发展的科学技术、组织机构和实际行动。[3] 从文明演进角度来看，生态文明是继农业文明、工业文明之后人类文明的新形态。习近平总书记指出，中华民族向来尊重自然、热爱自然，绵延5000多年的中华文明孕育着丰富的生态文化。[4]《老子》的"道法自然"，《孟子》《荀子》等书中的"以时禁发"思想，都强调要把天地人统一起来、把自然生态同人类文明联系起来，按照大自然规律活动，取之有时，用之有度，表达了先人对

---

① 周桂钿主编《中国传统政治哲学》，河北人民出版社，2001，第296页。
② 李存山：《从民本走向民主的开端——兼评所谓"民本的极限"》，《华东师范大学学报》（哲学社会科学版）2006年第6期。
③ 俞可平：《科学发展观与生态文明》，《马克思主义与现实》2005年第4期。
④ 梁云娇：《习近平讲解绵延五千多年的中华生态文化》，中华网，2018年5月23日，https://news.china.com/zw/news/13000776/20180523/32439569.html。

处理人与自然关系的重要认识,是先人在黄河流域长期实践的结晶,也是当代生态文明建设的重要思想资源。习近平总书记还指出,河西走廊、黄土高原都曾经水丰草茂,由于毁林开荒、乱砍滥伐,其生态环境遭到严重破坏,加剧了其经济衰落,[①] 这是我国唐宋以后经济重心逐步向东、向南转移的重要原因。新时代,推动黄河流域全方位、全地域、全过程的生态保护和以绿色发展为核心的高质量发展,是推进黄河流域生态文明建设的重要任务。

二　黄河文化的历史演变和发展

黄河流域的生态、文化与文明是中华民族产生、发展的根基。罗素曾说:"与其把中国视为政治实体,还不如把它视为文明实体——唯一从古代存留至今的文明。从孔子的时代以来,古埃及、巴比伦、马其顿、罗马帝国都先后灭亡,只有中国通过不断进化依然存在,虽然也受到诸如昔日的佛教、现在的科学这种外来影响,但佛教并没有使中国人变成印度人,科学也没有使中国人变成欧洲人。"[②] 中华文明是唯一从古延续至今的文明,这种文明的连续性首先源于黄河文化与文明的连续性。黄河文化的发展从人类早期的裴李岗文化、大地湾文化、仰韶文化、齐家文化、龙山文化、大汶口文化、二里头文化等古人类和文化遗址时代到夏商周三代乃至宋元明清等不同历史时期保持着前后相继的连续性和关联性,这种连续性持续至今,成就了黄河文化在中华文明中的主体地位,成为中华民族的根和魂,形成了中华民族的文脉。

(一)先秦时期:黄河文化的奠基

黄河流域的生态环境是黄河文化的基础。远古时期,黄河流域气候湿润,水源丰沛,土壤肥沃,森林与草原交错,为人类的繁衍生息创造了良好的条件,成为中国古人类的主要发祥地,广泛分布着史前文化遗址,形成了

---

① 钱坤:《习近平引经据典谈生态文明》,求是网,2019 年 2 月 12 日,http://www. qstheory. cn/zhuanqu/2019-02/12/c_ 1124104847. htm。

② 罗伯特·罗素:《中国问题》,秦悦译,学林出版社,1996,第 164 页。

黄河流域的史前文化。1959 年，考古工作者在山西芮城风陵渡镇发现了西侯度遗址，其距今约 180 万年，是我国境内已知最早的旧石器时代遗址。迄今为止，在我国境内发现的旧石器时代遗址中，黄河流域数量较多，且具有连续性，足以证明黄河流域是我国古人类的摇篮。到了新石器时代，黄河流域的史前文化表现得更加活跃。新石器时代中期的代表性史前文化主要有大地湾一期文化、裴李岗文化、老官台文化、磁山文化、后李文化、北辛文化等；晚（末）期的代表性史前文化有仰韶文化、大汶口文化、马家窑文化、齐家文化、龙山文化等。从仰韶文化到龙山文化，黄河流域的史前文化对中华文明的形成发挥了关键作用。

在 4000 多年前，黄河流域形成了一些氏族部落，后逐渐演变成以炎帝、黄帝为代表的两大部落族群，形成了华夏族群的主体。他们长期活动在黄河流域，发展出了原始农业。炎帝是炎帝部落首领的世袭称号，他与传说时代的神农可能系同一人，其部落是黄河流域最早的一支农业部落。他们在气候温暖潮湿、土地肥沃的中原地区，制耒耜，造石铲，烧荒垦地，种植以粟为主的粮食作物，改变了人们以兽肉野果为生的局面，为人类由野蛮走向文明创造了物质基础。[①]《白虎通德论》卷一《号》曰："古之人民，皆食禽兽肉，至于神农，人民众多，禽兽不足。于是神农因天之时，分地之利，制耒耜，教民农作，神而化之，使民宜之，故谓之神农也。"就是说，神农教民种五谷，民以粮食代替禽兽肉，彻底摆脱依赖自然恩赐的野蛮状态，为中华民族开创了农业文明。[②] 炎帝之后，在黄河流域兴起的是黄帝部落。《史记·五帝本纪》曰："轩辕之时，神农氏世衰。诸侯相侵伐，暴虐百姓，而神农氏弗能征。"黄帝部落结束了黄河中下游地区各个原始部落相互征伐的局面，组成了强大的部落集团，成为华夏族群的雏形。传说中的黄帝改进生产工具，发明舟车，养蚕纺织，铸铜冶炼，建造房屋和城邑，创制文字，发展农业生产，改善人们的生活条件，也为中华文明的形成奠定了基础。因

① 李学勤、徐吉军主编《黄河文化史》（上），江西教育出版社，2003，第 61 页。
② 李学勤、徐吉军主编《黄河文化史》（上），江西教育出版社，2003，第 66~67 页。

此，炎帝和黄帝被视为中华民族的"人文始祖"。黄帝之后，颛顼、尧、舜、禹等相继活跃于黄河流域，颛顼绝地天通，唐尧敬授民时，虞舜设官分职，大禹平治水土，为夏王朝的建立打下了物质和文化基础，而尧、舜、禹的禅让成为传统政治的理想典范。

　　夏商周时期是黄河流域国家制度的建立和发展时期。随着社会生产力的发展、阶级的分化、王权的确立，青铜文化在社会中占据了重要地位，成为政治权力、社会等级、文化生活的重要体现。夏朝时已经能够大规模地制造大型青铜器，《左传》《墨子》等书都曾记载"夏铸九鼎"。考古文化上的二里头文化被认为属于夏文化，在河南偃师二里头遗址发现了铸铜作坊和大量青铜器，其种类之多，几乎包括了中国青铜器时代最主要的类别。[①] 除了青铜器，考古人员在二里头遗址还发掘出了宫殿建筑基址、一般居住址、窖穴、墓葬等，出土遗物有玉器、陶器、石器、骨角器、蚌器等，展现了夏文化的丰富内容。继夏而起的商朝，真正进入了青铜时代，大量的青铜器被用作礼器、兵器、容器和生产工具。20 世纪发掘出的商朝都城殷墟，有宫殿宗庙建筑 50 余座，有青铜冶铸、制骨、制陶作坊，以及大量甲骨卜辞和精美的青铜器、玉器。[②] 其中，妇好墓不仅随葬品数量多，而且所出土的器物在造型和工艺方面都达到了前所未有的高度，反映了商朝在文化艺术方面的杰出成就。[③] 殷墟出土的大量甲骨文证明，商朝的文字已经是一种成熟的文字。这些甲骨文的内容非常丰富，包罗万象，涉及商朝社会的各个领域，[④]地下出土材料与传世文献相互印证，不仅对了解商朝历史和文化极为重要，也成为商朝黄河文明发展的有力证据。西周时期，周公制礼作乐，通过分封制和宗法制，巩固了王权政治，确立了"以德配天""敬德保民"的政治理念。青铜文化进一步发展，青铜器物更加丰富多样，制造更加精美，它与等级制度、礼乐文化相结合，使夏商周三代以来的礼乐文明得以凝聚

---

① 李伯谦、刘绪：《对中国青铜器的一些新认识》，《中华读书报》2019 年 9 月 11 日。
② 李学勤、徐吉军主编《黄河文化史》（上），江西教育出版社，2003，第 252 页。
③ 李学勤、徐吉军主编《黄河文化史》（上），江西教育出版社，2003，第 272~273 页。
④ 李学勤、徐吉军主编《黄河文化史》（上），江西教育出版社，2003，第 293 页。

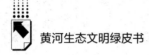

和定型。

春秋战国时期，周王室衰微，诸侯争霸，战争频仍，黄河流域是诸侯争夺的中心区域。在长期的分化组合中，黄河流域形成了不同的文化圈，如中原文化、齐鲁文化、三晋文化等。同时，伴随着分封制的瓦解，礼坏乐崩，文化重心下移，士人阶层兴起，他们游走于诸侯之间，著书立说，促进了思想文化的繁荣和发展，形成了诸子百家争鸣的局面，这一时期成为中国历史上思想最为活跃、文化最为辉煌的时期，对中华民族精神的形成产生了深远的影响。在诸子百家中，儒家、墨家、道家、法家、名家、阴阳家是先秦时期的显学，也是对后世影响比较大的学术流派。孔子创立儒家，删《诗》《书》，定《礼》《乐》，序《易》，作《春秋》，创作了中华文化的原始经典，保留了早期的礼乐文化，确立了以"克己复礼为仁"为核心的儒家思想，其中的"仁"和"礼"分别被孟子和荀子发展。孟子主张"人性善"，以"仁"为根本，推行仁治；荀子主张"人性恶"，以"礼"规范社会，倡导礼治。他们的思想，各有侧重，相反相成，构成了先秦儒家思想的双翼。"儒家深刻的保守主义，其学说中浓厚的理性色彩、丰富的文献，以及为其学说的永存而建立的教育和政治机构，这些合力赋予中国在此后一切朝代变化中一种特别的稳定性，使它易于一次次恢复帝国的结构。没有任何其他文明有过这样的一部历史。"① 道家的代表人物是老子和庄子，尊道贵德。老子主张无为而治，小国寡民；庄子诋訾孔子之徒，以明老子之术，追求精神的逍遥和自由。在历史上，道家作为儒家的对立面而存在，但它们就像阴阳符号的两半一样形成一个共同的整体。儒家思想与道家思想的冲突与融合，不断丰富着中华民族精神的内涵。

（二）汉唐时期：黄河文化的繁盛

秦汉时期，是黄河文化的定型时期，黄河文化也主导着中华文化的趋向。秦统一六国，建立了以黄河流域为中心的多民族国家和中央集权的政治

---

① 威廉·麦克尼尔：《西方的兴起：人类共同体史》，孙岳等译，中信出版社，2018，第313页。

制度，统一文字、货币和度量衡，开创了大一统的政治局面，促进了汉民族的形成和发展。但是，秦王朝以法家思想为指导思想，一断于法，刻薄寡恩，横征暴敛，也导致了其迅速灭亡。汉承秦制，但吸取秦亡的教训，霸王道杂之，形成了以儒家思想为核心的意识形态和大一统思想，维持了长期的社会稳定，为文化的传播和人民精神生活水平的提升创造了条件。汉代尊崇儒学，设立五经博士，实行察举制度，以儒家思想为基础，在文化上兼收并蓄、取长补短，加速了华夏族群的交融，形成了汉族，可以说，黄河文化的"多源一体"至此完成，黄河文化也走向了新的辉煌。① 秦汉帝国均建都于黄河流域，黄河在社会经济发展中的作用日益凸显。但是，自战国起，齐、魏、赵等诸侯国都曾沿黄河筑堤，这加剧了黄河中下游的泥沙沉积，河床逐渐抬高，至汉代黄河水患频发，黄河治理逐渐成为国家治理的重要内容。西汉武帝元光三年（公元前 132 年）黄河决于濮阳瓠子堤（今河南濮阳西南），至元封二年（公元前 109 年）汉武帝"发卒数万人塞瓠子决"。此后，黄河又屡次决口，至东汉明帝永平十二年（公元 69 年）王景治河，筑堤千余里，并加强堤防的岁修和养护，此后黄河保持安流 800 余年。

魏晋南北朝时期是中国历史上的大动乱、大分裂、大变革时期，黄河流域先后经历了曹魏、西晋、十六国、北魏、东魏、西魏、北齐、北周等多个朝代政权的嬗变，连年战争，大量汉族人口南迁，北方游牧民族涌入其中，加剧了不同民族之间的冲突和交融，汉族文化和少数民族文化、农耕文化与游牧文化不断交流和碰撞，促进了黄河文化的传播和发展。在思想文化上，玄学兴起，以《老子》《庄子》《周易》为经典，其被称为"三玄"，促进了儒道思想的交流融合；与此同时，佛教涌入，道教发展，儒教与道教、佛教相互竞争，三足鼎立，不断融合。在文学艺术上，诗词歌赋表现出新的形式和特点，涌现出诸多文学流派和文学家，如建安文学的代表人物"三曹"（曹操、曹丕、曹植）、"七子"（孔融、王粲、徐干、陈琳、阮瑀、应玚、刘桢），正始文学的"竹林七贤"（阮籍、嵇康、山涛、王戎、阮咸、向秀、

---

① 臧知非：《中华文化主体的历史画卷——〈黄河文化史〉读后》，《博览群书》2004 年第 2 期。

刘伶），西晋时期的陆机、潘岳、左思、刘琨，东晋时期的郭璞、陶渊明、南北朝时期的谢灵运、鲍照、颜延之等；出现了《文心雕龙》《诗品》等文学理论著作，以及以《木兰辞》《敕勒歌》等为代表的乐府民歌；少数民族的音乐、舞蹈等艺术传入黄河流域，如《鲜卑乐》《西凉乐》《龟兹乐》《天竺乐》《高丽乐》等音乐、《大面》《城舞》等舞蹈。在科学技术上，北魏贾思勰《齐民要术》是中国古代三大农书之一，在农业科技史上占有重要地位；郦道元《水经注》是中国古代以水道为纲的地理学巨著；数学家刘徽在《九章算术注》中第一次提出了极限思想，并创用割圆术，推进了圆周率的计算，祖冲之则将圆周率的计算推进到小数点后第七位。

隋唐时期，南北统一，政治稳定，经济繁荣，中外交流频繁，黄河文化发展到了新的历史高度。科举制确立，开科取士，为士人庶族提供了晋升的机会，促进了社会阶层的流动；大运河的开凿，则促进了黄河流域和长江流域的交流互动。长安、洛阳作为当时的政治文化中心，不仅吸引了全国各地的文人会聚于此，也成为中外文化交汇的中心，亚洲乃至欧洲和非洲的各种文化如宗教、音乐、美术、舞蹈、建筑、雕塑、体育等都融入黄河流域的文化之中。统治者在意识形态上采取开明的文化政策，以儒学为正宗，编订《五经定本》和《五经正义》；支持佛教，三论宗、华严宗、唯识宗等佛教宗派在黄河流域流传；推崇道教，整理注释道家道教经典。开明的文化政策促进了文学艺术的繁荣，诗歌、文学、书法、绘画、舞蹈、音乐等方面的成就辉煌，诗人李白、杜甫，文学家韩愈、柳宗元，书法家颜真卿、柳公权，画家阎立本、吴道子等，都是这一时期文学艺术上的代表人物。其中，诗歌创作空前活跃，出现了李白、杜甫等著名的诗人，仅清代所编的《全唐诗》就收录作品 48900 余首、诗人 2300 余人。在科学技术上，隋代李春主持修建的赵州桥距今已经有 1400 多年的历史，为我国现存年代最为久远的单孔大弧式石拱桥；天文学家僧一行主持制造了当时世界上最为先进的黄道游仪和水运浑天仪，并测算了子午线的长度；医学家孙思邈著《千金方》，唐高宗组织修纂的《新修本草》，是世界上首部由政府颁布的药典；唐三彩的烧造和流行是唐代陶瓷业的重大成就，在中国陶瓷史上占有重要地位。但是，从唐朝前期开始，黄河下游的决溢次数增多，并随着时间的推移，愈加频繁，[①] 为黄河文化的衰落埋下了伏笔。唐朝后期的安史之乱以及随后的五代十国的战乱严重影响了黄河流域的社会经济发展，人口流失，经济衰退，社会凋敝，黄河流域的文化遭受重创。

（三）宋元明清时期：黄河文化的转折

宋元时期，黄河流域水灾频发，长期战乱，中国经济重心南移，文化的重心也开始由黄河流域向长江流域迁移。但是，随着契丹、党项、女真、蒙古等族群相继进入黄河流域，中原文化与游牧文化交流融合，黄河文化也有了新的发展。公元 960 年，北宋建立，结束了五代十国的战乱局面，黄河流域趋于稳定，社会经济迅速发展，矿产、冶炼、铸造、纺织、印染、造纸、造船、制陶等行业发展迅速，指南针、火药、印刷术等被用于实际生活中，城市和商业繁荣，黄河文化趋于恢复和繁荣，开封、洛阳等城市成为全国的文化中心，不仅文人荟萃于此，市民文化也极为发达，张择端的《清明上河图》呈现了东京汴河两岸的繁华景象。北宋统治者完善科举制，大力提倡儒学，发展教育事业，促进了儒学的复兴，涌现出周敦颐、程颢、程颐、张载、邵雍等著名哲学家，为宋明理学的发展奠定了基础。但是，靖康之难后，北宋覆亡，大量北方居民南迁，金军对中原地区大肆烧杀抢掠，尤其是在攻破开封城后进行了空前的洗劫，对当时黄河流域的社会经济造成了极大破坏，黄河文化再次遭受摧残。朱熹说，"靖康之乱，中原涂炭，衣冠人物，萃于东南"，黄河文化的人才优势丧失殆尽。[②]

元朝建立后，空前广大的疆域为中外文化交流创造了条件，元大都聚集着来自亚欧各国的官吏、传教士、医生、建筑师、乐师等，中国的使节、僧侣和商人也频繁往来于各国，促进了黄河文化的对外传播与交流。在文学艺术上，宋词、元曲都是具有创造性、时代性的文学艺术形式，出现了著名的

---

① 辛德勇：《黄河史话》，社会科学文献出版社，2011，第 34 页。
② 李学勤、徐吉军主编《黄河文化史》（下），江西教育出版社，2003，第 1597 页。

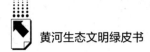

元杂剧作家关汉卿、马致远、白朴、王实甫、郑光祖等，创作了《窦娥冤》《汉宫秋》《梧桐雨》《西厢记》《倩女离魂》等经典曲目。在科学技术上，宋代李诫的《营造法式》、沈括的《梦溪笔谈》以及由政府组织编纂的《开宝本草》，元代郭守敬与许衡、王恂等人编订的《授时历》，王祯编纂的《农书》，都是这一时期科学技术发展的代表作。元代贾鲁采取的"疏、浚、塞"相结合的治河理论，是黄河治理发展史中的一个重要创新。

明清时期，中国历史进入了帝制晚期，虽然黄河在国家治理中依然占据着重要地位，但由于长江流域经济和文化的巨大优势，黄河文化逐渐丧失了在中华文明中的主体地位，日益转变为一种地域文化。明清两代定都北京，北京作为全国的政治中心和文化中心，对黄河文化的延续发挥了重要作用。《永乐大典》《四库全书》《古今图书集成》等大型类书，北京紫禁城、明长城等大型工程，圆明园、颐和园等园林建筑，不仅反映了明清两代的文化成就，也反映了黄河文化深厚的历史积淀。在意识形态上，程朱理学成为官方的意识形态，儒家经典作为科举考试内容日趋僵化，统治者大兴"文字狱"，钳制了思想的发展。不过，在程朱理学之外，颜元、李塨等反对程朱陆王空谈义理心性，倡导实学，桂馥、郝懿行等以考据见长，为明清时期黄河流域的学术与文化注入了新的内容。在文学艺术上，明清时期小说成就突出，蒲松龄《聊斋志异》、曹雪芹《红楼梦》、李汝珍《镜花缘》等是中国古典文学名著的代表作，王九思《沽酒游春》、康海《中山狼》、孔尚任《桃花扇》等则体现了明清时期黄河戏曲杂剧的新发展。在科学技术上，出现了李时珍《本草纲目》、徐光启《农政全书》、朱橚《救荒本草》、吴其濬《植物名实图考》等代表性著作。同时，西学东渐，欧洲的天文学、地理学、物理学、医学等科学知识传入中国，中西文化初步交汇，黄河文化遭受冲击，面临巨大的挑战。

（四）近现代：黄河文化的复兴

近代中国政局长期动荡，河政腐败，河防松弛，黄河流域水灾频发，人民生活困苦，黄河在国家治理中的地位下降。一方面，1855年，黄河在河南铜瓦厢决口改道，自铜瓦厢以下，流经的河南、直隶、山东等地区均沦为受灾地区。由于当时清政府忙于镇压太平天国运动，无暇解决河道堵塞问题，任由洪水横流20余年。1938年，国民党军队为延缓日军进攻，炸毁黄河花园口大堤，人为制造了黄河水灾，形成大面积的黄泛区，人民的生命和财产损失不计其数。长期的水患和水灾导致黄河下游运河受阻，经济萧条，社会衰败，文化衰落。另一方面，西方水利科学技术传入中国，黄河治理从传统河防观念向现代水利观念转变，李仪祉、张含英等著名水利专家开始运用现代水利科学技术对黄河进行水文测量、地质勘测、河工试验、水土保持，出版了许多专业性学术著作，如《黄河志》《黄河水文》等，但由于时局动荡，治河理论很难被真正付诸实践并产生效果。

鸦片战争后，随着一系列不平等条约的签订，帝国主义与中华民族的矛盾开始上升为社会的主要矛盾。特别是甲午战争以后，列强瓜分中国的趋势加剧，清政府腐败无能，无力抵抗列强入侵，中华民族面临生存危机，民族意识觉醒，民族精神和民族认同进入知识精英和社会大众的视野，他们开始以不同的方式塑造民族形象。至民国时期，中华民族的观念日益深入人心，1935年，国民政府正式将黄帝宣称为"中华民族始祖"，并在黄帝陵举行祭祀活动。1937年4月5日，第二次国共合作的两党代表在黄帝陵举行共祭黄帝仪式，毛泽东手书"赫赫始祖，吾华肇造，胄衍祀绵，岳峨河浩"祭黄帝陵碑文。黄帝作为中华民族的人文始祖，发端于黄河流域，由此黄河和黄河文化在中华民族形成和发展过程中的地位也被重新认识。而随着考古学的兴起和新材料的出土，黄河流域作为中华民族发祥地的观点逐渐得到认同。1918年，安特生在河南黄河岸边的仰韶村进行考古调查，发现了仰韶文化。1920年，法国神父桑志华在甘肃庆阳县发现3件人工打制的石制器，这是中国大陆发现的第一批旧石器。此后，考古学者在黄河流域发掘了更多的历史遗迹，仰韶文化、龙山文化、殷墟文化等遗址进一步增加了中华民族起源于黄河流域的佐证。

抗日战争和解放战争时期，中国共产党对传承和弘扬黄河文化发挥了重要作用。1931年九一八事变发生后，日本加快了侵略中国的步伐，进逼华北和黄河流域，使更多爱国群体关注到黄河。中国共产党领导工农红军北上抗日，转战陕北，进入黄河流域。1936 年 2 月 18 日，毛泽东和彭德怀发布《关于东征作战的命令》，规定东征部队第一步的任务是东渡黄河，占领吕梁山脉各县。1936 年 2 月底，毛泽东率领红军东征渡过黄河转战山西，坐船横渡黄河时，他对随行人员说："这就是我们的民族精神。""你们可以藐视一切，但是不能藐视黄河，藐视黄河，就是藐视我们这个民族。"① 为了激发中国人民的抗日斗争精神，这一时期出现了大量以黄河为主题的文艺作品，如《黄河大合唱》《黄河之恋》《别让鬼子过黄河》《河防战斗歌》《不到黄河心不甘》《黄河哨兵》《黄河小调》《黄河谣》等，其中以《黄河大合唱》最为典型，影响也最大，它不仅激发了中国人民保卫华北、保卫黄河的决心，也树立了黄河作为中华民族苦难象征和母亲河的形象。抗日战争胜利后，在中国共产党的领导下，冀鲁豫黄河水利委员会成立，掀开了人民治黄的新篇章，其在解放战争中发挥了重要作用。

新中国成立后，毛泽东发出"要把黄河的事情办好"② 的号召。在中国共产党领导下，国家在黄河流域展开了大规模的治理，在中上游地区植树造林，保持水土，修建拦洪堤坝，在下游地区加固堤坝，兴利除害，刘家峡、盐锅峡、青铜峡等大型水利工程相继完成，保证了黄河的安澜，黄河文化蓬勃发展。党的十八大以来，习近平总书记高度重视黄河治理开发以及黄河流域生态保护和发展问题，2019 年 9 月 18 日主持召开黄河流域生态保护和高质量发展座谈会时他强调：要坚持绿水青山就是金山银山的理念，坚持生态优先、绿色发展，以水而定、量水而行，因地制宜、分类施策，上下游、干支流、左右岸统筹谋划，共同抓好大保护，协同推进大治理，着力加强生态保护治理、保障黄河长治久安、促进全流域高质量发展、改善人民群众生活、保护传承弘扬黄河文化，让黄河成为造福人民的幸福河。③

① 唐正芒、夏艳：《毛泽东日常谈话中的黄河情结》，《党史博览》2018 年第 1 期。
② 李悦：《心系母亲河，习近平这样谱写黄河新篇》，求是网，2019 年 10 月 15 日，http：//www.qstheory.cn/zhuanqu/bkjx/2019-10/15/c_ 1125106981.htm。
③ 习近平：《在黄河流域生态保护和高质量发展座谈会上的讲话》，《求是》2019 年第 20 期。

三　传承和弘扬黄河文化的意义

黄河孕育了中华文明，哺育了华夏民族，塑造了中华民族自强不息的民族品格，而黄河文化是中华民族的重要精神标识。新时代，传承和弘扬黄河文化上升为国家战略，既是建设文化强国、涵养社会主义核心价值观、提升文化软实力的客观要求，也是黄河流域生态保护和高质量发展的文化基础和精神动力。

（一）黄河文化是中华民族的根和魂，传承和弘扬黄河文化，延续中华民族的文脉，是培根铸魂，增强中华民族的文化认同、文化自信的重要根基

黄河文化是中华民族的根。在人类文明史上，河流与人类文明的关系密切，许多河流成为人类文明的发源地，孕育了诸多原生性的文明，如尼罗河流域的古埃及文明、幼发拉底河和底格里斯河流域的美索不达米亚文明、恒河流域的古印度文明。但是，这些文明都缺少连续性，经历了多次兴衰。同样，在中华大地上也发掘出了大量早期人类遗址，但至今这些古代遗址也大都缺少连续性的证据，只有黄河文明吸纳、融合了各个区域的文明精华，从100多万年前的西侯度猿人、蓝田人，到新石器时代的仰韶文化、龙山文化以及夏商周时期的青铜文化，黄河文化保持了历史的连续性，并扩散为华夏文明的主体。钟敬文先生说："依据大量的考古发现和古典文献记载，佐之以丰富的神话传说，无可辩驳地说明黄河流域是华夏文明起源的主要区域，率先走在文明进步的前列，并抢先跻身文明时代，是华夏文化的重要源头。"[①] 所以当我们追溯华夏文明时，必然要回归黄河文化。"万姓同根，万宗同源"的根亲观念，使得孕育伏羲、炎帝、黄帝等华夏先祖的黄河流域，

---

① 《历千年而未返　瞻未来而永在——〈黄河文化丛书〉三人谈》，《光明日报》2002年2月7日。

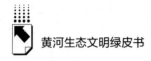
成为海内外亿万华人心目中姓氏、宗族、家庭的根脉之地。① 就中华民族文化的根源性、连续性而言，黄河文化占据着最为核心和重要的地位。

黄河文化是中华民族的魂。早在先秦时期，黄河就已经被称为"四渎"之宗，成为先民敬畏的对象。传说中的炎帝、黄帝被尊奉为中华民族的人文始祖，由夏商周三代文化的发展凝结而成的礼乐文明奠定了中华文化的基础，《诗》《书》《礼》《易》《春秋》等文化经典成为中华民族的文化之源。春秋战国时期，在诸子百家争鸣中，儒家脱颖而出，儒家思想逐渐发展成为中国传统文化的主导思想，形成了中华民族敬天法祖、天人合一、热爱生命、重视伦理道德的价值理念，以民为本、热爱和平、天下大同的政治追求和社会理想，自强不息、厚德载物、重义轻利的民族品格。秦汉以后，儒家思想在与道教、佛教思想的碰撞与融合中，形成了汉代经学、魏晋玄学、隋唐佛学、宋明理学、清代实学，不断丰富着中国人的精神世界。及至近代，黄河奔腾不息、百折不挠的意象成为中华民族自强不息、蓬勃向上的精神写照。在当代，人民黄河、健康黄河、幸福黄河等理念的提出和建设实践，不仅见证了中国共产党带领中国人民治理黄河的巨大成就，也展现了其执政为民、以人民为中心的价值理念。

黄河文化是中华民族的文脉。黄河是中国地理上的大动脉，黄河文化则是中国历史延续的文脉。从传说中的三皇五帝到现代中国的诞生，黄河流域长期作为中国的政治中心、文化中心，对中华文明和人类文明的发展做出了重要贡献。正如习近平总书记所说："在我国5000多年文明史上，黄河流域有3000多年是全国政治、经济、文化中心，孕育了河湟文化、河洛文化、关中文化、齐鲁文化等，分布有郑州、西安、洛阳、开封等古都，诞生了'四大发明'和《诗经》《老子》《史记》等经典著作。"② 黄河流域的重大历史事件影响着中国历史的走向；黄河流域的重大文化成就是华夏文明的重要标志；黄河流域的生产生活方式塑造了中华民族的习俗和信仰。黄河流域

---

① 闵祥鹏、马屯富：《黄河文明是中华文明的核心和主体》，《河南日报》2014年11月14日。

② 习近平：《在黄河流域生态保护和高质量发展座谈会上的讲话》，《求是》2019年第20期。

蕴藏着丰富的人文资源、历史遗迹，各种历史文化遗产星罗棋布，是国家级文物保护单位最为集中的地区，黄河流域全国重点文物保护单位有 2119 处，省级文物保护单位有 2054 处，市县级文物保护单位有 8815 处，国保单位分布密度约为全国平均密度的 2.6 倍。① 近些年，仅世界文化类遗产就由 12 项增加至 19 项；全国 6 个重大遗址保护项目中，4 个在黄河流域，即西安片区、洛阳片区、曲阜片区、郑州片区。② 这些文化遗产都是中华民族文化的活化石，保存着中华民族珍贵的历史记忆，是培根铸魂、延续中华文脉、增强民族凝聚力的物质载体。

总之，黄河文化源远流长、博大精深，保护、传承和弘扬黄河文化，能够激发中华民族的认同感、使命感、自豪感，增强文化自信，实现文化强国。因此，习近平总书记强调："要深入挖掘黄河文化蕴含的时代价值，讲好'黄河故事'，延续历史文脉，坚定文化自信，为实现中华民族伟大复兴的中国梦凝聚精神力量。"③

（二）黄河文化是中华民族的重要精神标识，传承和弘扬黄河文化，是建设中国特色社会主义先进文化、实现中华民族伟大复兴的精神助力

黄河文化是中华民族的重要精神标识。在世界所有的大江大河中，黄河是唯一一条在数千年时间里基本上由一个国家、一个民族所拥有的大河。④ 因此，黄河不仅是一条河流，还是一种文化符号、一种文明的象征。中华民族依黄河而生，逐黄河而居，在长期治理和利用黄河的过程中，不仅创造了灿烂的物质文明，也孕育了中华民族的精神品格，培育了中国人的价值追求，这成为推动中华民族兴旺发达的精神力量和根本支撑。不仅如此，在漫长的历史积淀中，黄河文化也产生了大量中华民族的精神标识和文化符号，

---

① 万金红：《保护黄河水文化遗产，讲好"黄河故事"》，《中国文物报》2020 年 8 月 18 日。
② 詹森杨：《河流、景观与遗产互联的黄河文化生态保护》，《民俗研究》2021 年第 3 期。
③ 习近平：《在黄河流域生态保护和高质量发展座谈会上的讲话》，《求是》2019 年第 20 期。
④ 葛剑雄：《河流伦理与人类文明的延续》，《地理教学》2005 年第 5 期。

如中华民族人文始祖炎帝、黄帝，中国思想文化代表人物孔子、老子，以及甲骨文、青铜器、陶瓷、丝绸、兵马俑、长城、火药、指南针、印刷术、汉字、汉语等都印证着中国传统文化的璀璨与辉煌。

黄河文化在中国传统文化发展过程中曾长期居于主体地位，是建设中国特色社会主义先进文化的重要资源。20世纪80年代，轰动一时的《河殇》把近代中国的贫穷落后归因于黄河文化，认为"要在中国创造崭新的文明，使中国富强昌盛，必须借助西方蔚蓝色的海洋文化的'灵光'"。[①] 这种历史虚无主义的黄河文化观忽视了黄河文化的包容和进取精神，否定了黄河文化的时代价值。事实上，黄河文明作为世界上唯一延续数千年的大河文明，其连续性根源于其开放性、扩散性、包容性。黄河文化作为中华民族的原初文化，在多元一体的中华文明发展过程中逐渐取得了主体地位，并冲出了自身流域疆界，不断与其他文化交流碰撞，兼收并蓄，向外扩散，成为中国传统文化的主要代表与象征。黄河文化具有跨越时空的时代魅力，它重视礼乐教化、仁爱忠信，具有开放、包容、进取的精神，承载了中华优秀传统文化的价值理念和精神追求。[②] 李约瑟曾说："今天保留下来的和各个时代的中国文化、中国传统、中国社会的精神气质和中国人的人事事务在许多方面，将对日后指引人类世界做出十分重要的贡献。"[③]

黄河文化是中国特色社会主义先进文化的重要内容。中国特色社会主义先进文化根植于中国特色社会主义革命和建设的生动实践，蕴含了中华优秀传统文化、红色革命文化和社会主义先进文化。黄河文化不仅是中华优秀传统文化的根脉，也包含了红色革命文化和社会主义先进文化。在革命战争时期，黄河流域的晋冀鲁豫、晋察冀、晋绥、陕甘宁抗日根据地在中国共产党的领导下发挥了重要作用，尤其是陕甘宁边区的延安成为中共中央指挥抗日战争和解放战争的中枢，深刻影响了近现代中国的发展历程。诸多的根据地

---

① 任文贵：《〈河殇〉是对爱国主义的背叛》，《中国青年论坛》1989年第6期。
② 刘阿敏：《保护、传承、弘扬黄河文化的意义及路径研究》，《水资源开发与管理》2020年第10期。
③ 转引自宫哲兵主编《当代道家与道教》，湖北人民出版社，2005，第82页。

产生了大量文化遗存，孕育了延安精神、南梁精神、南泥湾精神、太行精神、沂蒙精神等，形成了红色革命文化。新中国成立以后，中国共产党领导人民治理黄河，大规模修建黄河堤防和水利枢纽，整治水土，发展工农业生产，创造了"人进沙退"的奇迹，产生了焦裕禄精神、红旗渠精神等，形成了社会主义先进文化。

因此，黄河文化包含着中华优秀传统文化、红色革命文化和社会主义先进文化等多重意蕴，积淀着中华民族最深层的精神追求，是中华民族独特的精神标识，是中华民族生生不息、发展壮大的文化滋养。传承和弘扬黄河文化，积极对其进行创造性转化、创新性发展，是繁荣发展社会主义文化的客观需要，也是实现中华民族伟大复兴的精神助力。

（三）黄河文化是黄河流域经济社会发展的文化基础，传承和弘扬黄河文化，是推动黄河流域生态保护和高质量发展的客观需要

黄河流域是我国重要的生态功能区，连接青藏高原、黄土高原、华北平原，拥有三江源、祁连山等多个国家公园和重点生态功能区，构成了我国北方重要的生态屏障和生态廊道，对于保障国家的生态安全具有重要战略意义。同时，黄河流域也是我国重要的经济带，2020年黄河流域省区总人口4.2亿，地区生产总值（GDP）达25.4万亿元，煤炭、石油、天然气和有色金属资源十分丰富。但是，由于生态环境脆弱、水资源短缺、过度开发等自然、历史原因，黄河流域经济社会发展水平相对滞后，多民族聚集、贫困人口相对集中。因此，推动黄河流域生态保护和高质量发展，是解决经济社会主要矛盾、维护社会稳定、促进区域协调发展、全面建设社会主义现代化强国的现实需要和重要举措。

文化是人类社会实践活动的产物，受到社会发展水平的影响，随着社会的发展而发展。文化一旦形成，就具有了相对独立性，并反作用于经济社会发展，渗透进社会生活的方方面面。在当今世界，文化在综合国力竞争中的地位日益凸显，对经济社会发展的作用不断增强，是推动社会发展的重要力量。文化既直接贡献于经济增长，又对提升经济发展质量发挥着重要作用。

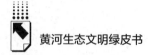

现代世界经济发展情况表明，社会发展程度越高，文化产业的支柱作用就越明显，文化产业对经济增长的贡献就越大。据统计，我国文化产业增加值占GDP比重由2004年的2.15%提高到2019年的4.50%，在国民经济中占比逐年提高；2004～2012年文化产业对GDP增量的年平均贡献率为3.90%，2013～2018年进一步提高到5.50%。因此，文化产业已经成为国民经济的重要组成部分，对推动经济的发展方式转变和高质量发展发挥着越来越重要的作用。

推动黄河流域的生态保护和高质量发展，不仅要加大黄河流域生态保护力度，高质量推动黄河流域社会经济的发展，也要保护、传承和弘扬黄河文化，为黄河流域的经济社会发展提供思想基础、价值引导、智力支持和制度规范。党的十八大以来，习近平总书记提出的"绿水青山就是金山银山""人与自然是生命共同体"① 等生态文明思想，丰富了黄河文化的内涵，为黄河流域经济社会发展提供了思想基础。传承和弘扬黄河文化，将黄河流域的文化优势转化为资源优势，发展黄河文化产业，"靠山吃山，靠水吃水""宜山则山，宜水则水"，文旅融合，将为黄河流域经济社会发展提供新的模式和路径。文化产业环境污染少、资源消耗低，是典型的低碳经济、绿色经济，有利于优化经济结构和产业结构，促进消费升级，扩大就业和创业，实现黄河流域经济的跨越式发展。根据2018年的统计数据，黄河流域各省区文化产业生产总值占GDP比重以河南省为最高，占比为4.29%，青海省最低，仅为1.80%，均低于全国4.54%的平均水平，② 还存在巨大的发展空间。以黄河文化为主题，充分利用黄河流域的历史文化资源优势，推动黄河流域文化产业的发展，能够破除黄河流域经济社会发展的困局，解决经济社会发展与生态环境保护之间的矛盾，推动黄河流域生态保护和高质量发展。

总之，黄河文化蕴含着中华民族的思想智慧、价值追求、审美情趣，是

① 王鹏伟、贺兰英：《习近平生态文明思想对现代西方环境理论的超越（学苑论衡）》，人民网，2021年10月18日，http://dangjian.people.com.cn/n1/2021/1018/c117092-32256488.html。

② 《中国文化及相关产业统计年鉴2020》，中国统计出版社，2020。

黄河流域经济社会发展的精神动力，黄河文化的产业转化、价值引领也是黄河流域经济社会发展的重要助推力。有学者曾指出："黄河流域的 GDP 的确不如长江流域和珠江流域，但是随着物质财富的增加，人类对精神文明的追求也越来越强烈。黄河流域所拥有的人文资源、历史遗迹、文化精华，是长江流域或者其他流域不能替代的，在文化传承中间所起的作用是任何其他文明所不能替代的。"①

四　发展黄河文化面临的问题

黄河是中华民族的母亲河，保护黄河关乎中华民族的兴盛和发展，"黄河宁，天下平""河清海晏"始终是中华文明的进取动力和精神诉求。新时代，传承和弘扬黄河文化对推动黄河流域生态保护和高质量发展具有重要意义。但是，由于黄河流域长期被过度开发，自然生态环境脆弱，社会经济发展水平相对滞后，丰厚的历史文化积淀与保护、传承能力不相匹配，传承和发展黄河文化还面临一系列问题。

（一）黄河文化发展的生态环境基础薄弱，文化与生态融合发展有待加强

黄河流域适宜的气候、良好的生态环境曾是中华民族繁衍生息的自然基础。中华民族在黄河流域长期生存发展过程中，积累了丰富的生态智慧，如"天人合一""道法自然""民胞物与"等。但是，在历史长河中，这些宝贵的生态智慧并未有效地指导人们正确处理人类与黄河的关系，尤其是秦汉以后，由于大规模的森林砍伐、过度的农业垦殖，黄河流域水土流失严重，水患日趋频繁，致使黄河文化在盛唐之后逐渐衰落。

新中国成立后，中国共产党领导人民开启了治黄事业的新篇章，充

---

① 葛剑雄：《黄河文明的延续》，《文汇报》2005 年 2 月 6 日。

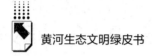

分发挥社会主义制度的优势，真正实现了黄河治理从被动到主动的历史性转变，创造了70多年来黄河岁岁安澜的历史奇迹，为我国经济社会发展做出了巨大贡献。但是，随着工农业生产发展和矿产资源开发，黄河流域的生态环境逐渐恶化。1972~1996年的25年间，黄河发生19次断流。2020年，黄河流域代表站实测径流量为469.6亿立方米，仅为长江流域代表站实测径流量的4.2%，而输沙量为24000万吨，是长江流域输沙量的1.46倍。① 黄河流域整体性、系统性的水生态问题严峻，上游局部地区天然草地退化，水源涵养功能下降；中游地区生态系统脆弱，水土流失依然严重；下游地区水生态流量偏低，生态保护治理与滩区居民农业生产生活矛盾突出，河口三角洲湿地退化。② 水资源短缺、水土流失、环境污染成为黄河流域经济社会发展的瓶颈，也对黄河流域数量众多的文化遗产造成了直接的损害。以黄河流域的石窟艺术为例，人口增长、城市扩张、工矿业发展、环境污染，使得石窟周边生态环境不断恶化，对石窟文物造成了不可逆的破坏。

从表面来看，黄河流域的自然生态功能退化是过度开发造成的，但深层原因则是文化生态失衡。③ 从文化生态学的视角来看，人类与其生活环境是一个不可分割的网络体，人类创造的文化与其生活的环境相互依存，④ 存在双向互动关系，相互影响、相互作用。生物多样性是自然生态系统平衡的保障，多样性文化是文化生态系统生命力的体现。保护黄河流域的生态环境，应把黄河文化作为核心要素，予以高度重视，充分认识黄河文化，尤其是黄河生态文化的价值。推进黄河流域生态文明建设，倡导黄河伦理文化，"维持黄河健康生命"，达到生态与文化的良性互动。

---

① 中华人民共和国水利部编著《中国河流泥沙公报2020》，中国水利水电出版社，2021，第1~2页。
② 薛澜、王夏晖、张建宇主编《黄河流域保护与高质量发展立法策略研究》，上海人民出版社，2021，第9页。
③ 张小军：《黄河：不朽的大河文明》，《民主与科学》2019年第1期。
④ 邓先瑞：《试论文化生态及其研究意义》，《华中师范大学学报》（人文社会科学版）2003年第1期。

（二）黄河流域的经济发展水平相对滞后，制约黄河文化的保护与传承

黄河流域曾长期处于中国政治、经济和文化发展的中心，但是随着中国经济重心南移，黄河流域经济逐渐衰退，地位不断下降。新中国成立70多年来，黄河流域经济发展有了巨大进步，在能源、矿产、粮食和基础工业等方面为国家的发展做出了重要贡献，但相对于长江、珠江等流域而言，黄河流域经济发展水平仍然相对滞后。据统计，2019年黄河流域9省区总面积约占全国总面积的36.91%，人口约占全国总人口的1/3，9省区GDP 24.74万亿元，约占全国GDP的25.11%，人均GDP只有60269.60元，低于全国平均水平的72000元。黄河流域9省区中除山西、河南、内蒙古属于中部地区，山东属于东部地区外，其他5省区均属于西部地区。受资源禀赋、发展基础、国家区域发展政策等因素的影响，黄河流域内部经济发展极不平衡。青海、宁夏、甘肃、山西、内蒙古、陕西6省区的GDP，仅是作为东部沿海发达地区的山东的1.3倍（2003年）和1.5倍（2018年）。

文化作为社会意识的重要组成部分，是经济、政治的反映，受制于特定的经济、政治和社会发展状况。黄河流域中上游经济发展水平相对滞后，导致黄河文化发展的基础薄弱，保护和传承黄河文化乏力，发展黄河文化大都停留在文化旅游层面，但黄河流域内名胜古迹和主要城市间的交通旅游设施落后，大量的历史、自然、人文景观散落在不同地区，难以形成规模和集成效应。一方面，资金投入不足，大量文化遗产缺少必要的保护和修复，一些遗址因不被重视而遭到破坏，一部分非物质文化遗产无法适应时代需要而面临淘汰，非物质文化遗产传承人老龄化现象突出，传承创新能力不足。另一方面，粗放的经济发展模式和加快的工业化进程，消解着黄河流域的农耕文化、游牧文化，破坏了黄河流域的自然景观和历史文化遗产。许多地方急功近利，片面追求经济发展速度，盲目开发，"建设性破坏"问题比较严重。部分文化遗产过度商业化，文化遗产依托的生产、生活、城乡空间等面临诸多矛盾。中南大学中国村落文化研究中心在2008~2010

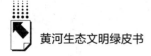

年先后对长江、黄河流域以及西北、西南 17 个省区 113 个县（含县级市）中的 902 个乡镇的传统村落文化遗存进行整体摸查，发现传统村落数量正在以平均每年 7.3% 的速度递减。尽管近年来中央、地方和社会各界采取了积极的保护与发展措施，取得了阶段性和区域性的成效，但仍然存在大量突出的问题。①

当代社会，经济与文化的联系日益密切，经济的"文化化"和文化的"经济化"已经成为当今社会经济活动的显著特征，文化产业的兴起充分体现了经济和文化的紧密结合。② 但是，黄河流域对历史文化资源利用不足，与区域发展结合不紧密，社会参与力度不够，引导机制不健全，配套服务设施不完善，文化资源优势还没有充分转化为经济社会发展优势。

（三）黄河文化研究和保护有待加强，体系建设滞后，体制机制不健全

首先，对黄河文化内涵界定不清晰，保护对象和范围模糊。学界虽然依照文化的界说对黄河文化从广义和狭义两方面进行了概述，但关于黄河文化的核心内涵、范围、层次及其与中华民族文化、长江文化的关系，还有待厘清。有关黄河文化的各种分类标准纷繁芜杂、名称不一，增加了保护对象与边界识别的难度，不易于黄河文化的综合性保护和传播推广。由于黄河文化的多样性、复杂性，其保护对象存在范围边界模糊、交叉，地域之间、种类之间缺乏关联和统筹等问题。为了保证黄河文化保护的原真性和完整性，有必要将庞大繁杂的黄河文化建成内涵丰富、形式多样、结构有序的黄河文化体系，形成黄河文化保护、传承与弘扬的"一张图"，为相关部门提供决策参考，为社会公众的文化保护、传承和弘扬指引方向，确保黄河文化的有序传承和发展。③

---

① 胡彬彬：《古城古镇古村落保护立法调研专栏引介》，《民族论坛》2017 年第 5 期。

② 苗长虹、王兵：《文化转向：经济地理学研究的一个新方向》，《经济地理》2003 年第 5 期。

③ 杨越、李瑶、陈玲：《讲好"黄河故事"：黄河文化保护的创新思路》，《中国人口·资源与环境》2020 年第 12 期。

其次，黄河文化保护和管理体制机制不健全，合力不足。从国家层面来看，文化和旅游部、水利部、教育部、住房和城乡建设部、国家林业和草原局等多个政府部门均有管理黄河文化遗产的职能，形成了多头并管、条块分割、横纵交错的文化管理体系；从地方和区域层面来看，黄河文化遗产的保护模式存在区域式、分段式、单元式的问题，缺少省区间、区域间的合作机制，不仅造成黄河文化保护内容上的割裂，还极易造成保护和管理部门各自为政、分散经营和同质竞争等问题。因此，黄河文化保护和管理涉及不同层级、不同区域、不同产权的行政主体，其职能各异，利益冲突，行政规则和流域规则不一致，缺少针对黄河自然和文化遗产的综合性法律和行政法规，权责不清，统筹协调困难，缺乏统一的管理机构，合力不足。[①]另外，从保护和发展体制来看，黄河文化保护和管理主要采取自上而下的方式，以行政力量为主导，更多是由相关职能部门、专业科研单位进行，形式也比较单一，吸纳社会、公众参与力度不够，缺少相关法律和政策支持。因此，需要从理论到实践建构完整、系统的黄河文化保护和管理的战略规划，探索与黄河流域文化特征相匹配、发展需求相适应的黄河文化保护和管理模式。

最后，黄河文化保护和管理的效果评价机制不完善，监管有待加强。当前，黄河流域生态环境脆弱，黄河文化遗产的保存依然存在风险。科学的评价监督机制缺失，导致相关部门难以应对突发情况，风险预测、监督和责任追究也有较大的阻碍。同时，黄河流域盗掘、破坏文化遗址，倒卖和破坏文物等犯罪活动猖獗，文物管理秩序较为混乱，文物保护专业力量相对薄弱，文物安全监督检查与防控能力亟待提升，缺少社会监督机制。在黄河文化保护、传承和弘扬的过程中，缺少第三方评估的独立性、专业性和权威性，文化保护和管理的效果难以保证，文化管理部门也无法动态跟进黄河文化保护，无法及时发现和解决问题。[①]

---

① 薛澜、王夏晖、张建宇主编《黄河流域保护与高质量发展立法策略研究》，上海人民出版社，2021，第170~171页。

五　黄河文化发展的路径和思路

2019 年 9 月 18 日，习近平总书记在黄河流域生态保护和高质量发展座谈会上的讲话中提出，要保护、传承和弘扬黄河文化，推进黄河文化遗产的系统保护，深入挖掘黄河文化蕴含的时代价值，讲好"黄河故事"，延续历史文脉。[①] 2021 年 10 月 8 日，中共中央、国务院印发《黄河流域生态保护和高质量发展规划纲要》，对保护、传承和弘扬黄河文化进行了具体规划，明确提出要系统保护黄河文化遗产，深入传承黄河文化基因，讲好新时代"黄河故事"，打造具有国际影响力的黄河文化旅游带，为黄河文化的发展指明了方向。

（一）实施黄河文化遗产系统保护工程，建设黄河文化遗产廊道，打造黄河文化生态保护区，推进黄河国家文化公园建设，构建黄河文化博物馆体系

实施黄河文化遗产系统保护工程。对黄河文化资源全面调查和认定，摸清文物古迹、非物质文化遗产、古籍文献等重要文化遗产底数，利用现代信息技术搭建统一的信息平台和数据库，实现黄河文化遗产的信息整合和资源共享，为遗产保护管理提供依据。确立重点保护对象，对濒危遗产、遗迹、遗存实施抢救性保护，加大对古代都城、宫殿建筑、帝王陵墓、石窟等遗址遗迹的整体性保护和修复力度；加强对古城、古镇、古村落等历史文化遗产以及古灌区、古渡口、水利工程遗址遗迹等农耕文化遗产和水文化遗产的保护；提高黄河流域革命文物和遗址遗迹保护水平，加强同主题跨区域革命文物的系统保护。大力保护非物质文化遗产，完善黄河流域非物质文化遗产保护名录，探索活态传承路径；改变非物质文化遗产保护

---

① 《为保护黄河文化遗产提供法治保障（有的放矢）》，"人民网"百家号，2022 年 3 月 1 日，https://baijiahao.baidu.com/s? id=1726046064769942156&wfr=spider&for=pc。

的方式，提高传承水平。注重黄河文化遗产的整体性保护、活态性保护、生产性保护，落实黄河文化遗产保护的主体责任，完善黄河文化遗产保护的制度机制，协调解决保护方面的跨区域问题，以立法的形式明确黄河文化遗产保护和传承的对象、范围、手段和措施，严厉打击盗掘、盗窃、非法交易文物等违法犯罪行为。

建设黄河文化遗产廊道，打造黄河文化生态保护区。以黄河流域为主线，将黄河流域的自然景观、人文景观、遗址公园以及非物质文化遗产代表性项目串联起来，将古村落保护与传统农耕技术及水利工程保护结合起来，多层次呈现黄河文化遗产资源的丰富内涵。加强沿线各省区在资源保护、品牌宣传、文旅产品和线路开发等方面的协作，积极申报世界自然与文化遗产，建设黄河文化遗产廊道，形成"生态资源、文化要素相协调的'大黄河'的文化保护模式"。① 支持设立黄河文化生态保护区，示范引导非物质文化遗产保护，将保护、活化、传承、展示、体验等有机融合，调动社会公众的参与积极性，促进黄河流域生态与文化的协调发展。

推进黄河国家文化公园建设，构建黄河文化博物馆体系。建设黄河国家文化公园是保护、传承和弘扬黄河文化的重要举措。借鉴线性文化遗产保护和国家公园规划建设经验，积极开展对黄河国家文化公园建设的调研，规划设计黄河国家文化公园的范围、内容、管理体制、传承和开发、区域合作的方式和路径。深入实施中华文明探源工程，高水平保护陕西石峁、山西陶寺、河南二里头、河南双槐树、山东大汶口等重要遗址，开展考古遗址国家公园建设，形成大型文物保护展示园区。科学规划和管理黄河文化类博物馆，适当改扩建和新建一批黄河文化博物馆，为系统保护和展示黄河文化提供平台和机制。推动黄河国家文化博物馆建设，支持黄河流域博物馆联盟发展，构建以国有博物馆为主体、以非国有博物馆为补充、体制多元、门类丰富的博物馆体系。加强对黄河文化遗产的数字化保护和展示，建立黄河文化遗产

---

① 薛澜、王夏晖、张建宇主编《黄河流域保护与高质量发展立法策略研究》，上海人民出版社，2021，第170~171页。

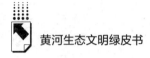

数字博物馆、智慧博物馆，利用互联网技术、新媒体手段开放云博物馆、云展览，对黄河文化遗产进行全方位展示。注重发挥黄河文化博物馆的社会教育、爱国主义教育功能，推出精品展览，展示具有黄河文化代表性的遗存遗物。[①]

（二）发展黄河流域的文化产业，文旅融合，打造具有国际影响力的黄河文化旅游带

积极推动黄河文化的产业转化，促进文化和旅游融合发展。时代的进步、科技的发展，赋予了黄河文化丰富的产业形式和内容。应充分发掘黄河流域的文化资源，运用"文化赋值"理论，进行创新和转化，实现黄河文化向文化产业、旅游资源的转变。2021年，在河南卫视春节联欢晚会上，郑州歌舞剧院表演的《唐宫夜宴》以安阳出土的隋代乐舞俑为创作灵感，在提炼传统文化符号的基础上，融入现代时尚元素和表演形式，获得观众好评，登上微博热搜。接着，河南卫视又推出了《端午奇妙游》，采用网剧加网络综艺的模式，融入赛龙舟、吃粽子、缅怀屈原、饮雄黄酒、艾草祛病等端午习俗，展示中国传统节日的魅力，尤其是水下舞蹈《祈》再次引发观众的共鸣，在网络上刷屏，成为黄河文化资源转换和普及的成功案例。因此，利用现代新媒体、新技术手段，适应时代的需要，通过创意创新，将静态的黄河文化活化为文化产品、文旅产业，把文化保护、传承和经济发展相结合，不仅有助于黄河文化的保护、传承和弘扬，也有利于将黄河流域的文化资源优势转化为文化产业优势，带动高质量发展。

依托黄河流域的文化资源，打造黄河文化旅游带。黄河流域拥有丰富的自然人文景观、文化遗产，其呈带状分布。上游自然景观多样、生态风光原始、民族文化多彩、地域特色鲜明，中游则有古都、古城等丰富的人文资源，下游拥有泰山、孔庙等世界著名文化遗产。据统计，黄河流域9省区拥有世界遗产20处、不可移动文物30余万处、国家级非遗代表性项目649

项、国家全域旅游示范区 47 个、国家 5A 级旅游景区 84 个、国家级旅游度假区 9 个、全国乡村旅游重点村 329 个、全国红色旅游经典景区 85 个。[①] 应以此为基础，发挥文化创意，打造具有国际影响力的黄河文化旅游带，把文化旅游产业打造成支柱产业。在上游加强配套基础设施建设，增加高品质旅游服务供给，支持青海、四川、甘肃毗邻地区共建国家生态旅游示范区；中游突出地域文化特点和农耕文化特色，打造世界级历史文化旅游目的地；下游发挥好标志性文化遗产的作用，推动弘扬中华优秀传统文化。同时，依托陕甘宁革命老区、红军长征路线、吕梁山革命根据地、南梁革命根据地、沂蒙革命老区等打造红色旅游走廊。

发展黄河文化产业，促进文旅融合，必须进行规划引导。政府要在激励和管理上下功夫，充分调动社会、市场的创新能力，提供法治保障。打破行政区划、产业壁垒，强化区域间资源整合和协作，促进旅游业转型升级，推进全域旅游发展，建设一批标志性的黄河文化旅游目的地。[②] 加强城乡联动，优化城乡资源配置，统筹城乡公共文化服务网络建设，扶持研学、康养、民俗等乡村特色文化和旅游产业，打造以黄河文化为特色的乡镇、村落、街区，将黄河文化与旅游、农业、科技深度融合，为打造"美丽经济、幸福产业"提供新的模式和路径。[③] 发展文化产业，必须遵循市场规律，调动市场力量，发挥市场对资源配置的决定性作用，激活文化资源，加强黄河文化旅游主体市场培育，允许和鼓励社会资本进入黄河文化产业开发领域。政府可以通过减免税收、返还利润等形式广泛吸纳社会资金，拓展融资渠道，通过市场机制加大对文化创意产品的研发投入力度，鼓励企业开发具有黄河文化特色的一系列产品，培育一批有竞争力的文旅企业，弥补政府在开发能力、资金支持等方面的不足。同时，政府要加强市场监督与管理，避免过度商业化和无序扩张、重复开发和同质化竞争，产业壮大不

---

① 王珂、易嘉欣、雷鸶乔：《黄河流域文旅资源丰富》，《人民日报》2021 年 10 月 27 日。
② 《黄河流域生态保护和高质量发展规划纲要》，《人民日报》2021 年 10 月 9 日。
③ 石培华、申军波：《文旅融合视野下黄河长江文化保护传承弘扬思考》，《中国旅游报》2021 年 2 月 26 日。

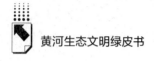
应损害文化的保护、传承与可持续发展，不能一哄而上，不顾客观实际，盲目建设湿地保护区、文化公园、文化博物馆，造成资源浪费，破坏自然生态环境。

（三）开展黄河文化研究和宣传，讲好新时代"黄河故事"，实施黄河文化传播工程，大力弘扬黄河文化

开展黄河文化研究和宣传。系统梳理黄河文化发展脉络，深入研究黄河文化的内涵、外延、载体、功能、表现形式、精神内涵和时代价值，开展优秀文艺作品创作，构建黄河文化的核心价值体系。明确黄河文化研究的目标和任务，规划重点研究课题并为其提供经费支持，推出黄河文化研究的精品力作，出版标志性成果。整合黄河文化研究力量，培养黄河文化研究队伍，夯实黄河文化研究基础，建立健全黄河文化的研究机制，完善黄河文化研究的协同创新机制。实施黄河文化传承创新工程，建设跨学科、交叉型、多元化的创新研究平台。依托高校和科研院所，发挥专家和学术团队力量，系统整理有关黄河的历史文献；深入研究治黄史、黄河制度史和文化史，总结黄河的演变规律和治理经验；建立健全黄河流域考古学研究体系，开展考古调查、价值阐释和成果普及。[①] 加强黄河流域非物质文化遗产的专业研究力量，建设非物质文化遗产研究基地，建立区域协同研究和保护制度。

讲好"黄河故事"。黄河哺育了华夏民族，培育了中华民族坚强的性格，见证了中华儿女改造自然、繁衍生息的奋斗历史。"黄河故事"是中华民族从认识黄河、适应黄河、改造黄河，到与黄河同呼吸、共命运、和谐相处的故事。[②] 讲好"黄河故事"，就是要讲好黄河文化发展史以及人民治理黄河的历史，把黄河的辉煌史、苦难史、奋斗史诠释出来，[③] 传递黄河文化的价值理念，发挥黄河文化凝聚中华民族精神、增强文化自信的力量。讲好

① 侯佳儒：《推动黄河保护立法　全面协同落实国家大战略》，《中国政协》2021年第6期。
② 吴漫、王博：《弘扬黄河文化　传承历史文脉》，《河南日报》2019年11月20日。
③ 蔡相龙：《传承黄河文化　凝聚精神力量》，《中国纪检监察报》2019年10月18日。

"黄河故事"，也要讲好人水和谐的理念，科学对待人水关系，按自然规律办事，不断提高黄河水资源的利用效率和承载能力，努力建设人水和谐共处、人与自然和谐共生的新发展格局。讲好"黄河故事"，还需要创新形式、转化内容，把宏大复杂的黄河文化转变为老百姓听得懂、讲得清的"黄河故事"，形成特色鲜明、高度凝练、真实完整的文化符号，建构人们共同认可的文化标识，讲好、讲精、讲实、讲活"黄河故事"。①

实施黄河文化传播工程。传播是优秀文化价值提升的必经之路。在现代信息社会，文化的传播速度、范围和效果在很大程度上反映了文化生命力的强弱，是文化竞争力大小的体现。② 推进黄河文化在海内外的传播，要在传播内容、传播形式、传播渠道、传播效率上下功夫。首先，丰富黄河文化的传播内容，凝练黄河文化符号，寻找黄河流域风土人情、人物故事中富有情趣、感染力的题材，增强黄河文化亲和力，突出历史厚重感，全面展示黄河文化。其次，创新黄河文化的传播形式，用好新媒体技术手段，加强对受众的分析，实施黄河流域影视、艺术振兴行动，深化文学艺术、新闻出版、影视等领域的对外交流合作，形成一批富有时代特色的精品力作。再次，拓展黄河文化的传播渠道，在国家文化年、中国旅游年以及各种对外交往活动中融入黄河文化元素，打造黄河文化对外传播符号，翻译、传播优秀黄河文化作品，推动文明交流互鉴。最后，提高传播效率，积极探索有利于破解工作难题的新举措、新办法，特别是要适应社会信息化持续推进的新情况，加快传统媒体和新兴媒体融合发展，占领信息传播制高点。③

（四）做好顶层设计，创新体制机制，促进黄河流域生态保护和高质量发展

制定和完善黄河文化传承发展的总体规划。黄河文化作为一种跨行政区

---

① 杨越、李瑶、陈玲：《讲好"黄河故事"：黄河文化保护的创新思路》，《中国人口·资源与环境》2020年第12期。

② 银元：《保护传承弘扬黄河文化需系统化推进》，《中国旅游报》2020年12月3日。

③ 《黄河流域生态保护和高质量发展规划纲要》，《人民日报》2021年10月9日。

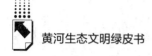

域和自然地理区域的流域文化、历史文化，超出了单一行政区域、行政部门的管理范围，必须进行跨区域、跨部门的协调，制定黄河文化传承发展的总体规划，明确黄河文化建设和发展的任务、目标、内容和实施步骤等，理顺不同行政区域、不同行政部门之间的关系，引导各个行政区域、行政部门共同推动黄河文化的发展。自从2019年9月习近平总书记主持召开黄河流域生态保护和高质量发展座谈会后，中央和地方各级行政主管部门积极落实习近平总书记"保护传承弘扬黄河文化"的重要指示，召开专题会议，制定黄河文化传承发展规划。今后，应进一步加强对黄河文化的调研，打破部门利益和行政区域之间的隔阂，确保黄河文化传承发展规划的科学性、系统性、整体性。

构建黄河文化传承发展的行政管理机制。新中国成立以来，国家在黄河流域治理过程中积累了丰富经验，尤其是黄河水利委员会在保障黄河流域的生态安全、传承和弘扬黄河文化、促进黄河流域的经济社会发展方面发挥了重要作用。黄河水利委员会作为全国七大流域管理机构中唯一担负全流域管理任务的机构，今后应继续发挥其在黄河文化传承发展中的作用。应赋予其黄河文化的管理职能，进行全流域的文化管理和协调工作，实现黄河流域生态保护和文化传承的协同发展。同时，贯彻习近平总书记关于黄河流域生态保护和高质量发展的讲话精神，进一步规范黄河流域及其相关地区黄河文化交流合作机制，推动省区合作、区域协作，以文化和旅游部为主体，成立由水利部、财政部、国土资源部等部门共同参与组建的黄河文化保护传承工作机构，承担黄河文化保护的主体责任，协调解决跨部门、跨区域问题，建立黄河文化遗产保护的体制机制，加强规划的组织实施，落实工作责任，抓好重点项目，形成保护合力。①

完善黄河文化传承发展的社会参与和监督机制。培育黄河文化保护和发展的社群组织，鼓励公众积极参与黄河文化的保护与传承，加强相关制度的构建，规范参与方式和程序，探索建立公众咨询委员会、专家咨询委员会，

---

① 彭飞:《马珺: 加强黄河文化的保护传承》,《法人》2021年第3期。

激发公众的参与积极性。建立黄河文化保护传承的资金保障机制，拓展资金来源渠道，发挥市场机制的作用，组建黄河文化产业发展公司，以市场手段和公司形式打破行政区域壁垒，推动黄河文化的保护和发展；完善黄河流域文化遗产保护专项资金的公共财政预算制度、事业收入（含门票收入）管理制度、社会资金和国际资金参与保护的优惠政策制度。[①] 完善黄河文化保护传承的行政执法制度、应急保障制度、监督管理制度和责任追究制度等，积极探索建立评估黄河文化保护传承效果的第三方评估机制，引入、培育、规范社会第三方评估机构，推进社会组织第三方评估信息公开和结果运用。[②]

六　结语

黄河流域良好的生态环境创造了华夏文明，而其生态环境的恶化也曾给中华民族带来深重的灾难。黄河流域的兴衰，生动地诠释了"生态兴，则文化兴、文明兴"。黄河文化是人类在黄河流域生产生活和发展的结晶，也是中华民族生生不息的内在动力和历史见证。传承和弘扬黄河文化不仅是培根铸魂，增强中华民族的文化认同、文化自信的重要根基，也是建设中国特色社会主义先进文化、实现中华民族伟大复兴的精神助力。新时代，黄河文化不仅蕴含着"天人合一""道法自然"的传统生态文化理念，也融入了"绿水青山就是金山银山""山水林田湖草沙是生命共同体"的生态文明理念，这些理念都是推动黄河流域生态保护和高质量发展的文化基础。以习近平生态文明思想为指导，积极化解保护和发展黄河文化面临的问题，深入挖掘黄河文化的时代内涵，构建黄河文化体系，尤其是黄河生态文化体系，实施黄河文化遗产系统保护工程，推进黄河国家文化公园建设，发展黄河流域的文化产业，讲好

---

① 薛澜、王夏晖、张建宇主编《黄河流域保护与高质量发展立法策略研究》，上海人民出版社，2021，第31页。

② 杨越、李瑶、陈玲：《讲好"黄河故事"：黄河文化保护的创新思路》，《中国人口·资源与环境》2020年第12期。

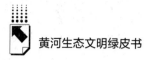

"黄河故事"，做好顶层设计，创新体制机制，是黄河流域生态文明建设的重要内容。因此，只有以保护、传承和弘扬黄河文化为支撑，全面推进黄河流域生态保护和高质量发展，加快建设美丽黄河，才能让黄河真正成为造福人民的幸福河。

分 报 告
Topical Reports

· 历史篇 ·

G.2
黄河流域史前文化发展报告

赵 妍　林 震*

摘　要： 黄河流域是中华文明和中国古人类的主要发祥地。黄河文化是中华文明的重要组成部分，是中华民族的根和魂。黄河上、中、下游分布着广泛的史前文化遗址，具有代表性的有大地湾文化、仰韶文化、马家窑文化、齐家文化、龙山文化、二里头文化、大汶口文化等遗址。黄河流域史前文化遗产包括有形遗产和无形遗产，做好黄河流域史前文化遗产的保护与利用，对传承中华优秀传统文化、讲好黄河文化故事和增强文化自信具有重要的作用。

关键词： 黄河文化　中华文明　史前文化　遗产保护　黄河流域

---

* 赵妍，博士，北京林业大学生态文明建设与管理交叉学科博士后，研究方向为林业史、生态文化；林震，博士，北京林业大学生态文明研究院院长、马克思主义学院教授，博士生导师，研究方向为生态文明、生态文化等。

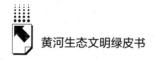
黄河是中华民族的"母亲河",是中华民族重要的精神图腾。习近平总书记曾指出:"黄河文化是中华文明的重要组成部分,是中华民族的根和魂。"① 习近平总书记还曾在纪念孔子 2565 周年诞辰时说道:"当代中国是历史中国的延续和发展,当代中国的思想文化也是中国传统思想文化的传承和升华,要认识今天的中国、今天的中国人,就要深入了解中国的文化血脉,准确把握滋养中国人的文化土壤。"② 既如此,就非要理解黄河文化不可。

早在史前时期,黄河流域就开始引领中华文明的诞生和发展。黄河流域是中华文明和中国古人类的主要发祥地,也是中华文明重要组成部分——农耕文明的发祥地。从史前时期开始,黄河流域就长期作为我国重要的政治、经济和文化中心闪耀于中华乃至世界文明舞台。中国著称于世的丝绸文化、中华民族的龙图腾文化、中国独特的礼乐文化以及中国文字等中华文明重要符号皆发源于史前时期的黄河流域。史前考古发现展示了中华文明在黄河流域的起源和发展脉络,展示了黄河流域灿烂的史前文明成就,展示了中华文明对世界文明的重要贡献,这些伟大成就和贡献就是文化自信的重要源泉。

一 从黄河走来:中国古人类的摇篮

文化是由人创造的,人类的诞生是文化孕育发展的前提。考古学上将从距今约 300 万年前延续至距今 1 万年左右止的一段漫长时期称为旧石器时代,这一时期产生了远古人类。远古人类经历了直立人、早期智人、晚期智人三种形态,逐渐进化成为今天的人类。这三种形态对应人类进化历程中的猿人、古人、新人阶段,时间上大致相当于旧石器时代的早、中、晚期。迄今为止,

① 《讲好"黄河故事"(习近平讲故事)》,"人民网"百家号,2021 年 2 月 18 日,https://baijiahao. baidu. com/s? id=1691983655920665735&wfr=spider&for=pc。

② 焦健:《习主席谈古说今论文化》,共产党员网,2014 年 9 月 25 日,https://www. 12371. cn/2014/09/25/ARTI1411616361853603. shtml? from=singlemessage。

在我国境内发现的旧石器时代遗址中，黄河流域的遗址数量占总数的一半，[①]说明黄河流域在旧石器时代就有活跃的人类活动。黄河流域的古人类遗址数量众多，且有连续性，这足以证明黄河流域是我国古人类的摇篮。

（一）黄河流域旧石器时代早期古人类遗址

中始新世时期，黄河流域曾生活着人类远祖之一——世纪曙猿。1994～1997年，中美科研人员在位于黄河中游的山西省垣曲县发现了一批距今4500万～4000万年的世纪曙猿化石。这是当时世界上发现最早的高等灵长类化石，早于北非法尤姆发现的距今约3500万年的同类化石，世纪曙猿化石的发现有力地撼动了"人类非洲起源说"。在中始新世时期，世纪曙猿所处的垣曲盆地处于热带亚热带地区，气候温暖湿润，湖泊纵横，动植物资源丰富，适于世纪曙猿及其他哺乳动物生存。

1959年，人们在世纪曙猿化石发现地附近的山西省芮城县风陵渡镇发现了西侯度遗址，该遗址距今约180万年，是我国境内已知最早的旧石器时代遗址。人们在西侯度遗址发掘出一批人类文化遗物和脊椎动物化石。出土的打制石器是西侯度人用来采集植物、猎取动物的劳动工具。遗址还出土了一些带有烧灼痕迹的动物骨骼，经研究后，考古学界一般认定西侯度人已会使用火，[②] 这是我国境内发现的最早用火证据。遗址出土的动物化石包括鲤鱼、披毛犀、中国长鼻三趾马、三门马、步氏羚羊、纳玛象、李氏野猪、麋鹿、鸵鸟等化石，据此可知，当时的西侯度应处于森林草原环境。根据出土鲤鱼化石的鳃盖骨判断，鲤鱼体长超过半米，判定当时西侯度一带应存在广而深的稳定水域。[③] 距该遗址不远处是匼河古人类文化遗址，其年代晚于西侯度遗址。

1963～1966年，中国科学院古脊椎动物与古人类研究所的科研人员在位于黄河中游的陕西省蓝田县陈家窝和公王岭发现了猿人化石、石器和其他哺

---

① 葛剑雄：《黄河与中华文明》，中华书局，2020，第96页。

② 叶灿阳：《中国古人类用火问题研究的回顾与思考》，常州博物馆编《常州文博论丛》（总第5辑），文物出版社，2019，第1～10页。

③ 张新斌主编《黄河流域史前聚落与城址研究》，科学出版社，2010，第82页。

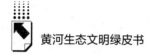
乳动物化石等，这些古人类化石被称为蓝田人。① 最新测年结果显示，陕西省公王岭出土的蓝田人生活在距今约163万年前，② 从出土物来看，蓝田人能够制造、使用简单的打制石器，包括砍砸器、刮削器、尖状器，可以使用天然火。蓝田人属于直立人（猿人），面部具有较明显的猿类特征，颅骨壁厚，脑容量也较小，生活的自然环境是半干旱温暖的森林草原。

举世闻名的周口店北京人遗址是黄河流域重要的旧石器时代文化遗址，自20世纪20年代开始，在这里陆续出土了大量动物、古人类化石和石器，其中的直立人化石就是北京人。周口店遗址出土物之丰富、科研价值之高，世所罕见。迄今为止，该遗址发现的化石，时间跨度为距今500万～1万年。在周口店发现的古人类化石囊括人类进化历程的全阶段，包括距今70万～20万年的直立人化石，距今20万～10万年的早期智人化石，距今3万年的晚期智人化石。遗址发掘出了约10万件石器和数百种动物化石。从遗址发现的烧骨、烧石、灰烬和紫荆木炭等丰富的用火痕迹可知，周口店的北京猿人已能将火种保存起来，控制火的使用。由于其在人类进化研究中的重要意义和地位，周口店北京人遗址早在1961年就被国务院列为全国首批重点文物保护单位，1987年12月11日，更被联合国教科文组织列入《世界遗产名录》。2010年，周口店考古遗址公园入选全国首批12家考古遗址公园。

1978年，考古人员在河南南召杏花山发现了古脊椎动物化石和古人类牙齿化石，年代距今60万～50万年，与北京猿人接近。人们在1995年开始发掘的陕西洛南龙牙洞遗址，发现了哺乳动物、鸟类、水生动物化石，以及包括烧石、烧骨、灰烬层、大量石制品和人类生活踩踏面在内的诸多人类生活遗物和遗迹。此外，河南栾川孙家洞旧石器时代遗址也是中国旧石器时代

---

① 也有学者认为在年代稍晚的陈家窝发现的下颌骨化石应被命名为"直立人陈家窝亚种"，即"陈家窝人"，公王岭出土的头骨化石称蓝田人。（焦南峰等：《陕西考古研究的历史与收获》，《考古与文物》2008年第6期）

② Zhu Z. Y. et al., "New Dating of the Homo Erectus Cranium from Lantian (Gongwangling)," *Journal of Human Evolution* 78 (2015): 44-157.

考古中的重要发现，是极为罕见的集古人类化石、动物化石、石制品于一体的洞穴遗址，因此入选 2012 年度全国十大考古发现。

（二）黄河流域旧石器时代中期古人类遗址

1978 年，人们在陕西省大荔县甜水沟发现 1 件保存相对完整的人类头骨化石，其被称为大荔人。大荔人生活在距今 23 万~18 万年前，属于早期智人（古人），其面貌与蓝田人和北京人有相似之处，但脑容量大于北京人，其制作的石器样式也更为多样化和专门化。

1953 年，人们在山西省襄汾县丁村发现石器和脊椎动物化石。1954 年，考古专家在此地发现 3 件古人类牙齿化石。1976 年，在这里又发现了 1 件古人类右顶骨化石。这些古人类化石被称为丁村人，丁村人生活在距今约 20 万年前。2013 年，人们在丁村遗址群南部的石沟村遗址再次发现 1 件古人类枕骨化石。

1974 年，人们在山西省阳高县许家窑遗址发现古人类化石，其被命名为许家窑人。他们生活在距今 20 万~16 万年前，[①] 属于早期智人，面部特征与北京人既有相似点，也有更为进化之处，上颌骨的吻部与现代人相比有一定突出，但又比北京人稍微内收。许家窑人会制作石器、石球，能集体捕猎，推算其脑容量为 1700 毫升，同时期其他古人类脑容量平均约为 1200 毫升，而现代人的平均脑容量则约为 1400 毫升。

（三）黄河流域旧石器时代晚期古人类遗址

2007~2014 年，考古工作者在河南省许昌市灵井旧石器时代遗址发现了 2 件人类头盖骨化石，按惯例将其命名为许昌人。许昌人生活在距今 12.5 万~10.5 万年前，时间上虽相当于中国的早期智人阶段，但不同于此前发现的早期智人，而是在由北京人向华北地区现代人过渡阶段的人种。许昌人的骨骼结构与脑容量和现代人十分接近，1 号头骨脑容量甚至高达 1800 毫

---

① 王法岗、李锋：《"许家窑人"埋藏地层与时代探讨》，《人类学学报》2020 年第 2 期。

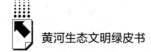

升，脑颅呈现出中更新世到晚更新世早期人类共有的纤细化特征。许昌人头骨化石对于研究东亚古人类演进和中国现代人起源具有极高的学术价值。

1922~1923 年，法国学者桑志华和德日进在内蒙古乌审旗萨拉乌苏河大沟湾发现 1 件儿童的左上侧门齿化石，这就是河套人。根据最新研究成果，河套人生活年代为距今 14 万~7 万年前。① 即便是以现代人的标准衡量，河套人也算是身材高大，但其膝部却稍向前弯曲，因此不善奔跑，有着原始特性。河套人的居址逐渐不再完全依靠自然地形，而是大多采用半穴居。20 世纪 50 年代，人们在该区域又发现了 1 件人类顶骨化石和 1 件股骨化石。迄今为止，人们在河套人遗址发现了人类化石、石器和大量晚更新世哺乳动物、鸟类化石。河套人属于晚期智人，是北京人到山顶洞人之间华北地区古人类进化的重要一环。

1923 年，桑志华和德日进在宁夏灵武发现了水洞沟遗址。20 世纪 60 年代和 80 年代，裴文中、贾兰坡带领考古工作者对该遗址进行了 3 次发掘。该遗址存在大量具有典型欧洲旧石器时代文化特征的"勒瓦娄哇"技术，这在中国其他旧石器时代遗址中实属少见，显现出东西方文化交流的可能性。进入 21 世纪，考古工作者又在水洞沟开启了新的考古发掘工作。

山顶洞人是指 1930 年发现于北京周口店龙骨山山顶洞穴中的晚期智人化石，生活在距今约 3 万年前。山顶洞人的面部已出现许多现代蒙古人种的特征，山顶洞人被认为是现代中国人的祖先。抗战时期，山顶洞人化石全部丢失，这令人痛惜。但是 2001 年人们在周口店遗址附近发现了田园洞，2003 年在此发掘出了山顶洞人时期的晚期智人化石，弥补了当年化石丢失的遗憾。田园洞也因此成为周口店遗址的第 27 个地点。

黄河流域旧石器时代晚期的古人类文化遗址还有河南安阳小南海遗址、山西沁水下川遗址、山东新泰乌珠台遗址等。黄河流域旧石器时代晚期遗址更多地表现出聚落雏形，原始人类开始聚居、定居，为形成更复杂的社会组织奠定了基础。

---

① 王军有：《桑志华发现"萨拉乌苏动物群"暨"河套人"及其文化的意义》，《化石》2017 年第 3 期。

旧石器时代，原始农业的萌芽已在先民的生活中出现，陕西宜川龙王辿、山西沁水下川、山西吉县柿子滩等旧石器时代遗址都有相关考古证据。原始人类趋于定居和原始农业萌芽的出现为黄河流域文明进入更高阶段准备了条件。

二 黄河流域新石器时代早期文化

中国新石器时代早期距今 12000~9000 年，中期距今 9000~7000 年，晚期距今 7000~5000 年，末期[①]距今 5000~4000 年。中国新石器时代早期文化的发现曾经备受质疑，直到 20 世纪 80 年代发现河北徐水南庄头遗址才得以确认。黄河流域新石器时代早期重要文化遗址主要有河北徐水南庄头遗址、河南新密李家沟遗址等。

（一）河北徐水南庄头遗址

河北徐水南庄头遗址发掘于 1986 年，距今 10510~9700 年，[②] 是华北地区旧石器时代晚期向新石器时代早期过渡的文化遗址。人们在该遗址发掘出了 5 条小灰沟和用火遗迹，出土了陶器、骨器和少量石器。人们在该遗址还发现了大量动物骨骼，包括家畜和野生动物，如鸡、狗、猪、鹤、狼、麝、马鹿、麋鹿、斑鹿、鳖等，以及中华圆田螺、萝卜螺、扁卷螺、微细螺、珠蚌等水生动物遗骸。此外，人们在遗址内还发现了植物的种子、茎、杆。人们在南庄头遗址既发现了家畜驯化痕迹，也发现了粟、黍利用遗存，这些发现对研究我国农业起源和家畜饲养具有极高的学术价值。该遗址表明当时的人类先民已逐渐走出洞穴，向平原移居，开始过较稳定的定居生活，并饲养家畜。陶器是人类步入新石器时代的显著标志之一，能够制造陶器的南庄头先民显然已经迈入新石器时代。

（二）河南新密李家沟遗址

河南新密李家沟遗址发现于 2004 年，2009 年开始被发掘，人们在此发

---

① 有学者认为距今 5000~4500 年为中国的铜石并用时代，但目前国内学术界并未形成共识。

② 徐浩生、金家广、杨永贺：《河北徐水县南庄头遗址试掘简报》，《考古》1992 年第 11 期。

现了距今 10500 ~ 8600 年的连续史前文化堆积，该遗址是中原地区连接新、旧石器时代的考古学遗址，填补了旧石器时代晚期与新石器时代裴李岗文化之间的空白。[1] 动物骨骼是旧石器时代至新石器时代早期遗存的重要内容，对认识史前人类的生产、生活和行为方式具有重要参考价值。李家沟遗址也发掘出了较多的动物骨骼遗存。此外，人们在该遗址下部发现了旧石器时代晚期的典型细石器文化，[2] 在中部发现了新石器时代早期的夹砂粗陶和石磨盘等遗存，在上部发现了裴李岗文化遗存。人们在该遗址发现的新石器时代陶片绝大部分有纹饰，并且其烧制技术已超出原始制陶术。由于李家沟遗址提供了该地区乃至中国由旧石器时代过渡到新石器时代的关键考古学证据，其被评选为 2009 年中国十大考古新发现。

三　黄河流域新石器时代中期文化

黄河流域新石器时代中期文化主要有大地湾一期文化、师赵村一期文化、裴李岗文化、老官台文化、磁山文化、后李文化、北辛文化。这一时期的黄河流域先民处于定居状态，聚落人口规模已发展到一定程度，农业文化得到很大发展。新石器时代中期中段以后，由于裴李岗文化的强势扩张和影响，各文化系统交流互鉴，出现了一定共性，文化上的"早期中国"也由此萌芽。

（一）大地湾一期文化

大地湾遗址是研究黄河上游史前文化最重要的遗址，其文化层堆积深厚、延续时间较长、文化内涵丰富，堪称研究黄河上游地区史前史的宝库。1978 ~ 1983 年，考古工作者于甘肃秦安邵家店发掘大地湾新石器时代遗址，其年代为距今 7800 ~ 4800 年。大地湾遗址文化层堆积可分为 5 个文化期：

---

① 王幼平:《新密李家沟遗址研究进展及相关问题》,《中原文物》2014 年第 1 期。
② 以使用打制精巧而细小的石器为最主要特征的人类物质文化发展阶段，最早出现于旧石器时代晚期。

大地湾一期①、大地湾二期（仰韶文化早期）、大地湾三期（仰韶文化中期）、大地湾四期（仰韶文化晚期）、大地湾五期（常山下层文化类型）。② 其中，大地湾一期是仰韶文化的源头之一。大地湾遗址是研究我国农业起源的重要参考，其所在的清水河谷地是我国农耕文明起源地之一，黍稷、油菜最早栽培于此。大地湾一期处于距今7800～7300年的温暖期，遗址出土黍、粟、紫苏等农作物遗存以及一些动物骨骸，表明原始农业已经出现。其中，炭化稷标本是我国出土的最早的旱作农作物标本，而此前北方出土的农作物标本多为粟。大地湾是中国彩陶文化发源地，在一期文化层中出土了我国年代最早的彩陶，距今约8000年。人们在大地湾一期彩陶上还发现了与中国文字起源有关的彩绘符号。大地湾遗址与伏羲文化、炎黄文化有密切联系，在时间和空间上与这些文化相重合。

（二）师赵村一期文化

甘肃天水师赵村遗址是甘青地区一座规模空前、连续性强、文化内涵丰富的考古学遗址。师赵村一期文化是承接大地湾一期文化发展的考古学文化，距今7300～6900年。③ 师赵村一期制陶业较为发达，先民以农业为主要生计方式，以饲养和狩猎作为重要补充，使用石制和骨制生产工具，过着定居的生活。人们在师赵村一期尚未发现房址，但有窖穴和灰坑，其中有的窖穴是用来储存粮食的。人们在该遗址其他文化层还发现了属于仰韶文化半坡类型和庙底沟类型、马家窑文化、齐家文化的遗存。

（三）裴李岗文化

裴李岗文化主要分布于河南省的黄河两岸，距今9000～7000年，得名

---

① 大地湾一期遗存因与20世纪50年代发掘的老官台遗址的特征、年代大致相同，也被称作老官台·大地湾文化，归入老官台文化早期北刘类型中。
② 冯绳武：《从大地湾的遗存试论我国农业的源流》，《地理学报》1985年第3期。
③ 钟晓燕、巩志成：《远古文明的辉煌——师赵村遗址的文化踪迹》，《天水行政学院学报》2012年第6期。

于 1977 年开始发掘的河南新郑裴李岗遗址。裴李岗文化可分为早、中、晚期，代表性遗址有贾湖遗址、裴李岗遗址、石固遗址、水泉遗址等。裴李岗文化显示当时社会拥有发达的农业和家畜饲养业，渔猎活动也很活跃。裴李岗文化的众多遗址中都出土了农具，如石铲、石斧、石镰、石磨盘、石磨棒等。其中，磨光石镰的形制已与现代镰刀近似。裴李岗文化的一些遗址中还出土了粟、稻等植物遗存。人们在贾湖遗址发掘出了栽培水稻遗存，并发现了用稻米发酵酿酒的痕迹，说明当时农业收获颇丰，才会有余粮酿酒。人们在贾湖遗址发掘出了大批动物骨骼，其中就有家猪、狗的骨骼。瓦窑嘴遗址出土了猪、狗、牛、羊等的骨骼。班村遗址、水泉遗址、沙窝李遗址、中山寨遗址都出土了猪骨骼。贾湖先民已会利用鱼镖和渔网捕鱼。裴李岗文化的农业已经出现劳动分工，从随葬品种类来看，男性随葬农业生产工具，女性则随葬农业加工工具，显示男女分工明确。裴李岗文化已出现有共同葬俗、排列有序的公共墓地——族葬墓地，这在同时期的欧亚其他地区是罕见的，显示当时黄河流域祖先崇拜观念的加强，亦是"早期中国文化圈"或文化上"早期中国"萌芽的内在标志，对此后"早期中国文化圈"的形成和发展均有深远影响。① 从裴李岗文化的聚落形态看，此时的裴李岗先民已处于定居状态。裴李岗文化具备发达的祭祀文化，贾湖遗址出土的卜筮龟甲上的契刻符号甚至可能与中华文字起源有关，距今约 8000 年。裴李岗文化是我国学者确切认识新石器时代中期考古学文化的肇始，它的发现填补了河南新石器时代中期偏早阶段的空白，为在中原地区寻找仰韶文化的渊源提供了新资料。②

（四）老官台文化

老官台文化于 20 世纪 50 年代末至 70 年代初被学界发现和确认，因 1959 年发现的陕西华县（今渭南市华州区）老官台遗址而得名。老官台文化距今 8000~7000 年，是早于仰韶文化的新石器时代考古学文化，主要分

---

① 韩建业：《裴李岗时代的"族葬"与祖先崇拜》，《华夏考古》2021 年第 2 期。
② 袁广阔：《裴李岗文化的发展与仰韶文化的崛起》，《中华文化画报》2018 年第 5 期。

布于渭水流域和关中地区。老官台文化有早期和晚期之分，早期称为北刘类型，主要分布在渭水流域，晚期称为北首岭类型，承接北刘类型发展，以20世纪70年代后期发现的陕西宝鸡北首岭遗址下层文化为代表。老官台文化时期，黄河流域气候比今天更加温润，适于原始农业的发展。老官台先民的生计方式以原始农业为主，以渔猎、手工业为辅，出土了用于农业生产和加工、渔猎、木材加工和手工业生产的工具。老官台先民用石斧、骨耜、石镰等进行刀耕火种式的粗放式原始农业，用石刀、蚌刀等收割作物，再用石磨盘、石杵、石臼等对粮食进行脱壳。老官台遗址出土的狩猎工具有石矛、石镞、骨矛等，捕鱼工具有骨鱼叉、骨鱼钩、石质和陶制网坠等。老官台聚落居址相对固定，先民使用石锛砍伐树木，利用石凿、石楔等制作榫卯，以此建造房屋。老官台先民使用石刀、陶锉等加工兽皮，使用骨针、骨锥、陶纺轮等制作衣服，用陶拍、石质研磨器等制作陶器。

（五）磁山文化

1972年，人们在河北武安发现磁山遗址，其考古学文化被命名为磁山文化。磁山文化主要分布在河北省南部，影响范围可达燕山南麓地区。磁山文化距今8000~7600年，与分布地域毗邻的裴李岗文化相互影响，有许多相似的文化因素，但略晚于裴李岗文化。人们在磁山遗址中发现了大量粮食作物遗存，堆积在80多座窖穴之中，约占发现的300多座长方形窖穴的两成。根据最新测定结果，磁山遗址出土作物的属性以黍为主、以粟为辅。[①]此外，人们在该遗址还发掘出了大批植物种子、动物骨骼、农业生产和加工工具、渔具、陶器等，以及少量晚期房址。

（六）后李文化

1965年，人们在山东淄博后李官庄村发现一处遗址，其考古学文化被

---

① 张小亮、李鹏为：《武安磁山遗址动植物遗存性质研究》，《文物春秋》2017年第1期。

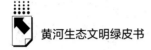

命名为后李文化，距今 9000～7000 年，① 主要分布于鲁中山地北侧平原地带。后李文化代表性遗址主要有后李遗址、西河遗址和小荆山遗址，其中后李遗址 9～12 层为新石器时代遗存。后李文化出土了房址、灰坑、灰沟、陶窑等建筑遗迹以及墓葬，陶器以及石、骨、角、蚌器等生产生活工具，粟、黍、麦、水稻植物遗存以及水生、陆生动物骨骼。后李先民已经开始驯化野生动物，渔猎采集仍旧是其主要生活来源，但农业的地位逐渐变得重要。后李文化是黄河下游地区早期粟作农业的重要载体之一，是探索这个地区粟作农业起源的重点。②

（七）北辛文化

1964 年，人们在山东滕县（今滕州市）发现北辛遗址，由此得名的北辛文化距今 7300～6300 年，③ 处于母系氏族公社阶段，其前段属于新石器时代中期文化。北辛文化主要分布于泰沂山系南北、汶河和泗河流域以及江苏淮北地区，代表性遗址主要有北辛遗址、东贾柏遗址、苑城遗址。北辛文化遗址出土了农业生产和加工工具以及粟类遗存，说明当时的原始农业已初具规模。遗址中还出土了鱼镖、骨镞等渔猎工具，以及水生动物骨骼，说明渔猎仍是北辛先民的重要生活来源。人们在遗址中出土的两块陶片上发现了酷似鸟类足迹的刻画符号，其是早于仰韶和大汶口发现的刻画符号，被学者誉为"文字的起源""文明的曙光"。北辛文化是大汶口文化的源头。

四　黄河流域新石器时代晚期文化

黄河流域新石器时代晚期文化主要有仰韶文化、大汶口文化。这一阶段是中国氏族社会和新石器时代文化蓬勃发展的时期。聚落进一步发展，人口

---

① 吴文婉：《海岱地区后李文化生业经济的研究与思考》，《考古》2019 年第 8 期。

② 吴文婉、靳桂云、王兴华：《海岱地区后李文化的植物利用和栽培：来自济南张马屯遗址的证据》，《中国农史》2015 年第 2 期。

③ 方拥：《从房址和陶鼎看北辛文化的成因》，《中国历史文物》2010 年第 4 期。

进一步增加，出现了一些规模较大的中心聚落。彩陶的大量流行是这一时期制陶业的重要特征。有学者认为，文化上的"早期中国"就形成于这一时期仰韶文化的庙底沟时期。[①]

（一）仰韶文化

仰韶文化是中国首个被发现、认定、命名的史前考古学文化，对其的考察开启了中国现代考古学的历程。仰韶文化是新石器时代最重要的考古学文化，其丰富的文化内涵是探索中华文明起源的关键。仰韶文化最早被发现于1921年河南渑池仰韶村，距今7000~5000年，广泛分布于黄河流域，核心地区包括关中、山西南部以及河南大部。仰韶文化的典型器物为彩陶，其上发现了大量的刻画符号，生业经济以农业为主、渔猎为辅，饲养猪、狗等家畜。仰韶文化至今已发掘出上千座遗址，代表性遗址为陕西西安半坡遗址、陕西临潼姜寨遗址、河南三门峡庙底沟遗址等。仰韶文化可分为早、中、晚期：早期文化距今7000~6000年，以陕西西安半坡遗址为代表；中期文化距今6000~5300年，以河南三门峡庙底沟遗址为代表；晚期文化距今5300~4600年，以河南郑州大河村遗址为代表。仰韶文化已进入母系氏族社会，出现了原始村落，人们过着定居生活。仰韶文化时期是中国旱作农业逐渐成熟的关键时期，仰韶文化早期，农业经济基本成熟，有相对固定的农作物种植结构和家畜饲养模式。庙底沟时期是仰韶文化的鼎盛时期，这一时期仰韶文化的农业经济向周边扩散，带动了今东北、长江中下游、东南沿海等地的农耕文明发展。庙底沟时期，仰韶文化分布区聚落发展迈向顶峰，人口更为集中。聚落的面积、数量大大增长，出现了如陕西高陵杨官寨、河南巩义双槐树这类面积超过百万平方米的特大型聚落，以及如河南灵宝西坡这类面积40万平方米左右的大型聚落，还有更为常见的面积20万平方米以下的中、小型聚落。[②]庙底沟时期，社会分化逐渐出现，聚落大小规模不一，墓

---

① 韩建业：《略论文化上"早期中国"的起源、形成和发展》，《江汉考古》2015年第3期。

② 张海：《仰韶文化：中国考古学文化的源头》，《学习时报》2020年10月30日。

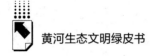

葬规模也出现明显差距。仰韶文化晚期是仰韶文化从高峰走向低谷的时期，其生存空间受到南方的屈家岭文化和大汶口文化挤压，同一时期，长江流域和西辽河流域已开始进入"古国时代"。①

郑州巩义双槐树遗址是迄今为止发现的黄河流域仰韶文化中晚期唯一的大型城址群。该遗址处于中华文明形成初期，出土了许多与中华文明起源关系密切的珍贵文物，对探索黄河流域中华文明起源意义重大。双槐树遗址发现于20世纪90年代，2020年5月发布阶段性重大成果。经有关专家实地考察和研究论证，双槐树遗址是距今5300年前后的一处古国时代都邑遗址，因处于河洛地区中心，建议命名为"河洛古国"。在遗址的中心居址区内发现了用9个陶罐模拟"北斗九星"摆放而成的天文遗迹，在时代相近的河南荥阳青台遗址也发现了用陶罐摆放而成的"北斗九星"遗迹。这两处"北斗九星"遗迹以及圜丘形天坛等建筑，表现出当地先民在建筑规划布局中的礼仪化思维，蕴含"天地之中"的宇宙观，是中华古代文明注重"受命于天"的早期代表。双槐树遗址还出土了我国最早的骨质蚕雕艺术品，其由野猪獠牙雕成，作吐丝状，栩栩如生。农桑文明是中华文明的典型特征之一，丝绸之国则是古代中国对外的典型形象。双槐树遗址出土的骨质蚕雕，连同20世纪80年代河南荥阳青台遗址发现的丝织物以及2019年荥阳汪沟遗址出土的5000年前的丝织物，证明当时的黄河流域先民已开始从事蚕桑纺织。郑州市文物考古研究院院长顾万发认为："中国丝绸的起源时间很可能在黄帝时代，中国丝绸之源在郑州。"双槐树遗址的发现，证明当时河洛地区是中华文明起源黄金阶段最有代表性和影响力的地区，这时的中华文明已具雏形。北京大学教授、夏商周断代工程首席科学家李伯谦认为，双槐树遗址契合了《易经》"河出图，洛出书，圣人则之"的记载，不排除是黄帝时代的都邑所在，至少是处于早期中国的酝酿阶段。②

---

① "中华文明探源工程成果发布"课题组提出"古国时代"这一称谓，并以公元前2300年为界，将公元前3300~前1800年的古国时代划分为早期和晚期。"古国"是生产力进步、人口增多导致出现整合聚落群政治行为后形成的聚落形态。
② 王新玲：《"河洛古国"掀起神秘面纱》，《中国报道》2020年第7期。

（二）大汶口文化

黄河下游新石器时代文化历经后李、北辛、大汶口、龙山 4 个文化期。从大汶口文化开始，这一地区的农业和社会发展开始趋向繁荣。

1959 年，考古工作者发现了山东泰安大汶口遗址，因其被命名的大汶口文化距今 6100～4600 年，主要分布在山东中南部、山东丘陵区、河南和苏北部分地区。大汶口文化可分为早、中、晚期，早期处于母系氏族公有制末期，中晚期已出现贫富分化，逐渐出现私有制，发现夫妻合葬墓，证明已进入父系氏族社会时期。大汶口文化以农业为主，家畜饲养业尤其是养猪业发达，渔猎在经济生活中也很重要，酿酒业、纺织业发达。水井的使用在大汶口文化中十分普遍，这使得农业生产和生活用水有了保障，促进了农耕文明的进一步发展。图像文字是大汶口文化的重要发现，主要发现于莒县陵阳河、大朱家村、杭头、诸城前寨以及尉迟寺遗址的陶尊或陶瓮上。[1] 文字在文明发展历程中具有里程碑意义，大汶口发现的图像文字为中国古汉字的形成奠定了基础。礼乐文化是中华文明的重要组成部分，亦是中华文明区别于其他文明的重要文化基因。大汶口文化出土了数量不多的乐器和较多高等级礼器，棺椁制度和器物组合开始初步形成，有学者认为这是中华礼制的萌芽。[2] 在大汶口文化五莲丹土遗址发现了城址，时间为大汶口文化晚期偏晚阶段，其是中华文明起源的重要标志。大汶口文化与少昊氏的传说有着千丝万缕的联系，有研究认为，大汶口文化早期刘林类型是少昊氏的发源地。[3] 大汶口文化形成了独特的玉文化，其玉钺、玉刀、玉璧和玉璋是二里头文化玉礼器的主要源头。大汶口文化出土的礼器、乐器、玉器等，为研究中华文明极富特色的精神符号——礼乐文化和玉文化的形成提供了宝贵资料。

---

[1] 何德亮：《大汶口文化考古五十年历史回顾》，《南方文物》2009 年第 4 期。
[2] 张超华：《礼出东方：从大汶口文化看礼制起源》，《中国社会科学报》2019 年 2 月 28 日。
[3] 常兴照：《少昊、帝舜与大汶口文化（上）》，《文物春秋》2003 年第 6 期。

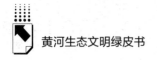
五 黄河流域新石器时代末期文化

黄河流域新石器时代末期文化主要有马家窑文化、齐家文化、龙山文化。马家窑文化和齐家文化主要分布在黄河上游的甘青地区，这一地区连接中西，是我国古代中西方文明互通有无、交流借鉴的重要走廊。甘青地区的史前文化既有本区域的文化特色，又吸收了中原仰韶文化元素，创造出了独特的考古学文化。黄河上游甘青地区史前文化的演变与发展反映出其与黄河中下游文明的连续性，证明黄河上游地区在中华文明发展史中从未缺席，体现出中华文明多元一体的结构特征。龙山文化接续大汶口文化发展而来，发掘出一大批城址，显示出城市在这时已成为地区的政治、经济、文化中心，这在中华文明进程中具有重要意义。

（一）马家窑文化

1923 年发现的甘肃马家窑遗址，其考古学文化被称为马家窑文化，主要分布在甘肃中南部地区，以陇西黄土高原为中心，东起渭河上游及六盘山，西抵河西走廊与青海东北部，南达甘南山地和四川北部，北至甘肃北部和宁夏南部。黄河及其支流洮河、大夏河、湟水等是分布区内的主要河流。马家窑文化距今 5000～4000 年，分为石岭下类型、马家窑类型、半山类型、马厂类型。马家窑文化以农业为主、狩猎采集为辅，主要农作物为粟、稷，主要家畜为猪、羊、鸡等。在马家窑文化发现了金属冶炼遗迹，甘肃东乡林家遗址出土了中国最早的青铜器——5000 年前的青铜刀。2010～2017 年，张掖西城驿遗址出土了铜器、炉渣、矿石、炉壁、鼓风管等冶炼相关遗存。马家窑文化晚期存在东西方技术交流，从中亚引进了冶铜技术。① 马家窑文化彩陶发达，是黄河流域三个彩陶文化中心②之一，在一些彩陶上发现了早

---

① 郎树德：《马家窑文化——黄河上游史前文化的代表》，《甘肃日报》2018 年 12 月 6 日。
② 其他两个是仰韶文化和大汶口文化。

于甲骨文的文字符号，这是中国古文字的雏形。马家窑文化是仰韶文化向西发展的结果，因此曾被称为甘肃仰韶文化，是齐家文化的源头。

（二）齐家文化

齐家文化距今约4000年，因1924年于甘肃广河发现的齐家坪遗址而得名。齐家文化的年代大约相当于中原夏朝早期，由于尚无足够证据证明其进入文明时代，故仍将其划分为史前文化。齐家文化在甘青地区分布广泛，遍布甘肃、青海、宁夏，甚至远达内蒙古阿拉善左旗，在渭河上游、洮河、大夏河、湟水流域以及河西走廊等地都发现了齐家文化遗址。齐家文化生业经济以农业为主，人民过着定居的聚居生活，建造的白灰面房屋颇有特色。青海喇家遗址齐家文化层出土了中国最早的面条，距今约4000年，主要以粟、黍制成。齐家文化的冶铜业比较发达，齐家坪遗址出土了铜刀、铜斧、铜镜，皇娘娘台遗址出土了铜刀、钻头、铜渣等，大何庄遗址出土了铜匕，秦魏家遗址出土了铜锥、指环、铜饰等，青海尕马台遗址出土了迄今为止年代最早的铜镜。甘肃临洮冯家坪遗址出土了有蚕纹的陶器，说明那时的洮河流域已存在养蚕业，为研究我国蚕桑丝织业的发展史提供了珍贵资料。

（三）龙山文化

龙山文化因1928年被发现、1930年被发掘的山东历城龙山镇城子崖遗址而得名。1931年，梁思永在河南安阳后岗遗址中发现了包括龙山文化层在内的三个文化层，这是在河南首次发现龙山文化遗址，其特征有别于山东龙山文化，故被称为河南龙山文化。河南龙山文化主要分布于河南、河北南部、山东西部、山西西南部、关中东部等地，距今4500～4000年。有学者认为，陕西客省庄二期文化也属于龙山文化，可以称之为陕西龙山文化，但也有一部分学者不同意此观点。[①] 山东龙山文化，又称典型龙山文化，年代

---

① 姜捷：《客省庄二期文化遗存分析》，西安半坡博物馆编《史前研究（2002）》，三秦出版社，2004，第356～375页。

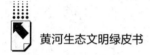

为公元前 2300~前 1700 年,① 分为两城类型、城子崖类型、西吴寺类型、杨家圈类型、青堌堆类型。山东龙山文化处于古国时代晚期,发现了 11 座城址,先民以农业、畜牧业、渔猎为生。龙山文化出土了陶器、石器、玉器,以及少量铜器,龙山先民还从事酿酒、纺织等手工业活动。龙山文化制陶业发达,由此发展出了发达的商贸业并形成了相应的管理体系,黑陶是其典型器物。在山东龙山文化的丁公遗址中发现了刻有某些文字内容的陶片,对研究黄河流域中华文明起源具有重要意义。龙山文化拥有极高的玉器制作水平,对后世玉文化的发展产生了深远影响,大汶口·龙山系是这一时期中国三大玉器文化系统之一。②

陶寺遗址位于山西襄汾陶寺,发现于 1958 年,1978 年开始发掘,2002年被纳入中华文明探源工程预研究。陶寺遗址是中原地区龙山文化规模最大的遗址之一,总面积约 300 万平方米,从 1958 年发现至今人们一直不断对其进行考古发掘与研究,发掘出大量墓葬与文物。陶寺遗址继承晋南地区的庙底沟二期文化,分为早、中、晚三期,上限为公元前 2500~前 2400 年,下限约为公元前 1900 年。③ 在陶寺遗址发现了宫殿区,中期城址面积达到280 万平方米,不仅有宫城、王陵、祭祀天地的礼制建筑区、仓储区、手工业区,还有普通居民区。陶寺遗址建筑布局规划清晰,具备一般人所认为的中国古代都城的基本要素。陶寺遗址还出土了许多与中华文明起源、形成有关的文物。陶寺早期王室大墓中出土了彩绘龙盘,其为中原地区可见最早的龙图像实物,开中原龙文化之先河。④ 早期墓葬中还出土了陶鼓、鼍鼓、石磬等礼乐器,显示礼乐制度可能正在形成。陶寺中期(公元前 2100~前2000 年)墓葬中出土的骨耜上刻有"辰"字,这是迄今发现的最早的汉字。在遗址中期小城内发现的观象祭祀台,是迄今为止世界上发现最早的观象

① 孙波:《山东龙山文化的聚落与社会》,山东省文物考古研究所编《海岱考古》(第 3 辑),科学出版社,2019,第 386~416 页。

② 栾丰实:《大汶口文化:黄河下游考古的重要收获》,《人民日报》2021 年 3 月 20 日。

③ 高天麟、张岱海、高炜:《龙山文化陶寺类型的年代与分期》,《史前研究》1984 年第 3 期。

④ 高兴、张钰:《晋南陶寺史前艺术的图像学研究》,《艺术百家》2013 年第 2 期。

台。陶寺中期王级大墓出土了测日影立中的圭表，有研究认为，"中国"最初的含义就是"在由圭表测定的地中或中土所建之都、所立之国"。① 可见，陶寺遗址与"中国"概念形成的关系极为密切。综合多年来的考古发现与研究，目前考古学界主流观点认为陶寺遗址就是尧的都城。

2011年，陕西神木初步确认了迄今为止规模最大的龙山文化晚期城址——石峁遗址，距今4300~3800年。② 在地理位置上，陶寺遗址和石峁遗址分别位于南流黄河的南北两端，前者地处临汾盆地，后者居于河套地区。这两座处于同一时期的大型都邑性遗址在城市规划、日常器物、玉器文化、葬俗等方面均十分相似，两者之间的关系值得深入研究，这也有助于进一步认识中华文明缘起与早期国家的形成。

大汶口文化出现了礼乐文化的滥觞，龙山文化时期礼乐文化进入飞速发展形成阶段。玉文化是中华文明特有的文化，在大汶口文化、龙山文化中有鲜明体现。在大汶口文化遗址、龙山文化遗址发现了文字符号、城址、青铜器，这些都是文明的要素，证明黄河下游是我国最早迈入文明社会的地区之一。

新石器时代落幕后，中华大地在二里头文化时期（距今3800~3500年）已经步入文明时代。二里头文化处于夏、商交替之际，已出现早期国家形态，形成了广域王权国家。二里头文化是中华文明总进程的核心和引领者。考古发现证明，二里头文化影响力已经超出黄河流域，辐射中华大地的四面八方，甚至成为东亚地区最早的核心文化。目前，考古学界主流观点认为二里头遗址为夏朝王都。

六　黄河流域史前文化遗产保护与利用

文化是民族的灵魂，中华文化的精神内核就是黄河文化。黄河流域丰富的文化遗产是黄河文化的重要载体。习近平总书记指出，"要像爱惜自己的

① 何驽：《陶寺圭尺"中"与"中国"概念由来新探》，中国社会科学院考古研究所夏商周考古研究室编《三代考古（四）》，科学出版社，2011，第85~119页。
② 邵晶：《试论石峁城址的年代及修建过程》，《考古与文物》2016年第4期。

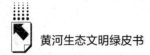

生命一样保护好城市历史文化遗产"。① 黄河流域史前文化遗产包括有形遗产和无形遗产，有形遗产主要指史前遗址、文物、建筑等，无形遗产主要指黄河史前传说、故事、仪式等。黄河流域的史前时期是中华文明史的开端，做好黄河流域史前文化遗产的保护与利用，弘扬黄河文化，对传递文化自信、传承中华优秀传统文化具有不可忽视的作用。

首先，要建立健全黄河流域史前文化遗产保护与利用的体制机制。黄河流域史前文化遗产应在"保护中发展，在发展中保护"，把保护放在首位，同时对其进行合理利用，使其在提供公共服务、满足人民群众精神文化生活需求方面充分发挥作用。国家和地方政府要加强黄河流域史前文化遗产保护的制度化、规范化、长效化。国家应对黄河流域史前文化遗产的保护与利用做出系统性部署，地方政府则要按照本地黄河流域史前文化资源和特征，因地制宜，制定符合自身情况的黄河流域史前文化遗产保护与利用规划。黄河流域史前文化遗产的保护与利用要以法律法规作为保障。国家要完善相关法律法规，加强黄河流域史前文化遗产保护与利用的法制化建设。地方政府也可根据当地实际，制定关于黄河流域史前文化遗产保护与利用的法规政策，坚持法制化保护与利用。

其次，国家和地方政府要下大力气组织黄河流域史前文化研究。要深入挖掘其精神内核和时代价值，规划黄河流域史前文化研究项目，产出黄河流域史前文化研究成果，培养黄河流域史前文化研究队伍。有关部门要组织对黄河流域史前文化遗产的摸排、梳理和研究工作，制定有针对性的史前文化遗产保护措施，加快推动黄河流域史前文化研究著作和科普读物的出版，建立相关数据库，深入实施黄河流域史前文化遗产数字化保护措施，促进黄河流域史前文化的研究与科普。尤其要加强考古学研究，大力支持考古科研项目。黄河流域史前文化的研究中尚有不少等待解答的谜题，需要考古学界继续努力探索，做好考古成果的挖掘、整理、阐释工作。

---

① 李翔等：《总书记这样引领中国式现代化 | 让中华民族精神的大厦巍然耸立》，学习强国网站，2022 年 3 月 2 日，https：//www.xuexi.cn/lgpage/detail/index.html？id=2166711697673446872。

再次，创新黄河流域史前文化科普传播模式，将传统与现代有机融合，增强文化亲和力。发展文化创意产业，打造文化旅游热点，将史前文化遗产保护融入经济社会发展。地方政府可以充分利用当地黄河流域史前文化遗产建设相关设施。通过建设博物馆、黄河文化公园、考古文化公园等公共设施，推动史前文化遗产的考古、研究、保护、展示。史前文化遗址一般深埋地下，本身观赏性并不强，大众对其认知程度也不高，其保护和开发应考虑到这些特性。相关机构应充分利用虚拟现实技术等高科技手段，给予游客沉浸式体验，激起公众对黄河流域史前文化的兴趣，丰富公众对黄河流域史前文化的认知。相关机构还可以利用互联网、新媒体等群众喜闻乐见的形式，拓宽黄河流域史前文化的科普途径，使更多人可以随时随地了解黄河流域史前文化。

最后，让世界进一步认识黄河流域史前文化，扩大其国际影响力，提升中华文化软实力。史前时期是黄河故事的开篇。黄河的故事就是中国的故事，讲好黄河故事，可以使世界了解何为中华民族、何为中华文化、何为中国。讲好黄河故事，可以使世界人民更加深入理解中国为何坚持和平发展理念，选择和平发展道路，致力于构建人类命运共同体。许倬云先生曾说："中国文化真正值得引以为荣处，乃在于有容纳之量与消化之功。"[1] 黄河流域在史前时期就体现出开放包容、兼收并蓄的特质，而这也正是构建人类命运共同体所要坚持的理念。为了使黄河流域史前文化传播无远弗届，各方要不断丰富黄河流域史前文化遗产在世界遗产中的存在；创作出质量上乘、有国际影响力的介绍黄河流域史前文化的文艺作品，如纪录片、电影、书籍等；立足黄河流域史前文化遗产，大力开展中外交流，打造黄河流域中华人文始祖发源地文化品牌，向世界讲好黄河故事。

---

[1] 许倬云：《献曝集》，上海人民出版社，2013，第379页。

G.3
黄河流域农耕文化发展报告

张秀芹　仲亚东　徐　凤　孙启元*

摘　要： 黄河流域是华夏农耕文明的重要发祥地，石器时代的农耕文化就在此萌芽和发展。千百年来中华文明繁荣发展，其中黄河流域农业的持续进步起着基础性作用。该区域的农业文化遗产包含中上游地区旱作背景下的农林牧复合经营系统、普遍盛行的果树种植、精细利用水土资源的理念、有效传承和利用的传统技术等内容，许多做法体现了"天人合一"的理念。长期屹立的黄河流域农耕文化在当前面临前所未有的难题和危机，对此要规划先行、因地制宜、保护环境，加以有效的传承与保护。

关键词： 黄河流域　农耕文化　农业文化遗产

一　华夏农耕文明的发祥地

（一）黄河流域农耕文化的形成

农耕文化是农业生产实践活动所创造出来的物质文化和精神文化的总和，包括农业科技、农业思想、农业制度与法令、农事节日习俗、饮食文化

---

* 张秀芹，北京林业大学马克思主义学院副院长、教授，博士生导师，研究方向为马克思主义生态哲学；仲亚东，北京林业大学马克思主义学院副教授，研究方向为生态政策、发展理念；徐凤，北京林业大学马克思主义学院讲师，研究方向为中国近代思想文化史；孙启元，北京林业大学马克思主义学院硕士研究生。

等。中国农业文化发展的过程一般分为原始农业文化、传统农业文化和现代农业文化三个时期。前两个时期，即原始农业文化和传统农业文化时期，可统称为农耕文化时期或古代农业文化时期。在华夏文明的产生和发展过程中，农耕文化是基础，它满足着人们最基本的生存需要，如衣、食、住、行等。聚族而居、精耕细作的农业文明孕育了一定的生活方式、文化传统、农政思想、乡村管理制度等，它们与今天提倡的生态文明理念有一致之处。现代农业是用现代工业装备、现代科学技术、现代组织管理方法来经营的社会化、商品化农业，是国民经济中具有较强竞争力的现代产业。

我国是世界农耕文明的发源地之一，而黄河流域又是华夏农耕文明的重要发祥地。黄河流域农耕文化主要以黄河中游的中原文化区的文化为代表，其范围大致包括今天的陕西、山西、河北和河南4省。中国早期农业已形成了以粟为代表的北方旱作农业和以水稻为代表的南方水田农业两大系统。在原始农业阶段，最早种植的有粟、黍、稻和果蔬类作物，同时驯化饲养了猪、鸡、马、牛、羊、狗等，还发明了养蚕技术。原始农业的出现，是远古文明的一次巨大飞跃。当然，初期的农业具有从属性，还没有成为人们获取生存资料的主要方式，人们的生存资料很大程度上仍依靠原始采集与狩猎获得。

作为农业的第一个历史形态，原始农业的特点是：生产工具以石质和木质为主，砍伐工具被广泛使用，种植业、畜牧业等农业形式与采集、渔猎并存。考古资料显示，我国农业产生于旧石器时代晚期与新石器时代早期的交替阶段，距今有1万多年的历史。黄河流域农耕文化在旧石器时代已有萌芽，目前已经发现的旧石器时代早期文化遗址有陕西大荔甜水沟、陕西潼关张家湾、河南三门峡水沟等，旧石器时代晚期文化遗址有山西太原古交工矿区、山西永济尧王台、陕西长武窑头沟及鸭儿沟、陕西汉中架山、陕西汉中梁山龙岗、陕西蓝田涝池河、甘肃镇原寺沟口、河南灵宝孟村等。[1] 旧石器时代晚期黄河流域的这些遗址中，其打制石器不仅用于狩猎，也有部分属于

---

[1] 李玉洁主编《黄河流域的农耕文明》，科学出版社，2010。

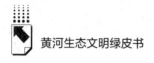
农耕使用的范围。

由于地域辽阔，各地自然地理环境有明显差异，我国农耕文化面貌也呈现出很大区别，大致可划分为三种类型：旱地农业经济文化区、水田农业经济文化区以及采集狩猎经济文化区。黄河流域基本属于旱地农业经济文化区，是粟、黍等旱作农业的起源地，很早就开始饲养猪、狗、牛、羊等畜类。黄河流域新石器时代早期遗址的代表之一大地湾遗址（距今7800~4800年），是研究我国农业起源的重要对象，其所在的清水河谷是我国农耕文明起源地之一，黍、稷、油菜等作物最早栽培于此。随着磨制石器种类变得丰富，农业和畜牧业获得高度发展，促使人口聚落不断增多、扩大。

在原始农业形成过程中，出现了非常值得注意的农神崇拜现象。农业逐渐成为人们赖以生存的基础，希望消除灾害、祈求丰收以及报答祖先之恩成为人们的共同心理，人们把愿望寄托在祖先神身上，自然产生了农神崇拜现象，这也属于农耕文化的重要内容。中国古代最早出现的农神是神农氏和后稷。后稷是周人的始祖，兼有祖先神的性质。传说中的农神后稷，曾为早期种植业的发展做出巨大贡献，因此被世代供奉歌颂。对农神的崇拜歌颂是农耕民族文化的显著特征，也表明古代黄河流域人民在与大自然斗争中的努力进取和百折不挠的精神。

（二）黄河流域农耕文化的发展

黄河流域中下游的中原地区是商代最重要的农业区域。商代在青铜时代前期就有着高度发达的青铜文化，如精美的青铜器皿、高超的冶铸技术、精湛的雕琢和造型艺术等，这些表明青铜制造作为一个独立的手工业部门已经存在了相当长的时间。农业耕作技术在商代发展到了一个新的阶段，当时人们重视农田水利建设、深耕与灌溉。此外，商代还拥有大规模的建筑工程、完备的官制和军事组织，这一切都以农业生产作为坚实的基础。

周人以农业兴国，周代是我国农业快速发展和转型的重要时期。西周初期的农业尚处于原始阶段，农业生产工具相对落后、生产力水平相对低下，需采用集体协作模式才能完成生产，因此采用井田制更为合理。西周武王定都于镐，统治中心在黄河中游的渭河流域，直至周幽王时期也没有改变。战国时代开始出现以小农家庭为生产单位的经济形式。这一时期黄河流域开始出现大型的水利工程，表明农业的进步和社会动员能力的显著提升。黄河流域出现较早的灌溉工程是西门渠，其在今天的河北省临漳县邺镇和河南省安阳市北郊一带地区，既可引水灌田洗碱改良土壤，又能增加土壤的肥力。秦国也修建了郑国渠，其流经今泾阳、三原、高陵、富平、蒲城、白水等县，灌溉面积达 4 万顷。

春秋战国至秦汉时期是我国社会生产力大发展、社会制度大变革的时期，农业也进入新的发展阶段。这一时期农业发展的主要标志是铁制农具的出现和牛、马等畜力的使用。我国传统农业中普遍使用的各种农具，多数在这一时期就已经发明并广泛应用于生产活动中。战国时期，由于战争此起彼伏，富国强兵成为各诸侯国追求的首要目标，它们相继实行适应个体农户发展的经济变革。各国先后承认土地私有，开始向农户征收土地税，税收制度的变革促进了个体小农经济的发展。到战国中期，承认土地私有、奖励农耕、鼓励人口增长成为主要的农业政策。在汉代，黄河流域中下游地区基本上完成了铁制农具的普及，牛耕也已被广泛推广和使用，农业生产中至今仍旧使用的部分耕作、收获、运输和加工工具在汉代就已经出现了。这些农具的发明及其与耕作技术的配套应用，构筑了我国传统农业的基本技术体系。统一的中央集权封建国家建立之后，有条件开展大规模的水利建设，农业生产率有了显著提高。

魏晋至明清时期是黄河流域农耕文明的曲折发展时期。东汉末年，军阀混战对黄河中下游地区造成了极大的破坏，直到魏晋时期农业才得到了恢复，政府广征流民，先后实行屯田制和占田制。公元 5 世纪中叶，北魏统一北方地区，基本控制黄河流域，孝文帝推行均田制，使农业生产获得了较快的恢复和发展。黄河流域形成了以抗旱保墒为中心、以耕耙耱为技术保障的旱地耕作体系。同时，还创造实施了轮作倒茬、种植绿肥、选育良种等农业技术改进措施，农业生产各部门都有了新的进步。公元 6 世纪出现的综合性农书《齐民要术》，系统地总结了此前黄河中下游地区劳动人民的生产经验，以及食品的加工与贮藏、野生植物的利用、治荒的方法，还详细介绍了季节、气候和土壤与不同农作物的关系，被誉为"中国古代农业百科全书"，是对当时黄河流域农耕文化发展成果的一次总结。北宋时期，总结农业生产知识的专著纷纷出现，反映了农业生产的进步。元明清时期，黄河流域的农耕水平整体进入平稳期并较之前有所提高，主要表现为：首先，适应多种农田和作物的农具均已配套，并基本定型；其次，精耕细作的技术得到了全面普及和快速发展；最后，高产作物的引进，特别是玉米、甘薯等美洲旱地高产作物被引进并在黄河流域广泛种植，这不但丰富了我国的粮食作物品种，而且在一定程度上缓解了由于人口迅速增加而出现的粮荒问题。

黄河流域农耕文化是以北方旱作农业为基础而形成的社会经济文化体系，对中国历史与文化产生了重大作用与影响。夏商周三代以黄河流域为依托，形成了最早的国家形态，开始建立完善的礼乐制度，促进了中原农区的深度开发。黄河流域由文明起源到夏朝的建立，再到商周文明的繁荣发展，前后是紧密相连的，其最重要的原因便是黄河流域农业的持续进步。从原始社会到夏商周时期，以农耕文化为基础的文明要素，经历了一脉相承的发展过程，在此基础上才出现了秦汉统一帝国，乃至其后的朝代。中国自古以农立国，在漫长的农耕历史进程中培育出了中华民族特有的优秀传统农耕文化，才有了以黄河流域文明为主体的华夏文明。华夏文明悠悠五千年奔流不息，从未间断，为世界古文明所仅见。

今天，我国正积极探索有中国特色的农业现代化道路，形成了发展中国特色农业现代化的四大目标：生产条件现代化、生产组织社会化、生产技术科学化和生态环境可持续化。对于中国人而言，农耕文化绝不仅仅是单纯的农业技术或产业，也体现着人与自然关系的和谐演进，并深深浸润和影响着人们的言行举止、思想观念，有着丰富而深刻的文化内涵。

二　黄河流域农业文化遗产的现状与特点

（一）黄河流域农业文化遗产的主要内容

2013 年，农业部正式公布第一批中国重要农业文化遗产名单，到 2021 年已公布六批，入选的农业文化遗产数目达上百项之多。每批中都涉及黄河流域部分省区的数项典型农业文化遗产（见表 1），如果把整个黄淮海平原地区的农业文化遗产都算上，总数将会更多。观察这些多姿多彩的农业文化遗产，可以看到以下几方面的特色内容：一是黄河中上游地区旱作背景下的农林牧复合经营系统，二是果树种植特别是枣类种植在全黄河流域都有着重要意义，三是精细利用水土资源等理念得到长期延续，四是传统技术仍在焕发生机。

表 1　黄河流域部分省区重要农业文化遗产简况

省区	重要农业文化遗产名称	通过批次
甘肃	皋兰什川古梨园	一
	迭部扎尕那农林牧复合系统	一
	岷县当归种植系统	二
宁夏	灵武长枣种植系统	二
内蒙古	敖汉旱作农业系统	一
	伊金霍洛旗农牧生产系统	四
	乌拉特后旗戈壁红驼牧养系统	五
	武川燕麦传统旱作系统	六
	东乌珠穆沁旗游牧生产系统	六
山西	山西稷山板枣生产系统	四
	阳城蚕桑文化系统	六
陕西	佳县古枣园	一
	凤县大红袍花椒栽培系统	四
	临潼石榴种植系统	五
	汉阴凤堰稻作梯田系统	六
河南	灵宝川塬古枣林	三
	新安传统樱桃种植系统	四
	嵩县银杏文化系统	五

续表

省区	重要农业文化遗产名称	通过批次
山东	夏津黄河故道古桑树群	二
	枣庄古枣林	三
	乐陵枣林复合系统	三
	章丘大葱栽培系统	四
	岱岳汶阳田农作系统	五
	莱阳古梨树群系统	六
	峄城石榴种植系统	六

资料来源：农业农村部网站。

1. 中上游地区旱作背景下的农林牧复合经营系统

黄河流域是华夏农耕文明的重要发祥地，中上游地区的土壤、降水等条件适合早期旱作农业的萌芽、成长。在长期的进化过程中，农林牧各业相互依存、相得益彰，在不少地方形成复合经营系统。由于特定的自然和社会原因，这些地方传统农业文化遗产的传承面临一定的困难。但它们具备重要的科学和人文价值，应当受到特别的重视、传承和保护。内蒙古的伊金霍洛旗农牧生产系统地处鄂尔多斯高原东南部，因祭祀成吉思汗而闻名，按传统习俗在大伊金霍洛周围自然形成禁地，禁地内不准开垦、不准砍伐树木、不准破坏草场、不准盖土房。位于甘肃省的迭部扎尕那农林牧复合系统是农林牧复合经营系统的典型，该系统各种产业的生产能力和生态功能都得到充分发挥，汉地农耕文化与藏传游牧文化有机地融合在一起。

2. 普遍盛行的果树种植

多年以来，人们在黄河流域耕作、生产、生活，果树种植是农业生产的重要内容。在许多地方，果品生产、加工是农业产业化的重要内容，是农民增收的重要来源。一批古木苗壮生长并被保留下来，成为今天农业文化建设不可多得的先天资源。陕西佳县古枣园位于"中国红枣名乡"朱家坬镇泥河沟村，有着世界上保存最完好、面积最大的千年枣树群。当地有 3000 多年的枣树种植历史，古枣园内的枣树树龄在 1300 年以上，至今根深叶茂、硕果累累。山东枣庄因枣得名，枣庄古枣林位于山亭区店子镇 8 万亩长红枣园内，核心保护区面积 1800 亩，树龄 1200 年以上的枣树尚能正常开花结果。宁夏的灵武长枣从唐朝开始就被列为皇室贡品，2003 年以来得到大规模发展，种植面积达到 14.2 万亩。河南新安传统樱桃种植系统拥有千年樱桃树 30 株、百年以上樱桃树 500 余株。这些地方的古树名木都得到人们的高度重视，受到精心的保护和利用，它们的经济价值和生态价值都不可低估。

3. 精细利用水土资源的理念

黄河中下游地区有的地方土地肥沃，人们充分利用这种自然条件上的优势；有的地方地形、土壤不利于农业耕作，人们尽自己的力量，改善耕作条件。前者的代表是山东岱岳汶阳田农作系统，后者的代表是河北涉县旱作梯田系统。汶阳田位于汶河下游，土壤肥沃，地下水源丰富，自古就是高产样板田。当地利用优势资源，建设农业高产示范项目，不断促进农业增产提质和农民增收。河北涉县位于晋冀豫三省交界处，地处太行山东麓，历史上曾为禹河故道流域。涉县境内均为山地，早在元代初期，当地人就开始修建梯田，发展旱作农业。人们克服山区不利生产的困难，用石头垒起梯田，种植谷子、玉米等作物，造就了人为耕作系统的奇观。1990 年，涉县旱作梯田被联合国世界粮食计划署专家称为"世界一大奇迹""中国第二长城"。

4. 有效传承和利用的传统技术

黄河流域的人们在长期生产实践中形成许多因地制宜的成熟技术，这些技术在当代仍有重要的应用价值，焕发着勃勃的生机。河南灵宝川塬古枣林有着 5000 年的种植历史，多年形成的疏花技术、株行距经验目前仍在运用。甘肃皋兰什川古梨园现存百年以上的梨树 9000 多株，2013 年被正式录入《吉尼斯世界纪录大全》，被誉为"世界第一古梨园"。当地人充分运用传统的种梨技术，将种植梨树称为种"高田"，早春"刮树皮"、花期"堆砂"防虫，利用云梯穿梭于半空的梨树间给果树修枝整形。在山东省夏津县，人们在种植桑树时用土炕坯围树、油渣刷树干等方法防治害虫，用畜肥穴施、犁伐晒土等方法施肥和管理土壤，用"押包晃枝法"采收果实。

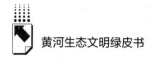
（二）黄河流域农业文化遗产的主要特点

"天人合一"是中华优秀传统文化的重要内容，黄河流域的农业文化遗产充分体现了这一理念。一方面，人们在耕作过程中尽力掌握自然规律，在面对不利的自然条件时努力改善生态环境，有的地区还创造出人工模拟的良好生态系统。另一方面，人们依托长期的耕作实践，创造出丰富多彩的文化产品，丰富和发展了人文传统。相关的做法具有悠久的历史传统，扎根于人们的生产实践，体现农业文化的朴实内涵，对今后经济、社会和文化的进一步发展有着不可低估的影响。

1. 物质文化：掌握自然规律，改善生态环境

客观来看，黄河流域的许多地方存在水土流失、风沙过大等不利的自然条件，在开展农业活动时必须有效加以应对。人们栽培多种作物，有效掌握不同作物的生长规律及其宏观生态功效，不断探索切实可行的技术，提升农作物的生产条件，在改善生态环境方面创造了成功范例。在山西稷山，人们在干旱的土地上种植板枣树，林下间作小麦、蔬菜等作物，形成"板枣树—林下作物"的复合经营模式，兼具水源涵养、水土保持、防风固沙等多种功能。在河北宽城，人们依地形修建撩壕、梯田，栽植板栗，形成"梯田—板栗—作物—家禽"复合生产体系，有效地开展了病虫害防治工作。

在不少地方，人们还在长期的耕作过程中，掌握各种动、植物的生长规律，对其加以充分利用，形成人工模拟的复合生产体系，让各种作物在生长中相互促进。在山东乐陵，人们掌握枣树与其他农作物水肥需求高峰相互交错的自然规律，发明了枣树、杏树、花椒树等混种技术，同时在树下散养家禽，形成了庭院经济生态系统模式，既提高了经济收益，又有效防治了树木的病虫灾害。在陕西蓝田，杏园形成独特的自然生态系统，维持着自身小环境内的生态系统平衡，并辐射影响周边的生态环境。

2. 精神文化：创造文化产品，丰富人文传统

千百年来，黄河流域的农业耕作技术不断发展，积累了大量优良的植物

种质资源，形成了许多不朽的农学著作，许多带有观赏、文玩功能的农产品得以不断传承和进化，为文化产品的不断丰富提供了物质基础。陕西临潼有2000多年的石榴种植历史，目前已形成数十个各具特色的优良品种，其中既有食用品种，又有观赏品种，为景观文化的发展创造了良好条件。

在当前文化大发展的时代氛围中，许多地方深挖农业遗产的文化内涵，把农业产业化与观光、旅游、休闲等行业的发展结合起来，保护与创造并举，取得了一系列的成效。山东章丘以大葱驰名，为充分挖掘和保护大葱文化，近几年章丘在"状元葱"的产地女郎山建立了集山、田、文化于一体的观光型郊野公园和大葱文化博物馆。陕西凤县农民把多种果树、粮食及其他经济作物与花椒树共同栽培，形成充满生机的生态循环系统，并创造发展出独特的凤椒文化。当归是甘肃岷县的特色种植作物，它的种植和加工是农民的主要经济来源并构成富民强县的支柱产业。岷县的习俗、节庆、商贸、饮食、建筑、服饰、耕作习惯等都与当归息息相关，县政府制定了"岷归"种植系统保护与发展规划和管理办法，通过生物多样性的恢复，促进农耕文化与休闲农业的结合，让"岷归"充分发挥经济和文化价值。

三　黄河流域农耕文化的传承与保护

（一）黄河流域农耕文化传承与保护现状

黄河文化是中华文明的重要组成部分，是中华民族的根和魂，黄河流域农耕文化是中华优秀传统文化的重要组成部分。党的十八大以来，以习近平同志为核心的党中央高度重视社会主义文化建设。党中央和各级党委、政府出台了一系列的政策和措施来传承与保护优秀传统农耕文化。

第一，黄河流域多地通过建立农耕文化博物馆、建设农业公园的方式，传承与保护农耕文化。中原地区是中国古代农耕文明的重要发祥地，河南省许昌市在"填补博物馆门类空白"精神的指导下，设立了中原农耕文化博物馆，旨在抢救性收集、存留、研究和展示中华民族传统农耕生产生活器物和非物质文化遗产。中原农耕文化博物馆的藏品以中原地区黄河流域农耕文化为主题，涉及农耕器具、时令节气、粮食加工、炊食饮食和水利灌溉等，全方位地展示了农耕社会生产方式、农民生活方式和农村文化现象，对于传承与保护农耕文化具有重要意义。坐落于山东省临沂市的兰陵国家农业公园，是全国首个国家农业公园试点项目。兰陵国家农业公园是集生态观光、休闲度假、科普教育等多种功能于一体的综合性园区，包括农耕文化区、现代农业示范区、农耕采摘体验区、民风民俗体验区等十大功能区。兰陵国家农业公园的建设，是积极传承与保护当地农耕文化的科学措施，兼顾了农耕文化保护、生态效益和经济效益，对于其他地区农耕文化的传承与保护工作有着良好的示范作用。

第二，出台重要农业文化遗产名单和农业发展规划，通过政策制度建立起传承与保护农耕文化的长效机制。自2013年以来，按照农业部《关于开展中国重要农业文化遗产发掘工作的通知》，六批中国重要农业文化遗产名单相继发布。黄河流域多地的农业文化遗产入选了该名单，如陕西汉阴凤堰稻作梯田系统、河南嵩县银杏文化系统、内蒙古乌拉特后旗戈壁红驼牧养系统和山东章丘大葱栽培系统等。通过建立中国重要农业文化遗产名单，进一步明确传承与保护的内容和对象，对于农耕文化的长效传承与保护具有重要意义。2021年，农业农村部、国家林草局等单位印发的《"十四五"全国农业绿色发展规划》中指出，实施优秀农耕文化传承与保护示范工程，发掘农业文化遗产价值，保护传统村落、传统民居。在《中华优秀传统文化传承发展工程"十四五"重点项目规划》中，黄河文化保护传承弘扬工程、农耕文化传承保护工程也被列入新设立的重点项目。这些规划的制定和实施，对于黄河流域农耕文化的传承与保护具有重要意义。

（二）黄河流域农耕文化传承与保护的政策建议

第一，将农耕文化传承与保护和乡村全面振兴相结合，以农耕文化传承与保护助力乡村全面振兴，以乡村全面振兴推进农耕文化传承与保护。传承与保护优秀农耕文化，是实现乡村全面振兴的重要内容。一方面，要探索农耕文化与农业观光、乡村旅游相结合的新发展模式。随着城市化程度的不断提升，人们对于乡村田园生活的关注度和体验需求度也相应变高。通过建立国家农业公园、乡村旅游基地等形式，适度开发乡村地区，既可以为城乡居民提供体验农耕文化的好去处，又可以增加农民收入。这种积极的保护方式兼顾了文化效益和经济效益，既为农业观光、乡村旅游产业注入了新的农耕文化元素，又为农耕文化的传承与保护提供了产业经济基础。另一方面，要注重将农耕文化的传承与保护融入乡风文明建设之中。乡风文明是实现乡村全面振兴的总要求之一，内涵丰富的农耕文化是乡风文明建设的重要内容。农耕文化在农业生产、衣食住行和传统习俗等诸多方面有着丰富的内涵，如乡贤文化、乡规民约等，可以为乡风文明建设提供肥沃的土壤。

第二，明确各级政府在传承与保护农耕文化工作中的主体责任。农耕文化的传承与保护，离不开各级政府的指导与管理。从国家层面而言，应从法律法规入手，进一步细化和落实《中国重要农业文化遗产管理办法》，研究和制定有关于农耕文化传承与保护的专门性法规，持续考察并发布中国重要农业文化遗产名单，使农耕文化传承与保护有规可循。各省、市政府应负总责，因地制宜，根据各个地区不同的农耕文化传承与保护现状来制定相应的措施。同时，在制定措施的过程中，应当注意地区之间统筹兼顾，做到各省统筹各市、各市统筹各县的农耕文化传承与保护工作，避免出现各自为政的问题，提高行政效率。县乡政府是距离乡村最近的一级，是具体执行农耕文化传承与保护工作的前沿。因此，县乡政府层面应当成立专门的农耕文化传承与保护工作领导小组，明确主体责任，同时应将农耕文化传承与保护工作纳入政绩考核之中，以达到权责落实到人、调动工作积极性的目的。

第三，调动科研机构、高等院校和企业事业单位多方参与，形成农耕文化传承与保护合力。农耕文化的传承与保护工作，不仅需要政府的指导和管理，还需要社会多方的参与。对于农耕文化物质文化遗产的传承与保护，科研机构可以在收集、考证和修复等方面提供技术支持；对于农耕文化非物质文化遗产的传承与保护，科研机构可以采取数字化、虚拟现实等技术来提供

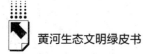

支持。高等院校可以通过开设与农耕文化相关的课程、开展有关农耕文化的社会实践活动，提高年轻群体对优秀农耕文化的认知，吸引更多年轻人关注并参与到农耕文化传承与保护事业当中来。企业事业单位可以将乡村旅游、生态农业等产业与农耕文化资源相结合，建设农耕文化园，以此为创新点来破解当下乡村旅游中所存在的同质化问题，促进乡村地区的产业兴旺，以产业发展带动农耕文化"用起来""活起来"。引导多方参与到农耕文化传承与保护事业中来，有助于形成农耕文化传承与保护的合力，增强农耕文化传承与保护事业的力量。

参考文献

白寿彝主编《中国通史》（第 2 版），上海人民出版社，2013。

李玉洁主编《黄河流域的农耕文明》，科学出版社，2010。

李文华主编《中国重要农业文化遗产保护与发展战略研究》，科学出版社，2016。

游修龄主编《中国农业通史》（原始社会卷），中国农业出版社，2008。

G.4
黄河流域红色文化发展报告

陈丽鸿　牟文鹏　陈　晨　王晓丹*

摘　要： 黄河流域红色文化是指中国共产党在领导中国人民进行革命的历史进程中，在黄河流域的地理范围内创造的先进文化形态及其蕴含的精神内涵。黄河流域红色文化资源丰富，革命老区是红色文化的集中体现地，孕育了内涵丰富的红色精神。回望历史，黄河流域红色文化是中国革命取得胜利的重要精神动力；立足新时代，黄河流域红色文化仍具有重要的时代价值。应保护红色资源，传承红色基因，在融合中实现黄河流域红色文化创新发展。

关键词： 黄河流域　红色文化　革命老区　时代价值

一　黄河流域红色文化概况

（一）黄河流域红色文化的概念

黄河流域红色文化是指中国共产党在领导中国人民进行革命的历史进程中，在黄河流域的地理范围内创造的先进文化形态及其蕴含的精神内涵。黄河流域红色文化扎根于新民主主义革命的实践过程中，蕴含着马克思主义中

---

* 陈丽鸿，北京林业大学马克思主义学院教授，硕士生导师，研究方向为思想政治教育、生态文明教育；牟文鹏，北京林业大学马克思主义学院讲师，研究方向为民主革命史；陈晨，北京林业大学马克思主义学院讲师，研究方向为思想政治教育课程、高校德育；王晓丹，北京林业大学马克思主义学院讲师，研究方向为国外马克思主义、政治哲学。

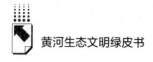

国化的理论主题，赋予古老的黄河文化以新的内容，是社会主义先进文化的重要组成部分，是中华民族伟大复兴的重要精神动力。

黄河流域红色文化既有红色文化的共性特征，也表现出黄河流域的人文特色。一方面，它集中反映中国共产党及其领导的无产阶级大众的思想意识、精神风貌和心理品质，具有鲜明的阶级性、革命性和人民性等特点。另一方面，黄河流域悠久的文明史、发达的农耕史、频繁的灾害史塑造了黄河文化包容开放、同根同源的特征，也使黄河流域红色文化具有包容性、统一性和创造性的底色。

诞生于革命战争年代并经后世传承的黄河流域红色文化，已经发展成为一种文化的综合体。它既包含中国共产党和广大劳动人民的理想、信念、道德、价值等精神内涵，又包含承载这些精神内涵的器物等物质实体。本报告重点关注黄河流域红色文化的广泛外延，主要挖掘黄河流域红色文化中蕴含的时代价值，突出黄河流域红色文化的传承与创新。

（二）黄河流域红色文化的分类

1. 按照地域空间分

依地域空间看，黄河流域红色文化遍布黄河上、中、下游，多分布于今宁、甘、陕、晋、豫、鲁等省区的交界处、偏远山区和农村地区。这些地区红色文化的形成，一方面受革命形势发展的直接影响，另一方面受当地人文环境的影响。就地域特色而言，主要包括以下几种。

秦晋大地上的红色文化。秦晋大地泛指今陕西省、山西省内的大部分地区和甘肃省、宁夏回族自治区的交界处。新民主主义革命时期，西北民众在中国共产党的领导下，在黄土高原上开辟了大量"红色"区域，创造了光荣的革命传统，这是红色文化的"富矿"。代表性的区域有陕甘边革命根据地，陕甘宁抗日根据地，晋察冀、晋冀鲁豫、晋绥三大敌后抗日根据地。

中原大地上的红色文化。中原大地主要指今河南省。河南是中国共产党开展革命活动、建立革命组织最早的省份之一；河南的铁路工人运动在大革命时期威震全国；河南还是全国抗战的最前线、主战场之一。河南人民为中国革命做出了重大贡献和巨大牺牲，书写了光辉的红色篇章。

齐鲁大地上的红色文化。齐鲁大地主要指今山东省。在中国共产党领导下，山东人民为夺取抗日战争胜利、全国解放和建立新中国做出了巨大贡献，涌现出无数可歌可泣的革命英雄儿女。齐鲁文化中自古就有崇尚气节、厚德仁民的精神传统，在现代革命事业中，又增添了爱国主义、团结统一等新的红色内涵。

2. 按照文化载体分

依文化载体看，黄河流域红色文化既包含非物质性的精神元素，也包含承载精神元素的物质形式。前者集中表现为革命精神谱系，后者包含各类地标、场馆和文艺作品等。

革命精神谱系类。革命精神谱系属于精神层面的红色文化，主要包括革命精神、革命传统、价值观念和道德准则等。诞生于黄河流域的众多革命精神，按照谱系可以归纳为四类。一是主体革命精神，即与中国革命各个历史阶段相对应的主体精神，包括长征精神、延安精神和西柏坡精神。二是统属于主体革命精神下的派生精神，如与延安精神一脉相承的南泥湾精神和吕梁精神。三是党领导下的其他根据地、解放区的革命精神，如陕甘边革命根据地的南梁精神以及山东抗日根据地的沂蒙精神。

红色文化地标类。红色文化地标主要是指革命时期形成的各种历史遗存，包括革命活动遗址、名人故居等，是重要的文物保护单位、主题教育基地和红色旅游资源。黄河流域的红色文化地标主要集中在黄河沿线的省区交界处、偏远山区与部分农村地区。这些地区曾活跃着大量革命领袖人物、政治家、进步人士等，领袖名人故居、烈士墓星罗棋布。

红色文化场馆类。红色文化场馆主要包括博物馆、纪念馆、文化馆、烈士陵园等纪念场所，多用于纪念革命先辈和重大历史事件，里面存有一定数量的珍贵文物。一部分红色文化场馆依托历史旧址建造，也有专门修建的红色文化场馆。

红色文艺作品类。红色文艺作品属于红色文化中的物质文化产品，内容广泛，涉及红色诗歌、舞蹈、戏剧、小说、战地影片、绘画、报刊、标语

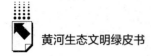
等。延安时期的红色文艺作品最具代表性，如著名歌曲《黄河大合唱》、戏剧《兄妹开荒》等。这些文艺作品以浓厚的革命色彩、积极向上的内容、朴素简洁的语言，成为宣传革命、教育群众、鼓舞士气、瓦解敌军的重要工具，具有鲜明的中国气派。

除以上分类方式外，也可以按照中国共产党的中心任务与红色文化的主题等进行分类。

二 黄河流域红色文化的集中体现

黄河流域是中国革命的摇篮，共产党人在黄河流域书写了感天动地、气壮山河的壮丽史诗，无数革命先烈铸就的红色文化基因，融入了共产党人的血液中。从川陕革命老区到陕甘宁革命老区，从山西革命老区到山东革命老区，黄河流域的革命老区，对中国革命产生了关键的、不可替代的作用，同时，其所孕育的红色文化，也在黄河文化发展史上留下了浓墨重彩的一笔。

（一）川陕革命老区：秦巴山水间的革命根据地

川陕革命老区位于秦岭和大巴山山麓，从 1932 年 12 月建立到 1935 年 1月 22 日红四方面军离开川陕革命根据地北上抗日，共存在了 2 年多的时间，它的存在对于全国革命形势的发展有着举足轻重的作用。此外，川陕革命老区作为红军长征的重要行军地，一系列重要会议先后在此召开，如白沙会议、会理会议、两河口会议、沙窝会议、毛儿盖会议、俄界会议等，这些会议的召开克服了红军当时面临的严重困难，找到了革命前进的正确方向，加强了党的团结和统一，也为伟大长征精神的诞生做出了重要贡献。具而言之，川陕革命老区的红色文化主要有以下几种。

一是川陕红军石刻文化。川陕革命老区地势复杂，重峦叠嶂，山高石多，因此石刻文化源远流长。红四方面军充分利用这一独特资源优势，采取石刻的方式，对党的纲领、路线、方针、政策进行广泛宣传，在 2 年多的时间里，共刻了 15000 多份/条/副石质文献、标语和对联，至新中国成立，仍有 4000 多条石质标语散落在大巴山区的城镇、乡村。[①]

二是歌谣与戏剧文化。川陕革命老区历来有唱山歌的传统，红色歌谣以生动活泼的形式广为传播。如《共产党十大政纲歌》《工农穷人享太平》等，深受老百姓喜爱。同时，川陕省工农剧团的新编川剧《田颂尧自叹》等节目，拉近了共产党与广大群众的距离。

除此之外，川陕革命老区发行的书籍报刊种类多、数量大、影响力持久而深远。主要有《共产党》（中共川陕省委机关报）、《川北穷人》（川陕省政府机关报）等。

（二）陕甘宁革命老区：宝塔山下的革命圣地

陕甘宁革命老区是红军长征的落脚点，是当时中共中央的所在地，也是中国人民解放斗争的总后方，对中国历史发展进程产生了深远的影响。陕甘宁革命老区被誉为革命圣地，红色文化资源极为丰富，红色文化可以按照形态分为物质形态和精神形态。

从物质形态看，据统计，延安辖区内共有各类文物遗址点 9262 处、革命旧址 445 处，如王家坪革命旧址、枣园革命旧址、杨家岭革命旧址、南泥湾革命旧址等。同时，延安已建成革命纪念馆 9 个，馆藏革命文物 3.2 万余件、历史照片 5500 余张、图书资料 1.2 万余册、延安时期出版发行的报刊 100 余种等。

从精神形态看，陕甘宁革命老区有着影响力巨大的延安精神。延安精神是实事求是、理论联系实际的精神，是全心全意为人民服务的精神和自力更生、艰苦奋斗的精神。延安精神是党和国家的宝贵精神财富，在我国革命、建设和改革事业中发挥着巨大的精神动力作用。此外，两当起义后，习仲勋等人在西北创建革命根据地时诞生的南梁精神、照金精神，抗战时期，以第

[①] 李友贵：《镌刻在石头上的红军文化——川陕革命根据地红军石刻考》，《解放军报》2011年 12 月 5 日。

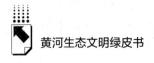

三五九旅为代表的抗日军民在大生产运动中创造的南泥湾精神，由中国共产党领导下的中国人民抗日军政大学创造的救国救民、艰苦奋斗、英勇牺牲的抗大精神等，都是这一时期革命精神谱系的重要组成部分。

陕甘宁革命老区留下了丰富的文化作品。文学作品有《三里湾》《太阳照在桑干河上》等；音乐作品有《东方红》《南泥湾》等；戏剧作品有《夫妻识字》等。这些都是红色文化资源的重要组成部分。

（三）山西革命老区：三大敌后抗日根据地起源地

始创于全面抗战初期的山西革命老区，在打造华北敌后抗战的战略支点和支援全国解放战争的战略后方、创建新民主主义社会的试验基地等方面，为中国革命在全国取得彻底胜利做出了战略性贡献。山西革命老区的红色文化资源主要体现在以下几点。

一是抗战文化的集中展示。首先，创建了第一个敌后抗日根据地——晋察冀敌后抗日根据地，中共中央和毛泽东誉之为"敌后模范的抗日根据地及统一战线的模范区"。其次，创建晋绥敌后抗日根据地，在陕甘宁边区的门户上给敌人竖起一道难以逾越的屏障，保卫了延安和党中央。最后，创建晋冀鲁豫敌后抗日根据地，刘伯承、邓小平在这里成功地取得了陇海、定陶等一系列战役的胜利。

二是太行精神的集中展示。太行精神是中国共产党人领导太行儿女在国家和民族处于危亡的关键时刻展现的勇敢顽强、不畏艰难的革命英雄主义精神，是在极其艰苦的条件下展现的百折不挠、艰苦奋斗的精神，是为保护人民利益展现的勇于牺牲、乐于奉献的精神。此外，像孕育于革命战争年代的吕梁精神、百团大战的英雄精神等，也是山西革命老区留下的重要精神财富。

（四）山东革命老区："水乳交融、生死与共"的革命坐标地

在中国共产党领导的抗日战争和解放战争中，山东革命老区具有极其重要的战略地位。它是连接华北与华中的纽带，又是控制南北运输的主要干线

和近海交通的要地，是战略上的重要支点。山东革命老区的红色文化资源主要有以下内容。

一是大量红色革命遗址。比如，重要机构旧址、重要战役纪念地、革命领导人故居、烈士墓等。根据中共山东省委党史研究室发表的《山东省革命遗址普查报告》，山东省共拥有革命遗址 2449 处。

二是沂蒙精神。沂蒙精神要点为吃苦耐劳、勇往直前、永不服输、敢于胜利、爱党爱军、开拓奋进、艰苦创业、无私奉献。2013 年 11 月 24～25日，习近平总书记在临沂视察时指出："沂蒙精神与延安精神、井冈山精神、西柏坡精神一样，都是党和国家的宝贵的精神财富，要不断结合新的时代条件发扬光大。"① 沂蒙精神是对历史的总结，也是对未来的展望，是新时代红色文化资源的重要组成部分。

此外，山东革命老区的音乐作品有《黑铁山起义歌》《跟着共产党走》《反对黄沙会》《沂蒙山小调》等，这些都反映了革命年代斗争的真实情景，具有重要的历史价值和现实价值。

三 黄河流域红色文化的历史意义与时代价值

（一）黄河流域红色文化的历史意义

1. 传承红色基因，丰富革命精神谱系

中国共产党人形成的以延安精神和沂蒙精神等为主的黄河流域红色文化，将革命精神谱系不断拓展，为红色文化增添了求真务实、反抗侵略、顾全大局、自力更生、军民一心的新内容，为红色基因增添了新内核。那一时期诞生的黄河流域红色文化使中国共产党坚定了正确的政治方向，确立了解放思想、实事求是的思想路线，明确了全心全意为人民服务的根本宗旨。

2. 增强民族凝聚力，提升民族认同感

黄河是中华民族的母亲河，黄河文化所内含的"同根同源"的民族心

---

① 董梦颖：《学党史，总书记强调要用好红色资源》，南报网，2021 年 4 月 10 日，http：//
www.njdaily.cn/news/2021/0410/3318550186980520999.html。

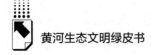

理和"大一统"的主流意识，使得植根于黄河流域的红色文化必然携带着追求民族团结与祖国统一的爱国主义基因。在抗日战争中，黄河流域红色文化的主旋律是救亡图存、保家卫国，它激发了中华儿女空前的民族认同感以及强大的凝聚力，在维护中华民族大团结、推动中国取得战争胜利方面发挥了关键作用。

3. 诠释党的人民立场，弘扬党的斗争精神

黄河流域红色文化是由一部部斗争史串联而成的，坚持"持久战"战略、轰轰烈烈的大生产运动等体现了中国共产党人伟大的斗争精神。斗争精神成为共产党人鲜明的政治品格和革命传统，斗争不是为了个人或某个群体的私利，而是为了民族独立与人民解放。斗争依靠人民，斗争为了人民，由此，黄河流域红色文化既是中国共产党人斗争精神的真实写照，又是军民鱼水情深的生动体现。

（二）黄河流域红色文化的时代价值

1. 巩固党执政地位的理论基础

发挥黄河流域红色文化的时代价值具有强烈的现实意义。一是有利于巩固马克思主义在意识形态的领导地位，有效抵御历史虚无主义的入侵，巩固党的执政基础。黄河流域红色文化记录着中国共产党人为实现民族独立与人民解放的初心与使命，证明了共产党的领导地位是历史的选择与人民的选择，宣告了马克思主义在中国作为指导思想的必然性。二是有利于红色基因的传承。黄河流域红色文化内含的多种红色精神在今天继续激励着中国共产党人不断克服困难，永攀高峰。三是有利于践行社会主义核心价值观。黄河流域红色文化集爱国主义、集体主义以及社会主义于一体，渗透着中国人民对自由、民主以及平等的强烈期许，具有重要的教育价值。

2. 推动经济社会发展的重要力量

黄河流域红色文化产生于特定的革命战争年代，其价值主要表现在政治与军事方面，但其蕴含的经济价值有必要被激活。首先，黄河流域革命

老区受自然地理以及其他各种因素影响，当前经济发展相对落后，利用红色文化资源发展旅游业，有利于推动革命老区的经济发展与产业升级，帮助革命老区人民脱贫致富；其次，可以利用人们广为熟知的"红色经典"系列带动影视、出版等文化产业的发展；最后，可以将一系列红色精神融入社会主义经济建设之中，使其转化为促进黄河流域高质量发展的磅礴力量。

3. 增强新时代文化自信的重要载体

黄河见证了中国共产党带领中国人民摆脱深重苦难、迈向民族复兴新征程的过程，弘扬黄河流域红色文化有助于增强文化自信。在新时代保护、传承与弘扬黄河流域红色文化就是要创造性地展现中华民族优秀传统文化、马克思主义以及社会主义先进文化，使人们增强对中华文化的认同感和归属感，扭转对西方文化的盲目崇拜，实现文化自信。此外，保护、传承与弘扬黄河流域红色文化，有助于讲好中国故事。黄河流域红色文化以一种真实、鲜活的语言向全世界讲述中国共产党的成长史与成功史，同时也传达着共产党人的理想、信念与价值追求，展现着中国智慧与中国精神。

4. 激励百年大党再启辉煌的精神密码

党的十九大报告指出，党的建设总要求是"把党建设成为始终走在时代前列、人民衷心拥护、勇于自我革命、经得起各种风浪考验、朝气蓬勃的马克思主义执政党"。中国共产党走过百年依然风华正茂，黄河流域红色文化是其精神密码之一。黄河流域红色文化孕育出来的红色精神必将代代相传，激励中国共产党人坚定共产主义信仰，不忘初心、牢记使命，依靠人民走出一条富民强国的奋斗之路，自信骄傲地踏上新征程，从一个辉煌走向另一个辉煌。

四　黄河流域红色文化传承与创新

新中国成立 70 多年来，特别是近 10 年来，黄河流域各省区采取有效措

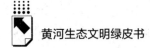
施，保护红色资源，传承红色基因，最大限度地保护、传承与弘扬黄河流域红色文化，促进了当地的政治建设、经济建设、文化建设、社会建设和生态文明建设。

（一）黄河流域红色文化的保护、传承与弘扬

1. 加强政策引导，为保护、传承与弘扬黄河流域红色文化提供支撑

为了加大革命遗址的保护力度和指导红色文化资源开发利用，《中共中央关于加强和改进新形势下党史工作的意见》强调组织开展革命遗址普查，重点摸清革命遗址底数，保护好革命烈士纪念设施、革命文物等物质和非物质文化遗产，并在保护的基础上对其开发利用。

党的十八大以来，习近平总书记强调深入进行党史军史和优良传统教育，把"红色基因"一代代传下去，[①] 强调"要用好红色资源，传承好红色基因，把红色江山世世代代传下去"，[②] 为保护、传承与弘扬红色文化提供了重要遵循。2018 年 7 月 29 日，中共中央办公厅、国务院办公厅印发了《关于实施革命文物保护利用工程（2018—2022 年）的意见》，为推动新时代红色文化的保护、传承与弘扬提供了政策支持。随后，黄河流域各省区也相继出台了本省区的革命文物保护利用工程实施方案。

2. 摸清红色资源底数，细化分类保护

从 2010 年 11 月起，全国党史部门陆续开展革命遗址普查工作。在普查的基础上，全国 31 个省区市的革命遗址普查成果相继被公布，并被汇总成《全国重要革命遗址通览》。黄河流域各省区的革命遗址普查成果也入选了"全国革命遗址普查成果丛书"。黄河流域各省区革命遗址分类情况见表 1。

---

① 刘喆：《忆先辈　重传承　跟随习近平汲取红色力量开启新征程》，中国青年网，2018 年 4 月 6 日，http：//news. youth. cn/wztt/201804/t20180406_ 11580806. htm。

② 冼小堤：《习近平：用好红色资源，传承好红色基因，把红色江山世世代代传下去》，"最高人民法院"百家号，2021 年 5 月 15 日，https：//baijiahao. baidu. com/s? id=1699820002 079010357&wfr=spider&for=pc。

表1　黄河流域各省区革命遗址分类情况

单位：处

省区	重要党史事件和主要机构旧址	历史事件和人物活动纪念地	革命领导人故居	烈士墓	纪念设施	合计
青　海	21	3	1	1	9	35
甘　肃	326	128	34	59	135	682
四　川	1178	855	145	161	213	2552
宁　夏	38	36	3	1	28	106
内蒙古	285	284	32	94	195	890
陕　西	997	460	317	112	159	2045
山　西	1412	727	18	197	554	2908
河　南	904	591	268	296	348	2407
山　东	803	745	203	283	415	2449

资料来源："全国革命遗址普查成果丛书"。

当前，革命遗址的普查建档、分类归属、定性申报、保护利用等已形成较规范的流程，为有针对性地保护和开发利用革命遗址提供了基础信息支撑，为发挥革命遗址的教育示范功能奠定了基础。

3. 开展红色教育活动，增强教育示范功能

利用党史大事和重大纪念日开展一系列纪念活动。党史大事和重大纪念日包含着丰富的红色文化内涵，是生动的党史教育、爱国主义教育、国防教育、廉政教育、革命传统教育题材。2019 年，为纪念长征胜利 83 周年、建军 92 周年，青海省在班玛县举行红军长征纪念碑落成仪式，班玛县红军亲属代表、人民群众共 1000 余人参加。甘肃省会宁县在建党、建军、建国等重要节日，开展"我向红军英烈献束花""瞻仰会师旧址，追寻伟人足迹"等形式多样的主题活动。

设立青少年社会实践教育基地，推进黄河流域红色文化进校园，截至2017 年底，四川省已设立 20 处革命遗址作为四川省青少年社会实践教育基地，基地既包括朱德、邓小平等伟人的故居纪念馆，又包括张思德、黄继光等烈士的纪念馆。2018 年 3 月 28 日，四川省关工委在宝兴县红军纪念馆举行"传承红色基因，争做时代新人"主题教育活动启动仪式，要求"要把学习党史国史作为传承红色基因的'必修课'，教育引导青少年在学习中固本培元，汲取红色营养"。2020 年 11 月，"南梁精神进校园，红色基因代代传"主题宣传活动在甘肃省 12 所高校开展。红色资源在立德树人、铸魂育人方面发挥着夯实精神供给基础的作用。

4. 搭建宣传平台，弘扬黄河流域红色文化

邀请红军后代和革命烈士家属讲革命故事。每一个革命家庭都有自己的革命家史，每一个红军后代、革命烈士家属都是红色基因的传承者和革命故事的传播者。红军后代、革命烈士家属深受革命传统熏陶，红色教育基地邀请他们亲自讲革命家史、讲革命故事，将会具有很强的感染力和说服力，宣传效果更强。

开展红色文学艺术创作。电视连续剧《红军东征》展示了我国抗战时期老一辈无产阶级革命家们的革命情怀。2020 年，文化和旅游部举办纪念中国人民抗日战争暨世界反法西斯战争胜利 75 周年舞台艺术优秀剧目展演展播活动，山西省上党梆子《太行娘亲》、舞剧《吕梁英雄传》是其中的代表作。黄河流域各省区通过创作各种红色文学艺术作品，弘扬黄河流域红色文化。

应用全媒体促进黄河流域红色文化宣传的网络化和信息化。黄河流域各省区党史研究机构依托网络、微信公众号、微博等创建宣传教育平台，广泛宣传红色文化。河南党史网开辟的《红色中原》《中原英烈》等栏目成为宣传革命时期奋战在中原大地上的革命者的英雄事迹的窗口。沂蒙精神网上 VR 全景党性教育平台、胶东抗战第一枪纪念馆网上展馆纷纷上线运行，让用户身临其境体验抗战。新媒体技术的应用，扩大了黄河流域红色文化的传播范围，增强了黄河流域红色文化的吸引力。

5. 发展红色旅游，助推地方经济发展

黄河流域红色文化为旅游发展赋能。甘肃省依托长征国家文化公园建设，开展红色旅游经典景区和精品线路提质升级行动，推动会宁会师旧址、红色南梁等景区创建国家 5A 级景区，推出一批长征特色村镇和"重走长征

路"主题旅游线路，大力弘扬长征精神、南梁精神，让红色基因在广大干部群众中扎下根、传下去，让黄河流域红色文化发扬光大。2019 年，陕西省大型红色历史舞台剧《延安保育院》累计接待游客 45.6 万人次。山东省出台了《山东省红色文化研学旅游实施方案》，明确提出要针对不同社会公民群体建立红色旅游产品体系，以此满足各类红色教育的需求，提高红色教育的实效性。

以发展红色旅游助力脱贫攻坚。近年来，山西省武乡县紧紧围绕红色旅游发展主题，以精准扶贫工作为契机，以发展乡村旅游为纽带，大力培育农业产业新业态和农民增收新动能，打造了"旅游+扶贫"区域特色脱贫新模式。甘肃省将红色旅游、乡村旅游发展与精准扶贫结合，完善服务设施，改善村容村貌，提高民众生活水平，带动旅游经济增长。2018 年，甘肃省红色旅游共接待游客 3141.7 万人次，带动直接就业人数 15447 人、间接就业人数 57286 人，实现旅游收入 96.2 亿元。①

（二）在融合中创新发展黄河流域红色文化

红色文化为黄河流域各省区发展提供了强大的精神支撑和动力。尽管如此，黄河流域各省区保护、传承与弘扬红色文化的做法还存在一些问题和不足，如对红色文化内涵挖掘不够，革命遗址保护与城镇化发展和新农村建设存在一定矛盾，红色文化规模化发展和产业化发展基础薄弱，法律法规不健全等。为此，黄河流域红色文化需要在创新中发展。

1. 深度挖掘黄河流域红色文化独特内涵

红色文化蕴含着丰富和深刻的内涵，挖掘红色文化内涵是保护、传承与弘扬红色文化的核心工作。黄河流域红色文化形成的历史背景不同、时期不同，不同区域的传统文化和民族文化底蕴不同，时间跨度长、空间跨度大，因此，黄河流域红色文化具有独特的内涵。像南梁精神、太行精神、大别山

---

① 牛莹：《发展红色旅游传承长征精神，红色文化为甘肃旅游发展赋能》，《中国旅游报》2019 年 8 月 20 日。

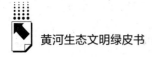

精神、沂蒙精神分别代表了甘肃、山西、河南、山东红色文化的特色，这些都是黄河流域红色文化资源的宝库，都是中国共产党革命精神谱系的组成部分。深入挖掘黄河流域红色文化内涵能使黄河流域红色文化更具独特性、深刻性，使革命精神更具象化，增强榜样的感召力和可学性。

2. 推进"红色+"融合发展

以红色为底色，形成"大旅游"观念。借助各具特色的地域文化节平台，推介黄河流域红色文化，打造"红色小镇"，与文化产业融合，发展红色旅游、文化旅游、美丽乡村旅游、生态旅游和全域旅游，形成叠加效应，建设具有全国影响力的黄河流域红色文化旅游带，助力黄河流域各省区文化旅游强省战略。把黄河流域红色文化资源转变为绿色发展资源、经济资源，取得弘扬主旋律的社会效益、环境保护的生态效益、高质量发展的经济效益。

以红色为底色，与新媒体深度融合。建设黄河流域各省区红色文化资源融媒体聚合平台，利用新媒体辐射范围广、时间灵活、形式多样、视角多等特点，增强黄河流域红色文化的传播力和吸引力，最大限度地发挥其正能量作用。利用文字、图片、音频、模型，借助3D、VR等先进手段，系统地、全景式地、全方位地将黄河流域红色文化的深刻内涵广泛宣传。

3. 建立黄河流域红色文化保护区，打造黄河流域红色文化品牌

黄河流域各省区革命遗址的分布较为分散，对其的保护任务重、难度大，单打独斗式的保护、开发、利用会影响效果，联合与合作是提升黄河流域红色文化影响力的有效途径。应发挥红色文化根和魂的优势，打造黄河流域红色文化传承创新区。实施跨区域协同发展，资源共享，相互借力，联合打造长征国家文化公园；建设一批特色鲜明、影响力大、带动力强的以黄河流域红色文化创意为主的新型文化品牌；建设一批黄河流域红色文化创意街区，提升其知名度和影响力。

4. 依法保护、传承与弘扬黄河流域红色文化

黄河流域红色文化的保护、开发、利用要实行法治化管理，以法规制度的形式推动红色精神资源在新时代发扬光大，实现红色基因代代传承。首

先，通过立法建立黄河流域红色文化物质资源保护名录制度和保护责任人制度，解决多头管理和重叠管理的问题；明确保护管理模式、经费保障、开发利用及处罚办法。其次，厘清产权归属，根据不同的产权采取不同的政策；采取分级保护制度，鼓励社会力量参与保护利用；加强行政管理和执法，对管理不善的追究产权归属单位和责任人责任；对于权属私人的，做到协调与沟通、监管与鼓励相结合。再次，明确保护、传承与弘扬黄河流域红色文化是全体公民的义务，对于破坏黄河流域红色文化物质资源和诋毁革命精神的行为，任何单位和个人有义务、有权利对其进行劝阻、举报。最后，大力宣传保护黄河流域红色文化的价值和重要性，增强公众的保护意识，构建保护黄河流域红色文化的良好社会氛围，提高公众知法、懂法、遵法、守法的自觉性。

参考文献

中国老区建设促进会编《中国革命老区》，中共党史出版社，1997。

中共山西省委党史办公室编《丰碑——山西革命遗址概览》，中央文献出版社，2012。

张金锁主编《延安精神》，中共党史出版社，2017。

本书编写组编《红色中原》，大象出版社，2019。

张卫波：《抗日根据地文化建设研究》，首都经济贸易大学出版社，2015。

魏本权、汲广运：《沂蒙红色文化资源研究》，山东人民出版社，2014。

徐仁立：《中国红色旅游研究》，中国金融出版社，2010。

魏本权：《从革命文化到红色文化：一项概念史的研究与分析》，《井冈山大学学报》（社会科学版）2012年第1期。

曾长秋：《论红色文化资源的价值提升与功能拓展》，《湖湘论坛》2016年第6期。

李小青：《关于保护和利用太原红色文化资源的几点思考》，《太原日报》2016年4月21日。

张复明：《重视红色文化传承保护与发展》，《中国艺术报》2016年3月18日。

孙瑛：《甘肃红色资源的价值研究》，《甘肃日报》2016年2月16日。

杨云龙：《保护红色资源 弘扬红色文化》，《太原日报》2015年1月7日。

周宿峰：《红色文化基本问题研究》，博士学位论文，吉林大学，2014。

G.5
南梁革命根据地文化发展报告

刘治立　李红举*

摘　要： 南梁地处陕西、甘肃两省交界的子午岭中段的大梁山麓，是陕
甘边区苏维埃政府所在地，有着丰富的红色文化资源，其中，
以土地革命战争时期锻铸的南梁精神为代表。这一区域又拥有
丰富的自然生态资源和历史文化资源。摸清该区域文化资源的
底数，避免无序开发的短视行径，寻找一条综合保护与开发的
路子，是实现该区域高质量发展的必然遵循。

关键词： 南梁　红色文化　历史文化　生态文明

南梁地区是多种文化的富集区，丰富的历史文化资源、自然文化资源和
红色文化资源在这里交映生辉。土地革命战争时期，刘志丹、谢子长、习仲
勋等团结带领南梁革命根据地人民，凭借子午岭的地形优势和森林资源，借
鉴前人的智慧，坚持不懈地开展土地革命、武装斗争，实现了红色割据，建
立了陕甘边区苏维埃政府（亦称南梁政府），使南梁革命根据地成为"两点
一存"的革命根据地，留下了光辉灿烂的南梁精神和红色文化。保护、开
发、利用南梁地区的多样文化资源，使其对当地的经济社会发展起到推进和
辐射作用，价值很大。

---

*　刘治立，博士，陇东学院南梁精神研究中心教授，研究方向为陇东区域史与南梁精神；李红
举，陇东学院南梁精神研究中心副研究员，研究方向为南梁革命根据地文化与南梁精神。

一　南梁革命根据地的环境与历史

（一）地理概况

南梁位于陕西西北部与甘肃东部交界的子午岭（亦称桥山山脉）中段的大梁山脚下，其周围地势险要、沟壑纵横、山川广布，天然森林十分茂密，是比较理想的隐蔽和防守的地方。广义的南梁，特指土地革命战争时期以南梁为中心的陕甘边革命根据地，还包括以后发展为革命根据地的陕西省淳化、宜君、安塞、甘泉、赤安、耀县等县，以及甘肃省华池、庆阳、合水、宁县、正宁等县。南梁地区包括葫芦河水系冲积形成的川道，有二将川、平定川、白马庙川、玉皇庙川、豹子川等，川道总长足有数百公里，南梁堡子恰好位于其中心。子午岭地势高低起伏，海拔为 1500～1800 米，南北长约 400 公里，东西最宽处宽 80 多公里，纵贯正宁、宁县、合水、华池、环县等县，还有陕西省的靖边、定边、清涧、吴旗等 9 县，山区总面积近6000 平方公里，其中林地面积 500 多平方公里。

子午岭是泾、洛两河的分水岭，陕甘两省的界山，唐代以前称"桥山"，山势呈南北走向。古人称北为"子"，南为"午"，又因其与本初子午线方向一致，故称子午岭，后以此名取代整个桥山山脉名称。子午岭地处黄河中上游黄土高原的腹地，这里森林茂密，群峰耸峙，东水东流进入葫芦河，西水西流进入马莲河，是黄土高原地区极为重要的生态屏障，被誉为"绿色长城""天然水库"。2010 年，子午岭被国务院确定为全国 35 个生物多样性保护优先区域之一。

洛河位于子午岭东坡，洛河西侧的支流华池水即今葫芦河，为南梁红军活动的重要区域，因此民歌中多次提到葫芦河。老爷岭位于华池县境内，呈南北走向，海拔 1672 米，全长 53 公里，是子午岭中段主要山脉，也是葫芦河与柔远河的分水岭。这里地势险峻，便于打伏击战。早在北宋景祐元年（1034 年），李元昊就在老爷岭上的节义峰设伏，使宋军几乎全

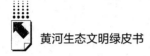

军覆没。1935 年 4 月，陕甘边区苏维埃政府向洛河川转移时，宁夏马家军步步紧逼。梅生贵等采取疑兵之计，将很多毛毡帐篷搭建在老爷岭的路口，并将红旗在密林当中竖起。高举红旗的游击队小组白天到处活动，夜晚点燃篝火使得满山遍野星火点点，以此袭扰敌人且伺机出击，使得滞留月余的敌军被迫从老爷岭撤走，为陕甘边区苏维埃政府的撤离赢得了时间。南梁西北方向的东老爷山是历史文化名山，1935 年 10 月，中央红军翻越六盘山途经环县洪德，毛泽东等人曾在东老爷山上宿营，次日抵达长征终点吴起镇。

紧靠老爷岭的大顺城（即二将城）为范仲淹下令依山而建，控扼要塞，与白豹、金汤等堡寨遥相呼应。宋仁宗亲自为其赐名，张载称赞其"百万雄师，莫可以前"，① 表明其防御功能极强。宋代陕西沿边的堡寨，具有重要的军事防御功能。特别是在子午岭沿线先后修筑了许多堡寨，如华池寨、安疆寨、柔远寨等。1934 年 11 月 7 日召开陕甘边区苏维埃政府成立大会的地方是荔园堡，其在北宋治平三年（1066 年）四月由环庆经略安抚使蔡挺所建。范仲淹在《渔家傲》中描述的"四面边声连角起，千嶂里，长烟落日孤城闭"，就是荔园堡附近层峦叠嶂之中烽火连绵的境况，突出孤城在空间上的渺小孤独，以及环境上的凶险紧张。

南梁处于子午岭深处，地势高低起伏，草木丛生，原始森林茂密，是一个适合开展游击战争的天然场所，以有利地形为掩护，可进关中，退回密林，进退自如。毛泽东在《井冈山的斗争》中说："一国之内，在四围白色政权的包围中，有一小块或若干小块红色政权的区域长期地存在，这是世界各国从来没有的事。"② 表明南梁革命根据地内自然环境具备红色割据条件。

南梁地区的一首民歌这样唱道："子午岭有十八弯，弯弯有宝用不完。党参麻黄刺五加，野兔山鸡遍山洼。干果充饥带木瓜，游击队员拖不垮。"子午岭山高林阔，可食用饮用的野生动物、植物、矿物、水资源相当丰富，

---

① 《张载集》附《文集遗存·庆州大顺城记》，章锡琛点校，中华书局，2012，第353页。
② 《毛泽东选集》第 1 卷，人民出版社，1991，第 48 页。

不光有利于隐藏，同时能为游击队员现场解决饮食、衣物、中药材问题提供保障。在失去正宁县寺村塬游击根据地的 1932 年 8 月，谢子长指挥陕甘游击队员全部撤退到子午岭密林深处，使敌人难以找到追击目标。他对游击队员们说："我们这个家（指子午岭山区）不错呀！方圆几百里大，进了这个家，敌人就找不到我们了。烧柴不用上山砍，吃水不用下沟担，吃的有野果、野菜，打只羊鹿子（狍子），吃的肉有了，穿的皮袄也有了。"① 强敌侵犯根据地时，有子午岭茂密的原始森林作掩护。因此可以说，是绿色子午岭掩护了红色南梁革命根据地，子午岭林区为红色南梁提供了生态条件。

（二）山川形胜

南梁地区地形复杂，历来易守难攻。如庆阳府"山川险阻"，宁州"川谷高深，地形险固""易守而难犯"，有利于游击战，不利于大部队作战。因此其在古代历史上就有着重要的战略地位。延安府"外控疆索，内藩畿辅。上郡惊，则关中之患已在肩背间矣"；鄜州"接壤延绥，藩屏三辅，为渭北之襟要……州当南北之冲，亦关中之重地也"；庆阳府"南卫关辅，北御羌戎……每西北发难，控扼之备未尝不在庆州也……夫庆阳有警，而邠宁以南，祸切剥肤矣"；宁州"连络关陇，襟带邠岐……岭北有事，州每当其冲"。范仲淹在《渔家傲》中感叹"羌管悠悠霜满地，人不寐，将军白发征夫泪"。这是对子午岭地区戍边将士清苦生活和苍凉心态的摹写。

南梁地区自古以来就是兵家必争之地。这里虽然荒僻，但是秦昭王所修的战国秦长城穿越该地区，秦始皇命令蒙恬在子午岭主峰上修筑了号称"古代高速公路"的秦直道。战国秦长城与秦直道在子午岭上交叉而过，两者的重叠部分长 20 公里。纪录片《黄土大塬》中说："如果说长城像一面横挡着的盾，那么秦直道就是一柄直刺而出的矛；如果说长城是一张拉开的弓，那么秦直道就是一支即将飞出的箭。"形象地表明了战国秦长城与秦直

① 张锋、刘崇刚：《【讲好红色故事】风雪子午岭（上集）》，看清网，2020 年 10 月 13 日，http://www.gsqytv.com.cn/folder2/folder354/folder361/folder362/2020-10-13/264665.html。

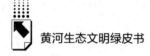

道在历史上的重要作用，而作为交叉重叠地带，南梁地区的位置尤显重要。西汉时期王昭君出塞，走的就是秦直道，她在南梁稍事休息打扮，"打扮梁"因此得名。革命者从关中地区返回南梁，大致走的就是秦直道沿线。陕甘边革命根据地赤卫队与宁夏马家军激战的老爷岭上，就有一段秦直道。对于南梁革命者而言，在这里建立根据地，积蓄力量，待时而发，一旦机会成熟可以直逼关中地区，是一个极好的选择。

（三）文化资源

历史时期的陕甘地区，临近我国北部边疆，是一个地域广袤、地形复杂的战略要地。在这块土地上，自远古形成的地质条件、自然环境及其在历史时期所处的地理位置，都为当地各族民众繁衍生息与演出威武雄壮的历史话剧提供了重要条件和广阔舞台。

子午岭主峰纵贯着一条秦始皇时期修筑的秦直道。南梁所处的子午岭中段历史文化遗产丰富，汉唐宋元时期的许多战争发生在秦直道沿线，范仲淹在秦直道旁修筑了固若金汤的大顺城，并写下"三月二十七，羌山始见花。将军了边事，春老未还家"（《城大顺回道中作》）的千古名句。在民主革命时期，秦直道两侧出现了可歌可泣的历史壮举，刘志丹、习仲勋等率领革命者以秦直道旁边的南梁为中心，沿着秦直道向南北发展、东西辐射。抗日战争时期，八路军三八五旅、抗大七分校在子午岭的大凤川、豹子川等处开展轰轰烈烈的大生产运动，响彻全国的歌曲《军民大生产》就诞生在这里。南梁不仅有丰富的动、植物资源，奇异的自然景观，也有在中国革命史上不可替代的红色革命文化，还有色彩纷呈的古色传统文化，如香包民俗文化、岐黄养生文化、黄土风情文化、周祖农耕文化、草原文化等，制作于金代的千岁香包就发现于南梁地区的双塔寺。

（四）人文风貌

南梁地区在秦汉时期属于上郡和北地郡，具有尚武的传统，自古就有"山东出相，山西出将"的说法。班固还从地理位置和民风等方面分析了北地郡等将才云集的原因："何则？山西天水、陇西、安定、北地处势迫近羌胡，民俗修习战备，高上勇力鞍马骑射。故《秦诗》曰：'王于兴师，修我甲兵，与子皆行。'其风声气俗自古而然，今之歌谣慷慨，风流犹存耳。"①

十六国时期，姚弋仲对刘曜说："陇上多豪，秦风猛劲。"② 受刚劲、坚韧的文化精神熏染，此地形成了忠勇、刚强、执着的文化心理和朴实彪悍的民风。《太白阴经》中有一段分析各地民风的话，书中载"秦人劲，晋人刚，吴人怯，蜀人懦，楚人轻，齐人多诈，越人浇薄，海岱之人壮，崆峒之人武，燕赵之人锐，凉陇之人勇，韩魏之人厚"。其中的"秦人劲""崆峒之人武""凉陇之人勇"都是对南梁地区崇尚武备、勇猛果敢的民风民俗的生动描绘。

秦朝蒙恬北逐匈奴，西汉与匈奴的战争，东汉对羌人的防御，隋唐与突厥的争夺，北宋同西夏的频繁战争，明初徐达与元朝残余势力的战争等，都凸显了历史上南梁地区屡次发生军事冲突的状况。这里人口流动较为频繁，周边少数民族、外地移民不断迁入，曾经生活在南梁地区的少数民族民众，有着劲勇无畏的精神。西汉北地郡的义渠戎人，与匈奴同具"上下山阪，出入溪间……险道倾仄，且驰且射"的"长技"，因此，曾被汉朝组织起来与戍边军民共同抵御匈奴的入侵。③ 北宋时期的蕃兵，"自幼生长在边陲，皆习障塞蹊隧，解羌人语，耐寒苦"，作战勇敢。北宋政府在陕北陇东地区组织地方武装弓箭手，农闲时期必须接受艰苦且持久的军事训练，依据受训者武艺的熟练程度分等定级，"以胆勇武艺卓然者为奇兵，有战功、武艺精熟人为第一等，以未曾立功、事艺精熟人为第二等，以武艺生疏人为第三等"。分等定级选择有用之才，依据能力的不同享受不同的奖励，这种做法更加激发了弓箭手们勤练武艺、提升灭敌本领的信心和热情。

虽然南梁地处偏远，地域面积广大而人口稀少，但其恶劣的生存环境和极为深厚的传统文化底蕴，使当地民众养成了豪爽宽厚、顽强坚韧的品质，

① 班固撰《汉书》，中华书局，1964，第2998~2999页。
② 房玄龄等撰《晋书》，中华书局，1974，第2959页。
③ 班固撰《汉书》，中华书局，1964，第2881、2883页。

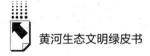
草原文化和农耕文化此消彼长。明朝末年，高迎祥（陕西安塞人）、李自成（陕西米脂人）、张献忠（陕西延安人）等带领陕北地区的饥民起义，起义队伍频繁活动于南梁地区（明朝时陇东归于陕西管辖），在湘乐（今甘肃宁县）战役、湫头（今甘肃正宁县）战役中击败明朝军队，明军曹文诏等重要将领阵亡，使明军为之夺气。"在外地遭受挫折，突围成功之后又回到陇东，十五年中他反复回到庆阳、环县、正宁、宁县达十二次之多，主要是依托子午岭山区，养精蓄锐壮大力量是非常可取的，这也是留给后人的宝贵财富。"① 在陕甘地区取得胜利的基础上，起义军不断向中原地区进军，腐败的明朝政权最终被推翻了。

党中央、中央红军取得长征胜利到达陕北后，毛泽东对刚从狱中出来的刘志丹说，陕北这个地方，在历史上是有革命传统的……这地方虽穷，穷则思变，穷就要闹革命嘛！② 少年时代的刘志丹对农民起义军领袖李自成充满了深深的敬意，表示自己长大了也要像李自成一样为民谋幸福。谢子长说："别看我们陕北穷，山大沟深，这地方，历史上可出了不少人哩！米脂的李自成，安塞的高迎祥，延安的张献忠，他们都是群众领袖、民族英雄，他们领导农民造反，十六年时间，他们遭受了多少挫折失败呀！最先打闯王旗子的是高迎祥，起义军十三家七十二营的领袖在河南荥阳聚会的第二年，高迎祥在战斗中牺牲了。这时，李自成就继续称闯王，领导起义军继续干。后来，潼关失败后，李自成身边仅剩下十八个人，他们也没有灰心丧气……三百年前的农民能推翻腐朽不堪的明王朝，难道我们共产党领导下的红军就不能推翻一个腐朽不堪的国民党反动派吗？"③ 谢子长从李闯王那里找到了斗志，汲取了无穷的奋斗力量。刘志丹熟悉李自成的事迹，从中吸取了这位农民起义军领袖的经验和教训。20世纪20年代，刘志丹在陕北榆林中学读书

① 李仲立、王晓文：《区域地理环境和优秀文化传统的统一——南梁精神解读》，《陇东学院学报》2019年第1期。

② 《毛泽东和陕北文化》，腾讯网，2021年5月31日，https://new.qq.com/omn/20210531/20210531A0BB2U00.html。

③ 张锋：《谢子长》，甘肃人民出版社，1993，第120页。

时，他就对一起读书的王子宜说："现在井岳秀这个大军阀骑在百姓头上作威作福，我们光办学生会是闯不出什么名堂的。你想，闯王的百万大军还没成个气候，是什么原因？我盘算咱中国非有个能串联全国工农商学兵的组织才行，就像苏联的布尔什维克党一样。"① 李自成的做法为刘志丹提供了鲜活的案例，使他深刻认识到建立根据地对革命胜利的重要性。

李自成英勇战斗的事迹鼓舞着南梁革命根据地的广大军民，当时流行民歌的歌词写道："李闯王造反黄河边，刘志丹练兵石崆湾。要把那世事颠倒颠，受苦人跟上刘志丹。"② 表现了人民群众把以刘志丹为首的革命者为推翻旧政权、创建苏维埃政权而开展的革命活动与李自成领导的农民起义相比较。南梁革命根据地的民主建政和武装斗争，就是要从根本上改变 2000 多年的封建制度，与李自成领导的农民起义有着本质的区别，但对于发挥子午岭地形优势、依靠桥山山脉密林与敌人回旋，以消灭敌人有生力量的战术还是可取的，以刘志丹为首的革命者吸取了历史经验，学习和借鉴了井冈山革命根据地的做法，建立了以南梁为中心的革命根据地。自古以来从南梁地区的民情民俗、品格素养、战斗精神、战略战术等诸多方面，均能够看得出南梁地区自然环境、人文特色以及传统优秀文化等可以阐明南梁精神的诸多环境因素和历史渊源。

二 南梁精神与生态文明

以陕甘边革命根据地为重要基础形成的陕甘革命根据地（西北革命根据地），是土地革命战争后期"硕果仅存"的革命根据地，为党中央和各路长征红军提供了落脚点，是八路军开赴抗日前线的出发点。南梁革命根据地为中国革命的胜利做出了不朽的贡献与巨大的牺牲，形成了垂范后人的革命精神——南梁精神。南梁精神是以刘志丹、谢子长、习仲勋等为代表的共产

---

① 王子宜：《和刘志丹同志相处的日子》，刘志丹纪念文集编委会主编《刘志丹纪念文集》，军事科学出版社，2003，第 199 页。
② 张桂山、吕律主编《庆阳老区红色诗歌》下册，中共党史出版社，2015，第 3 页。

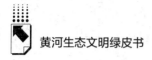

党人和广大人民群众在创建以南梁为中心的陕甘边革命根据地的过程中所体现出的理想信念、思想品德、工作与思想作风，以及体现在他们行为上的精神风貌，是马克思主义中国化在西北地区具体实践的结晶。南梁精神把西北人民紧密团结起来，形成了伟大的力量，产生了巨大的凝聚力和无穷的战斗力。

经典作家对于人类赖以生存的自然环境非常重视，认为人就是环境的一个构成部分。[①] 人是自然界的一部分，离不开自然环境，因此，"我们必须时时记住：我们统治自然界，决不象征服者统治异民族一样，决不象站在自然界以外的人一样，——相反地，我们连同我们的肉、血和头脑都是属于自然界，存在于自然界的；我们对自然界的整个统治，是在于我们比其他一切动物强，能够认识和正确运用自然规律"。[②] 当今人类社会发展面临的最具挑战性的问题就是忽略了人类本属于自然界，无节制、无限度地向大自然索取，造成人与自然关系的不协调，以及随之产生的生态问题。南梁革命根据地在硝烟与战火弥漫之中，仍然不忘爱护人类赖以生存的自然环境，给后人留下了极其深刻的启示。

自然不仅是一种材料，作为有机的或无机的物质出现，还作为一种独立的生命体，作为一种主体/客体而出现，对生命的追求是人与自然的共同本质。驰名中外的黄河古象，就发现于原南梁革命根据地核心区域的合水板桥。早在石器时代，泾河上游地区就有人类繁衍生息的事实，这里一直具备适宜人类生活的自然环境，"泾渭分明"是对这里自然环境良好的最恰当诠释。但自春秋战国以来，先民们总是把当地自然环境视为取之不尽、用之不竭的财富与生活、生产资料源泉，向自然环境无节制地索取。虽然有些自然资源具备再生能力，但如果不遵循自然规律、不加以保护地过度索求，必然会导致自然环境的退化和自然资源的短缺，给人们的生产与生活带来更大的危害。南梁革命根据地处于黄土高原腹地，遍布黄土

<hr />

① 《马克思恩格斯文集》第 1 卷，人民出版社，2009，第 161 页。
② 《马克思恩格斯全集》第 20 卷，人民出版社，1971，第 519 页。

塬、梁、峁、沟、谷，这种地貌的存在时间已经相当长。

南梁革命者在开展武装斗争的过程中，对于人们赖以生存的自然环境也予以充分尊重和保护。1935 年 1 月，刘志丹率军从南梁奔赴陕北，走到保安与甘泉交界的白沙川时，发现前边原始森林中弥漫着一片浓烟。刘志丹骑在马上喊了一声："不好，森林着火了！"立即命令胡彦英政委组织部队灭火。他和惠子俊一抖缰绳，策马向火场奔去。红二团全体同志也紧跟着向前奔跑。这是一片十分茂密的森林，荒草齐胸，落叶很厚，加上冬天干旱，火势迅猛，烧得枯枝干叶噼啪作响。刘志丹指挥大家用大刀和刺刀砍出一条防火沟，截住火头，然后用树枝扑打火苗。200 多人经过一个多小时的扑打，终于把山火扑灭了。但战士们本来就破旧的衣裤被荆棘、枣刺挂得丝丝缕缕，战士们一个个脸上被熏得黑红，流下的汗也是一道道黑水，不少人手上、脸上还被树枝刮出伤痕。随行的刘懋功在回忆录中感慨地说："刘志丹同志在革命事业初创，戎马倥偬之时，就能注意到灭火保护森林这些事，给我留下了深刻印象。"[①]

刘志丹等人保护森林，考虑的是人民的利益、革命的利益。南梁革命斗争方式曾被指责为"梢林主义"，这说明革命者很好地利用了自然优势，增加了回旋余地。刘志丹深知森林火势的蔓延会毁灭更多的林地，影响民众的生活来源，使当地人民的生存环境更加恶劣，这实际上体现了一种生态道德责任感。生态道德责任是人类为维系自然生态平衡而担负的不可推脱的职责和使命，人类对自然资源的开发利用既要满足当代人的需求，又不能对后代人满足其需求的能力构成危害，即实现发展的可持续性，同时兼顾社会政治、经济与伦理道德要求，追求富有生命价值和意义的合理"得"到，实现"德—得"的统一。[②] 这种生态道德责任是当今时代十分需要的。

孔子说："智者乐水，仁者乐山。"这是中国人山水比德思想的滥觞，后世对此大加阐发，使山水成为仁人志士进行道德自励和精神自救的重要类

---

① 刘懋功：《梦回吹角连营》，中央文献出版社，2010，第 17 页。
② 牛庆燕：《重建生态平衡：自然生态—社会生态—精神生态》，《中国石油大学学报》（社会科学版）2010 年第 2 期。

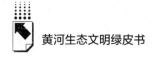

比物。孟子说："观水有术，必观其澜。日月有明，容光必照焉。流水之为物也，不盈科不行；君子之志于道也，不成章不达。"① 古人在诗文中时常映现出其亲近自然的情趣，透露出其对大自然的热爱，如温庭筠的"野船著岸偎春草，水鸟带波飞夕阳"，人与自然和谐相处的情景令人神往。在血雨腥风的革命年代，与敌人进行残酷斗争是十分必要的，但这并不能磨灭革命者的爱心和善良本性，不能埋没其对大自然的热爱。刘志丹在散文《春天的榆林》中生动地描绘了其在学生时代如何享受春风、接受大自然的启迪："那温和的春风，吹在我们的衣襟上，似乎说：'趁这良好的时光，请你们快快进步吧！'抬起头来，见那在微风中的树枝儿，摇着！摆着！现出最得意的样子，似乎说：'你们看我们在春风当中，发旺得何等迅速呀！请你们的进步，也照这样子的迅速。'凝神再看，微风摆动的树枝上的鸟儿，唱着！舞着！也似乎说：'这么好的春光，请你们赶快努力！'"② 他们积极地融入自然，接受自然万物的启迪，积极地思考人与自然的关系。刘志丹在散文《万恶的狂风》中将小水湖亲切地称作"碧绿色的小海女儿"，闲暇时间亲近自然，"我到了小海女儿的身边，见这蔚蓝色唯一的自然盖儿，反铺在小海女儿的底儿上。金盆似的太阳，也跳到水里去洗澡。许多许多的水鸟，浮在这蔚蓝色唯一的自然盖儿上，唱着自由歌儿翱翔着。许多许多的小鱼儿，忽浮忽沉，洋洋自得地做它们的泅水运动。这真是小鸟儿和小鱼儿，同场运动的一个极好的机会"。看到自然界的这般美景，"脑海中只充满了自然界中的趣味和人生的快乐"，③ 刘志丹致力于寻找人与自然和谐统一的途径，不断从自然界汲取道德养分，以蓄养德性。有一次，刘志丹的女儿玩着一只鸽子，拔了鸽子的毛，刘志丹非常生气地说："我们干革命，打反动派，但决不干残忍的事。要让小孩子从小懂得爱，没有爱心的人，和豺狼有什么区别？"④ 后来他将这只鸽子交给通讯员精心喂养，将其训练成传递消息的信鸽。

① 《孟子·尽心上》。
② 《刘志丹文集》，人民出版社，2012，第8~9页。
③ 《刘志丹文集》，人民出版社，2012，第11页。
④ 刘力贞、张光主编《纪念刘志丹》（内部资料），1998，第568页。

习近平总书记指出："自然是生命之母，人与自然是生命共同体，人类必须敬畏自然、尊重自然、顺应自然、保护自然。"① 南梁革命者关爱生存环境，不仅善待群众，还善待动、植物，有效地促进了南梁革命根据地区域自然生态的和谐发展。据《解放日报》的报道，华池、合水境内的子午岭和东岭，是"两座横贯太白的巍峨大山，山顶、山麓和山沟，都有丛丛密密的合抱古树。虎豹豺狼和野猪黄羊，还有山鹰""药材在太白，几乎是满山遍野""可爱的果树也是种类繁多：野梨、山桃、樱桃、海棠、杏、李、草莓、马茹子……每年都随着炎夏蓬密茂极地长满了山沟和壑洼"。②

三　以南梁精神增进生态道德

文明依靠环境来涵养和支撑，当涵养与支撑某一文明的环境发生变迁，人类必须通过文化的进步和更新以适应新的环境。③ 历史上的无数次惨痛教训表明，人类一旦与自然背离了亲密的交往，自然就会被逐利的人类视为工具。历史上黄土高原生态环境的恶化，除了自然本身的因素，还与人类的活动和无节制的掠夺式开发有很大的关系。生态环境脆弱，自我修复能力差，环境承载能力有限，水资源短缺，生态环境欠账较多，资源开发与环境保护的矛盾日益显现，成为南梁经济社会可持续发展的瓶颈。在这样的情况下，如果不充分估量环境的承载力，一味地追逐经济效益，必然会造成巨大的社会隐患。

习近平总书记提出，"走向生态文明新时代，建设美丽中国，是实现中华民族伟大复兴的中国梦的重要内容"。④ 其在《之江新语》中多次提到

① 中共中央宣传部编《习近平新时代中国特色社会主义思想学习纲要》，学习出版社、人民出版社，2019，第167页。
② 生铣：《今日之太白》，《解放日报》1942年1月26日。
③ 宋生贵：《反思中看待家园——人与自然环境关系的美学思考》，《徐州师范大学学报》（哲学社会科学版）2004年第2期。
④ 习近平：《为子孙后代留下天蓝、地绿、水清的生产生活环境》，《习近平谈治国理政》，外文出版社，2014，第211页。

"绿水青山"和"金山银山",阐述了经济发展和生态文明建设之间的辩证关系。在现代科技浪潮汹涌澎湃、经济建设迅猛发展的今天,面对日益受破坏的自然环境和全新的生存困境,人们开始反思对自然的态度和行为,思考从征服自然的错误道路走向与自然和谐共处的正途,有识之士发出"保护自然""回归自然"的强烈呼唤。南梁精神所体现的自然生态保护意识,在今天对人们仍然很有意义。

子午岭是陕甘地区的天然涵养林,其生态环境战略性、全局性、复杂性、脆弱性特征明显。习近平总书记指出:"我们要加强生态文明建设,牢固树立绿水青山就是金山银山的理念,形成绿色发展方式和生活方式,把我们伟大祖国建设得更加美丽,让人民生活在天更蓝、山更绿、水更清的优美环境之中。"① 深入学习贯彻习近平生态文明思想,坚持把生态环境保护作为历史责任和底线任务,紧盯重点区域、重点环节,坚决整治突出环境问题。生态文明建设是一个复杂的系统工程,不可能一蹴而就,"要坚持山水林田湖草综合治理、系统治理、源头治理,统筹推进各项工作,加强协同配合,推动黄河流域高质量发展"。② 具体来讲,"黄河生态系统是一个有机整体,要充分考虑上中下游的差异。上游要以三江源、祁连山、甘南黄河上游水源涵养区等为重点,推进实施一批重大生态保护修复和建设工程,提升水源涵养能力。中游要突出抓好水土保持和污染治理"。③ 要恢复山清水秀的自然生态,全社会就要崇尚生态文明,尊重自然,顺应和保护自然。有了山清水秀的美景,才会有经济社会发展的自然根基和助力,才能真正实现社会安居乐业、和谐发展。在经济发展中,必须遵循自然规律,促进资源循环,坚持保护优先、自然恢复为主,实施重大生态修复工程,着力优化城乡人居

---

① 汪晓东、刘毅、林小溪:《人民日报署名文章:让绿水青山造福人民泽被子孙——习近平总书记关于生态文明建设重要论述综述》,新华网,2021年6月3日,http://www.xinhuanet.com/politics/2021-06/03/c_1127523733.htm。

② 《共建人水和谐的美丽中国》,"人民网"百家号,2021年6月17日,https://baijiahao.baidu.com/s?id=1702760025798502147&wfr=spider&for=pc。

③ 习近平:《黄河流域生态保护和高质量发展的主要目标任务》,《习近平谈治国理政》第3卷,外文出版社,2020,第377页。

环境，建设优美宜居的幸福家园。

南梁革命根据地革命者以实际行动为人们树立了保护生态环境、培育生态道德的榜样，具有重要的学习和借鉴价值。习近平总书记指出，"水土保持不是简单挖几个坑种几棵树，黄土高原降雨量少，能不能种树，种什么树合适，要搞清楚再干"，"要从实际出发，宜水则水、宜山则山，宜粮则粮、宜农则农，宜工则工、宜商则商，积极探索富有地域特色的高质量发展新路子"。① 进入新时代，虽然社会经济条件已经发生了翻天覆地的变化，但艰苦奋斗的精神一点都不过时。一要把保护与发展统一起来，依托相关产业，在高质量发展中促进生态的持续改善。南梁地区的许多文化资源是不可再生和无法替代的特殊资源，其不仅包括文物或历史纪念地本身，还包括周边环境和活的文化，应当将之看作一个整体，不适当的开发和利用会造成经济学中所说的"公共物品悲剧"，造成无法挽回的损失。因此，对南梁地区的文化资源利用要协调保护与开发的关系。二要做好生态环境保护规划，尽全力争取重大项目列入国家规划，确保国家给予更大的支持。三要大力发展绿色生态产业，运用现代适用技术和品种，发展绿色、低碳、循环生态经济。四要结合遗产产业的视角和文化走廊的定位，对南梁地区的红色文化资源、历史文化遗产、生态文化景观进行多层次、多方位的研究，通过适当规划和管理，深入发掘子午岭沿线各种文化资源的原生价值和衍生价值，推动红色旅游、历史文化和生态文明的融合发展，让文化资源在旅游中被观赏和分享，在观赏和分享中被保护、诠释和延续，使之成为经济社会发展的重要助推器。

在经济社会发展新常态的要求下，要继承和发扬南梁革命根据地时期维护生态、保护家园的精神，维护、保持、修复自然生态环境，大力实施"再造一个子午岭""固沟保塬"两大生态工程建设，以生态项目建设推动自然生态的改善，全力构筑黄土高原生态安全屏障，让人民群众共享"生态红利"，分享"绿色福利"，为子孙后代留下可持续发展的"绿色银行"。

---

① 习近平：《黄河流域生态保护和高质量发展的主要目标任务》，《习近平谈治国理政》第3卷，外文出版社，2020，第377~379页。

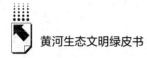
把生态文明的理念融入城乡发展的规划中，下大力气抓好污染防治、生态治理、生态环境保护建设工作，推进生态人居、生态环境、生态经济和生态文化建设，创建天蓝、地绿、水净、宜居、宜业、宜游的美丽乡村，形成绿色生产方式、生活方式和消费方式，使绿色成为中国发展的底色。

习近平总书记特别强调，必须树立和践行绿水青山就是金山银山的理念，坚持节约资源和保护环境的基本国策，像对待生命一样对待生态环境，统筹山水林田湖草系统治理，实行最严格的环境保护制度，形成绿色发展方式和绿色生活方式，坚持走生产发展、生活富裕、生态良好的文明发展道路，建设美丽中国，为人民创造良好生产生活环境，为全球生态安全做出贡献。① 南梁精神所蕴含的责任担当意识，是历史留下的一笔宝贵精神财富，既是凝聚人心的精神纽带，又直接关系民生福祉。把生态环境保护好、把历史文化传承好、把红色血脉赓续好，是南梁革命根据地对国家和民族最大的贡献。这就要求坚持生态优先、绿色发展，实施好黄河流域生态保护战略，推动重点部位生态修复，持续打好蓝天、碧水、净土三大保卫战，推动区域生态环境质量持续好转、生态文明建设水平稳步上升。

---

① 汪晓东、刘毅、林小溪：《人民日报署名文章：让绿水青山造福人民泽被子孙——习近平总书记关于生态文明建设重要论述综述》，新华网，2021 年 6 月 3 日，http://www.xinhuanet.com/politics/2021-06/03/c_ 1127523733.htm。

G.6
黄河流域水文化发展报告

张连伟*

摘 要： 水文化历史悠久，具有不同的类型和功能。黄河流域的水文化是黄河文化的重要组成部分，也是中国水文化的重要内容，包括物质形态、制度形态和精神形态等不同的类型。积极推进黄河流域水文化的保护与发展，是黄河流域生态保护和高质量发展的重要文化支撑。推动黄河流域水文化建设，要讲好黄河流域水文化故事，发展水文化产业，提升水利工程的文化内涵，加强水文化遗产的保护和利用，推进水文化的研究和普及。

关键词： 黄河流域 水文化 水利工程 文化遗产

一 水文化研究进展

20世纪80年代以来，学界提出"水文化"概念并展开相关研究。经过30余年的努力，水文化研究取得了丰硕成果，在弘扬和传承中华优秀水文化，建构水文化理论体系，普及水文化知识，保护水文化遗产，加强水文化建设等方面，发挥了重要作用。

（一）水文化的概念与类型

水文化是人类文化的一种特殊类型，是以水为载体或者与水相关的文

---

* 张连伟，博士，北京林业大学马克思主义学院教授，研究方向为环境史、林业史。

化。从广义上来讲，水文化是人们在社会实践中，以水为载体创造的物质财富和精神财富的总和；从狭义上来讲，水文化是与水有关的各种社会意识及其表现形式，如思想意识、价值观念、道德规范、民风习俗、科学理念、文学艺术、行业精神、行为准则、政策法规等。学界一般将水文化划分为物质形态、制度形态和精神形态三种类型。物质形态的水文化是表层的水文化，主要包括被改造的河流湖泊、水景观、水利工程、水工技术、治水工具等；制度形态的水文化是中层的水文化，主要包括国家和各级政府设置的治水、管水的机构，制定的法律、方针和政策，以及民间的乡规民约等；精神形态的水文化是深层的水文化，主要包括与水有关的思想意识、伦理道德、价值理念、科学技术、文学艺术、风俗信仰等。

（二）水文化研究成果的出版和传播

首先，水利行业的报刊开辟了水文化专栏或专刊，创办了水文化网站，发表了大量研究成果。以"水文化"为主题，在中国知网（CNKI）检索，发现 1989~2020 年中国知网共收录相关中文文献 5227 篇，数量从每年数篇到数百篇，呈现递增的趋势。其次，编辑出版了一批有关水文化研究的著作，如《水文化初探》（李宗新，1994）、《水文化》（张耀南、吴铭能，1995）、《水文化》（郑国铨，1998）、《中华文化与水》（靳怀堾，2005）、《中华水文化概论》［中国水利文学艺术协会（以下简称"中国水利文协"），2008］、《中华水文化通论》（靳怀堾，2015）、《水文化与水历史探索》（郑晓云，2015）等。此外，2007 年，黄河水利委员会组织学者出版了"河流伦理丛书"；2009 年，河海大学组织编写"水文化教育丛书"共 10 册；2014 年，中国水利水电出版社组织出版"中华水文化"书系。

（三）水文化机构的组织与建设

中国水利文协是从事水文化研究和推广的重要社会团体，前身是中国水利电力文学艺术协会，成立于 1983 年。1995 年 12 月 17 日，中国水利文协在江苏徐州召开了中国水利文协水文化研究会成立大会。在中国水利文协的指导下，该水文化研究会先后召开了 5 次全国水文化研讨会，促进了地方水文化研究会的成立，初步形成了一支分散在全国各地的水文化研究队伍。[①]在水利部门领导下，中国水利学会、中国水利教育学会、水利部精神文明建设指导委员会办公室等机构，在推动水文化研究方面也发挥了重要作用，如举办首届中国水文化论坛、组织起草《水文化建设规划纲要（2011—2020年）》等。2013 年，水利部在原中国水利文协中华水文化专家委员会的基础上，正式成立中华水文化专家委员会。一些水利行业科研机构和高校也建有水文化研究机构，如中国水利水电科学研究院水利研究所，其是我国最早专门从事水利历史和文化研究的机构；2010 年，河海大学和华北水利水电大学分别成立了水文化研究所、水文化研究中心。

（四）水文化遗产的发掘与保护

水文化遗产是历史上人们在进行水事活动过程中所遗留下来的各类遗存，包括水利工程、水利建筑、水景观、水工具、碑刻、典籍、档案等物质形态的水文化遗产，以及神话传说、乡规民约、工艺技术、节庆习俗、文艺表演等非物质形态的水文化遗产。

1. 水文化遗产的调查与评定

2000 年，都江堰水利工程被联合国教科文组织列入世界文化遗产名录，其后，京杭大运河、灵渠、白鹤梁古水文题刻等陆续被列入世界文化遗产名录，水文化遗产受到越来越多的关注。从 2010 年 1 月到 2011 年 6 月，水利部门对我国古代的水利工程遗产进行了普查，最终确认在用古代水利工程与水利遗产 584 处。[②] 2014 年，国际灌溉排水委员会决定，每年进行世界灌溉工程遗产评定，截至 2020 年，我国共有 23 处水利工程遗产入选世界灌溉工程遗产名

---

① 时德青、孔玲：《水文化研究 20 年：历程、成就和展望》，《第六届中国水论坛论文集》，2018，第 976~977 页。

② 王英华等：《在用古代水利工程与水利遗产保护与利用调研分析》，《中国水利》2012 年第21 期。

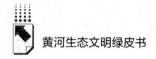

录。2015年，水利部又开展水文化遗产调查行动，调查成果56582处。[1]

2. 水利文献典籍的整理与出版

中国古代在治水过程中形成了大量的文献典籍和档案资料，其不仅是珍贵的水文化遗产，也是宝贵的精神财富。中国水利水电科学研究院水利研究所在水利文献典籍和档案资料的整理过程中发挥了重要作用，如编纂《再续行水金鉴》、整理清宫洪涝旱档案资料、校注水利古籍等。[2] 另外，在国家出版基金的资助下，中国水利水电出版社先后出版了《中国河湖大典》《中国水利史典》，其汇集了中国境内河湖水系的信息和中国历代重要的水利文献典籍。

3. 水文化博物馆的建设与开放

博物馆是保存和传播文化遗产的重要机构。随着我国博物馆事业的发展，出现了众多的水文化博物馆，其在保护水文化遗产、进行水文化教育方面发挥着越来越重要的作用。据统计，全国已经有150余家水文化博物馆开放。[3] 2017年11月，中国水利博物馆、长江文明馆、黄河博物馆等水利博物馆的馆长、专家发起成立了全国水利博物馆联盟，讨论通过了《全国水利博物馆联盟章程》，共同发表《全国水利博物馆联盟杭州宣言》。

二 黄河流域水文化的类型与功能

黄河流域的水文化是黄河文化的血脉和灵魂，是黄河文化最生动直接的体现。从广义上讲，黄河流域的水文化就是黄河文化，是黄河流域的人民在依靠黄河、利用黄河、治理黄河、保护黄河、欣赏黄河、亲近黄河过程中创造的物质财富和精神财富的总和；从狭义上讲，黄河流域水文化则是黄河流域以水为载体的各种社会意识及其表现形式，如思想意识、价值观念、道德规范、民风习俗、科学理念、文学艺术、行业精神、行为准则、政策法规等。

① 邓俊：《水利遗产研究》，博士学位论文，中国水利水电科学研究院，2017，第4页。
② 谭徐明、张伟兵：《我国水利史研究工作回顾》，《中国水利》2008年第21期。
③ 刘柳：《如何做好水文化类博物馆产品的资源共享》，《经济研究导刊》2019年第18期。

（一）物质形态的水文化

黄河流域物质形态的水文化是指人们在治理和利用黄河的过程中所创造的物质财富的总和，包括水景观、水环境、水工程、水工具等，它们不仅是有形的、可见的物质实体，也是人们思想观念和实践活动的物化形态。

1.水景观和水环境

水景观是指作为人们审美观赏对象的水体；水环境则是指自然界中水的形成、分布和转化所处的空间环境，是指地面的水体在自然和社会生活中的状况和作用。黄河流域众多的山脉、多样的地形地貌与滔滔的黄河水，形成了丰富的水景观和水环境，如三江源、九曲黄河湾、峡谷湿地、地上悬河、壶口瀑布、黄河口湿地等。这些水景观和水环境，不仅是黄河流域生态系统的重要组成部分，也被赋予了丰厚的人文意蕴。2020年4月，习近平总书记在陕西秦岭考察时指出，秦岭和合南北、泽被天下，是我国的中央水塔，是中华民族的祖脉和中华文化的重要象征。[①]

2.水工程和水工具

水工程即水利工程，是人们在兴水利、除水害的过程中创造出的物质实体，它既是一定经济、政治和社会发展的产物，又凝聚了组织者和参与者的知识、观念、思想和智慧。历史上，黄河流域丰沛的水资源是人们进行生产生活的重要基础，但也容易造成频繁的水灾，人们在驯服黄河、兴利除害的过程中建造了大量的水利工程，如郑国渠、黄河大堤等，这些水利工程是物质形态的水文化的典型。水工具主要是指在治水、管水、用水过程中使用的物质性工具，可以分为汲水工具、治水工具、渡水工具、水力工具、镇水工具等。黄河流域使用的水工具，除了通用性的水工具外，还有许多带有鲜明地域特色的水工具，如羊皮筏子、兰州水车等。此外，黄河两岸还分布着众多的历史文化遗迹，如御坝碑、林公堤、仓颉墓、铜瓦厢决口改道处、花园

---

① 《习近平在陕西考察》，《人民日报》（海外版）2020年4月24日。

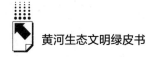

口扒堵口处、刘邓大军渡河处、小顶山毛泽东视察黄河纪念地、将军坝等，还有著名的嘉应观等古代水利官署建筑。①

（二）制度形态的水文化

黄河治理是中国传统政治的重要内容，历代统治者在黄河治理上花费了巨大的人力和物力，制定了大量相关的制度法令，形成了制度形态的水文化。它不仅是黄河水文化的重要内容，也是中国传统制度文化的重要组成部分。春秋时期，齐桓公假借周天子名义发布"毋曲堤""毋曲防""毋壅利"等禁令。秦始皇统一六国后，为统筹安排黄河堤防的修筑创造了条件，第一次全面修整黄河大堤。西汉时期，各濒河郡国设置了专门巡视河堤的官员，负责河堤的修护。东汉的王景治理黄河，创造了黄河八百年安流的历史奇迹。唐宋以后，黄河水患再次严重，后晋统治者曾在黄河设置堤长，宋代则令下游的诸州知州兼任本州河堤使，诸州通判兼任本州河堤判官。与此同时，岁修制度在宋代也完善起来，护堤工程和技术也被改进。金人统治时期，颁布了《河防令》，这是中国历史上第一部系统的防洪法令。到了元朝时期又有《河防通议》《营缮》等与防洪有关的法令，并设立河道提举司专门负责黄河治理。明朝时期，总结前人经验，制定"四防二守"的防洪制度，并设置了总河官员。清朝时期，为了治理黄河，不仅制定了详细的水利管理条文，而且完善了黄河的管理制度，初设河道总督，综理黄、运两河事务，后来其又被一分为二，南河总督管辖苏、皖两省河道，东河总督管理豫、鲁两省河道，总督之下又有道、厅、汛、河兵等系统完善的管理机制。②

（三）精神形态的水文化

黄河流域精神形态的水文化是中华民族在治理黄河的过程中所形成的科学技术、文学艺术、价值理念和风俗信仰等。

---

① 靳怀堾主编《中华水文化通论》，中国水利水电出版社，2015，第72~73页。
② 辛德勇：《黄河史话》，社会科学文献出版社，2011，第128~136页。

1. 科学技术

历史上有关黄河治理的科学技术，一是凝结在黄河水利工程建设中，二是保存在文献典籍中。就水利工程而言，战国末年，韩国水工郑国修建的郑国渠，科学地设计并利用含泥沙量较大的水灌溉农田，淤地造田，改良盐碱地，使灌区连年丰收；黄河大堤则是古代堤防营造技术的具体体现，早在战国时期，黄河沿岸就修筑了比较完整的防洪大堤，形成完整梯形断面堤防以及堤防绿化护堤技术。① 中国古代治理黄河的科学技术流传到今天，更多地被保存在水利文献典籍中。据《中国水利百科全书》的统计，中国现存的水利古籍在 300 种以上，其中黄河史籍约占半数。②

2. 文学艺术

水是文学艺术创作的重要题材。在黄河流域水文化发展的历史长河中，人们以黄河为题材创造了大量的神话传说、诗词歌赋、音乐戏曲、绘画摄影、电影电视等文学艺术作品。在中国文学史上，古人留下了大量咏叹黄河的诗词歌赋。这些诗词歌赋从风物景观、地理位置、边防意义、历史文化等各方面对黄河进行涵泳。③ 在黄河流域的音乐文化中，流传于黄河上游地区的"花儿"，流传于黄河中游地区的秦腔、安塞腰鼓、陕北信天游，流传于黄河下游地区的豫剧、曲剧、河南坠子、河洛大鼓、越调、大平调等，都是中国古代音乐文化的宝贵财富。④ 在绘画、雕塑等艺术形式上，西安半坡的人面鱼纹彩陶盆、阴山岩画、秦始皇陵兵马俑、麦积山石窟、龙门石窟、顾恺之《洛神赋图》反映了黄河流域人们的生产生活和艺术创作。在当代的影视艺术中，黄河也是重要的创作题材，如《黄河绝恋》《黄土地》《大河儿女》《黄河浪》《青城缘》等影视剧，以及《黄河》《拯救黄河》等电视纪录片。

---

① 李宗新主编《水文化初探》，黄河水利出版社，1995，第 39~40 页。
② 朱晓光：《水利古籍数字化与弘扬水文化》，《第十届中国科协年会文化强省战略与科技支撑论坛文集》，2008，第 165~167 页。
③ 马芳：《在诗歌中奔涌的黄河——"古典新读——山川篇"之二》，《博览群书》2020 年第 4 期。
④ 李冰：《谈黄河流域音乐文化的保护》，《歌海》2012 年第 3 期。

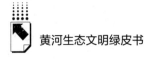
3. 价值理念

黄河流域是中华民族的发祥地，是中华文明的摇篮，黄河被誉为中华民族的"母亲河"，成为民族精神的象征。因此，黄河不仅是一条自然的河流，更是一条文化的河流。从古老的文献经典《诗经》《尚书》《周易》《春秋》《礼记》等五经的形成，到春秋战国时期儒家、道家、法家、墨家、阴阳家等百家的争鸣，都发生在黄河流域，它们塑造了兼容并包的中国思想文化传统。在现代中国，毛泽东把中国共产党人在抗日战争和民族解放中的地位比作黄河的"中流砥柱"，① 黄河流域也成为中国共产党人的精神家园，凝聚成了延安精神、太行精神、沂蒙精神等。新中国成立以后，中国人民发扬艰苦奋斗的精神，依靠现代水利科学技术，兴利除害，保持了黄河安澜，先后提出了人民黄河、健康黄河、幸福黄河等治河理念。

4. 风俗信仰

黄河流域的地理气候和水资源特点影响着人们的各个方面。在居住方式上，考古发现，仰韶时期的原始聚落，大都分布在河流两岸的黄土台地上，特别是河流转弯或两河交汇的地方。② 在生产生活上，黄河号子是黄河流域水文化的重要组成部分，包括抢险号子、夯硪号子、船工号子等不同类别，是推动船只运输、抗洪抢险施工的力量。在饮食上，黄河流域的人民主要种植"五谷"，以麻、黍、麦、稷、菽等为主要粮食作物，形成了以粥食和面食为主的饮食习惯，如兰州的拉面、陕西的臊子面、山西的刀削面、河南的烩面，都反映着黄河流域的水文化。在节庆习俗上，黄河流域四季分明，春种、夏作、秋收、冬藏，形成了黄河九曲灯会、花儿会、油糕会等节庆活动。③ 在宗教信仰上，古代黄河水灾频发，人们为了祈求黄河安流、生活幸福，对黄河进行祭祀，形成了对河神、龙神等神灵以及著名治河人物的崇拜和信仰。

---

① 《毛泽东选集》第 3 卷，人民出版社，1991，第 805 页。
② 靳怀堾主编《中华水文化通论》，中国水利水电出版社，2015，第 63 页。
③ 牛建强、张逸尘：《大河民风：黄河流域的民俗风情》，《黄河报》2017 年 11 月 14 日。

三 黄河流域水文化的保护与发展

新中国成立70余年来，中国共产党领导人民不断推进治黄事业，从人民黄河、健康黄河到幸福黄河，人水和谐的理念不断深入人心，涌现了大批模范人物，真正实现了"黄河宁，天下平"。在黄河水利委员会、地方政府、学界和媒体的推动下，黄河流域水文化在保护和传承中不断创新和发展。

（一）文化出版与传播

1. 报刊宣传

新中国成立初期，为交流治黄经验，推动治黄工作，加强黄河流域水文化的宣传报道，黄河水利委员会先后创办和发行了《新黄河》（1956年更名为《黄河建设》，1979年复刊并改名为《人民黄河》）、《黄河工人》（1957年停刊，共出70期）等杂志。1984年，黄河水利委员会创办《黄河报》；1993年，又创办《黄河·黄土·黄种人》。1990年至今，黄河水利委员会每年编辑出版《黄河年鉴》，该书是全面、系统地反映黄河治理和开发、黄河流域社会经济发展信息的资料性工具书。在黄河的宣传报道方面，1986年1月1日，大型连续广播文艺节目《黄河》在黄河流域9省区广播电视台同时播出；1991年6月，水利部与黄河水利委员会共同组织10家新闻单位组成新闻记者考察团，对黄河中上游水土流失严重地区进行考察，宣传推动水土保持工作；1997年6月，中德《黄河》联合采访组沿黄河进行了采访，向国内外介绍中国人民治理黄河50年取得的成就；2010年7月，全国生态文明记者行组委会组织开展"黄河行"活动；2019年9月2日，中央网信办发起"壮美黄河行"网络主题活动。

2. 图书出版

新中国成立后，在黄河水利委员会和学界的推动下，大量与黄河流域水文化相关的图书和文献资料出版。首先，关于黄河流域水文化的专题研究，主要有侯仁之主编的《黄河文化》、李学勤和徐吉军主编的《黄河文化史》，

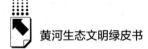

还有许平、鲁枢元、陈先德等主编的"黄河文化丛书"以及李玉洁主编的"黄河文明的历史变迁丛书"、山东黄河河务局组织编写的"山东黄河文化丛书"等。其次，黄河史志编纂，主要有《黄河变迁史》《黄河水利史述要》《黄河志》《中国河湖大典·黄河卷》等。最后，其他类型图书，主要有《维持黄河健康生命》《黄河与河流文明的历史观察》，以及黄河水利委员会编辑的大型画册《黄河》、大型摄影集《黄河》等。

3. 影视艺术

首先，有关黄河的科教片和纪录片，主要有《黄河万里行》（1974）、《黄河在前进》（1976）、30集大型电视系列片《黄河》（1988）、《金黄河》（1994）等。其次，在绘画艺术方面，有周中孚国画长卷《黄河万里图》以及中国美术协会主席刘大为担任总设计、总顾问的《黄河万里图》等。此外，近些年，国内还上映了许多以黄河流域水文化为背景或题材的影视剧，如《黄河绝恋》《黄土地》《大河儿女》《大河颂》《黄河浪》等。

（二）研究机构与组织

黄河水利委员会是组织和领导黄河流域水文化建设的重要机构。1946年，解放区晋冀鲁豫边区政府成立冀鲁豫黄河故道管理委员会，统筹黄河下游的水利工作，开展反蒋治黄斗争。1950年，黄河水利委员会改为流域性机构，统筹管理黄河流域的水利事业。1985年1月，黄河文学艺术协会在郑州成立。1993年2月，黄河研究会成立，主要开展有关黄河的理论研究、学术交流、咨询服务和国际学术交流与合作。2009~2010年，黄河水利委员会先后组织成立了黄河水利作家协会、黄河摄影家协会等群众性文体活动团体。2010年10月，黄河水利委员会在河南省洛阳市主办首届黄河水文化论坛，并组织成立了黄河水文化研究会。近些年，黄河流域的地方政府和水利部门也积极组织建立了有关黄河流域水文化的研究机构。2010年，山东黄河河务局与山东大学建立战略合作关系，共建山东大学黄河文化研究中心；2011年，山东黄河河务局又组织成立了山东黄河文化研究院并召开黄河文化与黄河精神研讨会。

（三）文化遗产与博物馆

黄河是中华民族宝贵的自然与文化遗产。中华民族在治理黄河的过程中，创造了辉煌灿烂的水文化，留下了弥足珍贵的水文化遗产。这些水文化遗产承载着中华民族治理黄河的悠久历史，凝聚着中华民族辉煌的成就，镌刻着中华民族的伟大精神，是文化传承的重要载体，也是中华民族的文化瑰宝。

1. 水文化遗产

黄河流域的水文化遗产历史悠久、类型众多、形式多样、数量巨大。早在 1995 年至 1996 年 12 月，黄河博物馆、黄河档案馆和黄河志总编辑室等就组成黄河故道水利文物考察组，对黄河下游重点区域黄河故道的故堤和决口遗迹、与治河治漕有关的其他工程遗迹、古建筑群、治河碑刻以及出土的水利文物等进行了考察。根据 2007~2011 年进行的第三次全国文物普查结果，黄河流域共有不可移动文物约 12.4 万处，占全国不可移动文物总数的 16.2%，区域不可移动文物密度约为全国平均密度的 1.9 倍，国保单位分布密度约为全国平均密度的 2.6 倍。[①] 截至 2020 年，黄河流域的不可移动文物已经有 4 处被列入世界灌溉工程遗产名录，分别是陕西泾阳郑国渠、陕西渭南龙首渠引洛古灌区、宁夏引黄古灌区、内蒙古河套灌区。在国家公布的非物质文化遗产名录中，黄河流域有兰州黄河大水车制作技艺、元宵节（九曲黄河阵灯俗）、江河号子（黄河号子）、灯会（河曲河灯会）、中和节（永济背冰）等 5 项非物质文化遗产。

2. 水文化博物馆

黄河博物馆是黄河流域最早建立的专题性、行业性博物馆，由治黄陈列馆、黄河展览馆演变而来，1987 年改为黄河博物馆。近些年，黄河流域的许多地区兴起了建设黄河流域水文化博物馆的热潮，已建成的博物馆主要有山东黄河三角洲国家级自然保护区湿地博物馆、江苏宿迁古黄河诗词书法艺术馆、宁夏水利博物馆、黄河水利文化博物馆、国家方志馆黄河分馆、山西

---

① 万金红：《保护黄河水利遗产　讲好"黄河故事"》，《中国水利》2020 年第 6 期。

运城黄河文化博物馆、内蒙古巴彦淖尔市黄河三盛公水文化博物馆、甘肃兰州黄河桥梁博物馆等。筹建中的博物馆有黄河国家博物馆、长垣黄河文化博物馆、济南黄河文化展览馆等。2019 年 12 月 23 日，在郑州举行的黄河流域博物馆联盟成立暨黄河文化保护传承弘扬研讨会上，黄河流域的 9 家省级博物馆联合黄河流域 9 省区 45 家各级、各类博物馆，通过了《黄河流域博物馆联盟倡议书》，成立黄河流域博物馆联盟，旨在推进黄河流域水文化遗产的保护与研究，挖掘黄河流域水文化蕴涵的时代价值。

四　黄河流域水文化的分析与展望

黄河流域水文化是当代黄河治理与保护的文化支撑，积极推进黄河流域水文化的保护与发展，是黄河流域生态保护和高质量发展的重要内容。应不断总结黄河流域水文化建设的经验，认真分析黄河流域水文化发展中存在的问题，展望黄河流域水文化的未来。

（一）讲好黄河流域水文化故事

黄河流域水文化的丰富内容，是讲好黄河流域水文化故事的基础。具体而言，首先，要讲好黄河流域水文化的历史故事，延续历史文脉，坚定文化自信；其次，要讲好黄河流域水文化的时代故事，融入时代内容，弘扬黄河精神；最后，要讲好黄河流域水文化的生态故事，普及人水和谐理念，构筑幸福黄河。创新传播和宣传的方式、手段是讲好黄河流域水文化故事的重要途径。这需要加强传统媒体与新媒体的融合，完善相关的制度机制，把宏大叙事的"大写"和小视角、小切口、小故事的"小写"结合起来，把严肃文学艺术的"雅写"和流行影视、音乐、动漫、游戏的"俗写"结合起来。[1]

（二）发展黄河流域水文化产业

积极发展黄河流域水文化产业是实现黄河流域生态保护和高质量发展的

---

[1]　许敏球：《今天，我们怎样讲好中国故事?》，《视听界》2020 年第 4 期。

重要路径。首先，推动黄河流域的生态产业化。对于黄河流域的自然生态景观和各类自然保护区，通过对生态旅游、科考旅游、文化旅游、探险旅游等多种旅游产品和线路的开发，实现当地自然生态价值的最大化，从而为黄河流域生态功能区的经济发展提供新的动能。其次，加快黄河流域水文化建设与资本、科技的融合发展，吸纳社会资本，鼓励开发适应市场需求、拥有自主知识产权的黄河流域文化产品，努力把黄河流域水文化资源优势转化为黄河流域水文化产业优势，打造黄河流域水文化与生态旅游品牌，逐步实现黄河流域水文化产业的发展和繁荣。

（三）提升黄河流域水利工程的文化内涵

提升黄河流域水利工程的文化内涵和文化品位，可以从以下三方面着手。首先，要把黄河流域水文化元素融入水利规划和工程建设中，努力实现"河流两岸生态化，节点景观化；水库坝体艺术化，环境自然化；闸站主体雕塑化，环境景观化；枢纽工程形象化，环境景区化；湖泊工程环湖湿地化，近湖秀美化"。[1] 其次，要加大对现有水利工程建筑的时代背景、人文历史以及地方民族风俗的挖掘与整理力度，增加文化配套设施建设投入，丰富现有水利工程的文化环境，提高其艺术美感。最后，要用现代景观水利的理念和现代公共艺术、环境艺术的设计思路与手段去建设和改造水利工程，实现水利与园林、治水与生态、亲水与安全的有机结合。[2]

（四）加强黄河流域水文化遗产的保护和利用

首先，全面开展黄河流域水文化遗产的调查与评估，摸清黄河流域水文化遗产的家底，制定相关的标准和名录，建立权威、动态的黄河流域水文化遗产数据库或数据资料管理平台，根据类型、价值和分布情况等，分析总结水文化遗产的现状和存在的问题，提出分区、分类、分级保护和利用的对

---

[1] 靳怀堉主编《中华水文化通论》，中国水利水电出版社，2015，第202页。

[2] 陈雷：《大力加强水文化建设 为水利事业发展提供先进文化支撑——在首届中国水文化论坛上的讲话》，《河南水利与南水北调》2009年第12期。

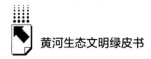

策，编制并实施相应的保护和利用规划。其次，以黄河流域申报世界自然文化遗产为统领，推进黄河流域水文化遗产的系统性保护，推动国家层面建立协调机制，加强对全流域文化保护和传承的统筹、规划和协调，增加资金投入，进行物质形态水文化遗产的保护性修复、非物质形态水文化遗产的传承和推广，支持对水文化遗产的基础性研究和适度利用，打造沿黄历史文化遗产保护区和文化保护带。① 最后，充分发挥黄河流域水文化博物馆的功能，通过原址展示、陈列展览、实物复原、虚拟现实技术复原、科普著作和数字影视作品发行等技术手段，集中展示黄河流域历史演变、自然景观以及治河人物、技术、理念、手段、工具等，向社会公众宣传黄河流域水文化。

（五）推进黄河流域水文化的研究和普及

首先，科学阐释黄河流域水文化的内涵，加强对黄河流域水文化资料的收集、整理和研究，建立黄河流域水文化资料库，发挥其在传承黄河流域水文化方面的功能。其次，设立黄河流域水文化研究课题，建立健全有利于理论创新的课题规划、成果评价、应用机制，促进黄河流域水文化的理论研究不断取得新的成果。再次，聚集学术力量，搭建黄河流域水文化研究平台，发挥与黄河流域水文化研究有关的科研院所和高等学校的资源优势，建立黄河流域水文化研究智库，推动学术研讨和交流。最后，推进黄河流域水文化大众化，普及黄河流域水文化知识，增强全社会的水患意识、节水意识、水资源保护意识，以及维护河流健康生命的意识。

---

① 江凌：《推动黄河文化在新时代发扬光大》，《学习时报》2020 年 1 月 3 日。

黄河流域森林文化发展报告

吴守蓉 苏 静 欧阳宇桢*

摘 要： 黄河流域森林文化历史悠久。习近平总书记强调保护传承弘扬
黄河文化，黄河流域森林文化迎来发展的大好时机。黄河流域
森林文化具有森林物质文化、森林制度文化和森林精神文化三
个类型。要保护好各类型森林文化，发挥森林文化功能和作
用，讲好黄河流域森林文化故事，让森林文化成为黄河流域一
张亮丽的文化名片。为此，要加强森林文化保护利用、实现森
林文化现代性转型、推动森林文化立体化传播、培育壮大森林
文化产业，让黄河流域森林文化在新时代发展浪潮中"立"
起来。

关键词： 黄河流域 森林文化 文化产业

一 森林文化概述

森林是人类的摇篮。从原始社会人类在丛林中狩猎采集谋求生存，
到农耕文明的兴起，再到当代高度发达的工业文明，人类都离不开森林
的惠泽。森林文化伴随着人类认识森林、利用森林生产生活的长期过程
而形成。

---

* 吴守蓉，博士，北京林业大学马克思主义学院教授，博士生导师，研究方向为生态文明、森
林文化；苏静，博士，北京林业大学马克思主义学院讲师，研究方向为生态伦理、思想政治
教育；欧阳宇桢，北京林业大学马克思主义学院硕士研究生，研究方向为生态文明。

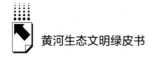

20 世纪 90 年代末，我国森林文化研究开始盛行，涌现了一批以林学、人文社会科学为代表的学者，他们致力于森林文化研究，取得了丰硕的成果，如《森林文化学简论》（苏祖荣、苏孝同著）、《森林与文化》（苏祖荣、苏孝同主编）、《中国森林思想史》（樊宝敏等编著）、《中国林业史》（李莉主编）、《中国林业与生态史研究》（尹伟伦、严耕主编）、《森林文化与林区民俗》（张德成、殷继艳主编）等著作，还有大量的论文成果。国内学者郑小贤最先使用森林文化这一概念，[①] 众多学者对森林文化内涵进行了阐释。森林文化概念可以概括为，人们在长期与大自然接触的过程中，因生产活动和生活方式同森林密切相关、紧密融合而形成的文化，其蕴含着人们依赖森林、认识森林、利用森林所做的努力、创造的智慧，并凝集为丰富的物质和精神成果，充分体现了人们对森林的敬畏、尊重和热爱之情。

森林文化内容丰富多彩。森林文化以森林为载体，树种文化是其基本构成。[②] 比较常见的树种文化有松、柏、竹、桑、桐、杨、柳、茶、梅、桃、漆等文化。森林是一个有机的生态系统，孕育着丰富的生物多样性，从这个意义上讲，鸟兽禽虫动物文化、花叶草灌植物文化都是森林文化的延伸。当今，我国大力建设生态文明，十分重视森林培育和生态环境保护，实施天然林等生态保护工程，发展森林文化产业，人与森林的关系得到了改善。森林文化的研究范围已经从早期对树种文化等传统文化的研究传承扩展至对更多元化的新型森林文化产业发展的研究。森林博物馆、森林体验、森林公园、森林康养、森林城市、非物质森林文化形态等多种表现形式日益普遍，森林文化内涵也在不断扩展。

森林文化种类繁多，从文化表现的形态与发挥的功能，一般可以分为森林物质文化、森林制度文化和森林精神文化三个类型。第一，森林物质文化是指人类将森林作为可再生资源，进行营造、采伐、加工利用等生产活动，

---

① 郑小贤、刘东兰：《森林文化论》，《林业资源管理》1999 年第 5 期。
② 苏祖荣、苏孝同：《森林文化学简论》，学林出版社，2004。

使用的器具、生产的物质产品（如木材、林产品等），以及生产方式和生产手段等，[①]为人类提供衣食住行支撑，如木质家具、房屋建造、生产工具、林产品制造等物质成果。森林物质文化是森林文化的基础。第二，森林制度文化是指人类在进行与森林相关的生产实践活动中形成的各种行为规范、规则及组织等。森林制度文化首先是以森林物质文化为基础的，并对人们利用森林进行的生产活动和行为进行了规范，提供了准则，因此具有强制性的特点，包括森林经营、采伐、管理制度，管理组织机构，保护政策等丰富的内容。第三，森林精神文化指人类在进行与森林相关的生产活动中形成的森林价值观、森林审美、森林意识、森林伦理道德以及与森林相关的信仰等深层次的精神内容。与森林相关联的汉字起源、思想理念、文学艺术、科学技术成就及其影响等精神成果，是森林文化的最高层次，使得森林文化丰富多彩，富有魅力。

二　黄河流域森林文化的类型与功能

黄河流域茂密的森林为中华民族的祖先提供了栖息地，孕育了丰富的森林文化。黄河流域森林文化古老而独特，种类繁多，依照其表现的形态与发挥的功能，可以从三个层次挖掘其无穷的魅力。

（一）森林物质文化

黄河流域森林物质文化是指人们在黄河流域的森林里生产生活以及所创造的物质产品，是"可感知"的。[②]古人以黄河流域为依托，走出森林，定居平原或坡地，其生活中不可缺少的物资仍然取自森林木材，烧煮食物、取暖御寒、修建房屋、制造生活用品和生产工具等都离不开木材，离不开森林。

---

① 吴守蓉、宫林茂幸：《人类与森林共生：中日两国森林文化和森林环境教育之思考》，中国林业出版社，2015，第114页。

② 张岱年、方克立主编《中国文化概论》，北京师范大学出版社，1994，第5~7页。

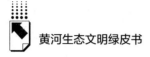
1. 生产生活器具

人与动物的区别就是人能够制造和使用工具。人类最早制造和使用的工具是木棒和石器。木材易腐烂不易保留,木制器具常被忽视。有学者认为"人类原始社会有个木器时代",[①] 原始社会的人们已经会利用木材,正如神话传颂的燧人氏"钻木取火"、有巢氏"构木为巢"以及神农氏"斫木为耜,揉木为耒"。《礼记·礼运》记载:"昔者先王未有宫室,冬则居营窟,夏则居橧巢。未有火化,食草木之实、鸟兽之肉,饮其血,茹其毛。未有麻丝,衣其羽皮。"古代黄河流域的森林为人类提供了衣食住行所需之物。据考古研究,在距今 6000 年前的西安半坡遗址中就已用木材建筑房屋,[②] 在山东泰安大汶口文化遗址中,还发掘了用原木叠垒而成的棺椁。当代精美的丝绸最早起源于黄河流域种桑养蚕,[③] 古代人衣着布料主要是麻和丝,堪称黄河流域森林物质文化的典范。还有从古至今人们熟知且常用的筷子、凳子、木屐等都是以木材为原材料加工而成。为更好地利用森林,伐木工具也随着时代发展而进步。从旧石器时代的砍砸器、刮削器以及新石器时代的石斧、石锛、石楔等,到秦汉时期的斧、锛、锯、锉等伐木铁器,森林采伐技术和工具水平有了大幅提高。

2. 古树名木

古树名木素有"活化石""绿色文物"的美誉,是老祖宗留下的森林物质文化遗产。古树历经沧桑巨变,名木阅尽世间风云,如今仍枝繁叶茂、生机盎然。在承载中华五千年文明的黄河流域,举世闻名的古树名木数不胜数,具有极高的历史文化价值。古树名木是黄河流域悠久历史的文化象征,如陕西轩辕黄帝手植柏、仓颉手植柏,甘肃天水南郭寺的春秋柏,山西洪洞的大槐树,山东孔庙的古柏等。古树名木也是黄河流域特有的文化资源,如汉武帝挂甲柏、诸葛亮"护墓双桂"、蓝田辋川王维手植银杏树,以及嵩阳书院"华夏第一柏"、石林桧柏、太原蟠龙松、泰山五大夫松等。古树名木

---

① 张鸿奎:《人类原始社会有个木器时代》,《社会科学》1980 年第 4 期。

② 侯仁之主编《黄河文化》,华艺出版社,1994,第 52 页。

③ 侯仁之主编《黄河文化》,华艺出版社,1994,第 50 页。

对黄河流域生态系统保护发挥着重要作用，如兰考焦桐、佳县"枣树王"、合阳"文冠果王"等。古树名木见证了中华民族在黄河流域的荣辱兴衰，承载了中华悠久的历史文化，是失而不可复得的国之瑰宝。

3. 防护林

防护林是以发挥防护作用、保护和改善生态环境为主要功能的森林。依照防护功能和对象的不同，可分为防风林、固沙林、水土保持林等。唐末五代以来，黄河决堤次数陡增，宋王朝推行防治河患与植树造林相结合的政策。宋太祖在位时，黄河决口于潭州，宋太祖便发布诏令"应缘黄、汴、清、御等河州县，除准旧制种艺桑枣外，委长吏课民别树榆柳及土地所宜之木"，为防治河患而发动沿河民众大规模营造堤岸防护林。明代刘天和在主持大规模整治黄河工程时，用时四个月便"植柳二百八十万株"，还创造性地总结了"植柳六法"经验，固堤效果明显。康熙也曾大力整治黄河，在"黄河两岸，植柳种草"。新中国成立时，我国森林覆盖率仅有 8.6%，黄河流域的森林覆盖率更低。"一五"时期，黄河、淮河等河流中上游配合水利工程，营造沙荒防护林，控制水土流失面积达 69.2 万平方公里。[①] 1978 年，"三北"防护林工程建设启动，黄河中上游地区基本都在此工程范围内。"三北"防护林在防治沙漠化、防止水土流失、改善生态方面的作用显著，被誉为"世界生态工程之最""绿色万里长城"，为黄河流域乃至整个中国北方竖起了一道生态安全屏障。

4. 森林产品

森林产品是从森林中获取的、加工而成的物质产品。黄河流域森林产品不仅具有植物属性，还借助了黄河流域的自然地理条件，具有一定的地理特性。黄河流域范围广、省区多，人类活动历史悠久，地理标志产品众多，地域文化特色鲜明。建设森林乡村，发展特色主导产业，比如，将宁夏枸杞、韩城大红袍、卢氏连翘、汾州核桃、沾化冬枣等林农产品作为龙头产品进行深加工，打造品牌效应，助力乡村振兴。建设森林小镇，发展"文旅+生

---

① 李莉主编《中国林业史》，中国林业出版社，2017，第 295 页。

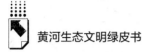

态"模式,为人们提供走进森林深处、体验质朴森林生活的机会。还有许多森林特产,如兰州百合、贺兰山东麓葡萄酒、新郑大枣、河阴石榴、祁县酥梨、平阴玫瑰等,这些丰富的森林自然资源让黄河流域森林文化得以传承和发展。森林是一所"天然医院",近年来,森林康养逐渐兴起。山西打造"夏养山西"省级品牌,依托太行山丰富的森林资源、中药材资源等,大力发展康养产业,以康养助推高质量健康发展、高品质健康生活转型。森林公园是传承森林文化的一个重要载体,建设森林公园能助推实现黄河流域森林文化在发展中保护,在保护中发展。如陕西省高西沟村经过几代人的努力,把曾经的穷山恶水建成了"塞上江南",如今的高西沟村人计划通过建设高西沟森林公园,发展生态旅游,带动全村经济快速发展。高西沟村用实践证明了"绿水青山就是金山银山"的科学真理。

(二)森林制度文化

"黄河宁,天下平。"自古以来,历代统治者都十分重视黄河治理,重视林业发展,并制定了相关政策、法规、法令,以实现对黄河流域森林资源的有效管理。随着政策、法规、法令的不断发展和完善,带有地域特色的黄河流域森林制度文化形成。

1.管理组织机构

黄河流域是我国文明的发祥地,在先秦时就出现了专门管理林业的职官,如《周礼》所载之山虞、林衡。[1]虞衡是中国封建王朝权力部门内部设置的专门掌管山林川泽的官员,其职责包括制定相关的政策、法令,掌管山林川泽中林木蒲苇等野生用材、鸟兽鱼鳖等野生动物以及野果野菜等野生蔬食的保护与利用。从秦汉到隋唐,中央政治体制从三公九卿制到三省六部制,宋承袭唐制,始终设置虞部郎中"掌山泽、苑圃、场治之事",即负有经营、管理和保护山林川泽及森林资源的职责。辽金元时,设司农司"专

---

[1] 李飞、袁婵:《魏晋南北朝林政初探》,《北京林业大学学报》(社会科学版)2009年第1期。

掌农桑水利"，也包括植树造林。近代最早的林业专门机构和官职出现在北洋政府时期。[①] 民国时期，前后设置有实业部、农林部、林务处、林垦署等主管林业行政。各革命根据地和解放区政府也都设有林业机构。新中国成立后不久，党和政府从中央到地方迅速建立起多等级的林业行政管理机构，根据形势发展和林业发展的实际，经历了林垦部时期、林业部时期、林业部与森工部分立时期、林业部与森工部合并时期、农林部时期、改革开放后的林业部时期、国家林业局时期及现在的国家林业和草原局时期。林业机构的设置从组织上保证了林业生产建设的有序进行。

2. 制度规范

人从森林中走出来，人与森林之间的关系是密不可分的。人们在与森林接触的过程中，逐步形成了规范与规则。历朝历代的统治者们在国家政权建立后，都通过设立机构、颁布法令政策等，对森林资源进行管理和利用。早期人类活动主要集中于黄河流域，流域内的森林资源是人类主要的利用和保护对象。《周礼》《孟子》《荀子》等著作中记载了许多关于森林用火、采伐、狩猎、栽培等的相关规定，形成了早期朴素而丰富的森林可持续利用的制度规范。如"春秋以木铎修火禁"（《周礼》）；"斧斤以时入山林，材木不可胜用也"（《孟子·梁惠王上》）；"山林泽梁以时禁发而不税""斩伐养长不失其时，故山林不童而百姓有余材也"（《荀子·王制》）。春秋战国时期，《周礼·地官·山虞》中有详细的山林管理规定："春秋之斩木不入禁""凡窃木者有刑罚"。齐桓公为扼制厚葬毁林之风，颁布了"棺椁过度者戮其尸"的禁令。秦始皇一统天下后颁布了众多法律法令，其中，《秦律·田律》是我国最早的关于林木保护的法令。汉代诸帝重视林业，始终将劝课农桑作为国之要务，山林封禁政策持续执行。魏晋南北朝时战乱纷飞、朝代更迭频繁，为抚慰百姓、稳定社会，统治者常开放山林"与民共之"，却也造成自然破坏。唐宋元时期的林业政策体系不断成熟完备，制度规范更加详尽，如《唐律疏议》对盗伐林木等处罚的解释就十分清楚，官

---

① 李莉主编《中国林业史》，中国林业出版社，2017，第265页。

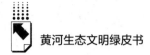
员们执法有理有据。宋朝将植树造林业绩纳入地方官员的考核指标，推动林业制度规范落地落实。明清时期的森林产品贸易发达，森林产品赋税征管、税率政策等进一步健全，森林产品贸易更加规范。民国时期，北洋政府公布了中国第一部《森林法》，国民党政府又几次修订公布该法。革命根据地和解放区政府高度重视森林保护和植树造林工作，于 1940 年 4 月公布了《陕甘宁边区森林保护条例》《陕甘宁边区植树造林办法》，积极广泛发动群众参与植树造林工作。新中国成立以来，随着现代林业的不断深入发展以及森林功能的巨大转变，我国林业法规体系不断更新、完善，如《森林法》《森林法实施条例》《野生植物保护条例》《森林防火条例》《森林病虫害防治条例》《森林采伐更新管理办法》《林木和林地权属登记管理办法》《林业标准化管理办法》等，均系统全面地对林业发展进行制度性规范。

3. 政策措施

中国共产党始终重视黄河、重视植树造林工作。1952 年，毛泽东在新中国成立后第一次离京外出考察时提出"要把黄河的事情办好"，① 黄河水利综合规划工程被纳入我国第一个五年计划中。1955 年，毛泽东提出"绿化祖国"。② 处于黄河中游地区的陕西、山西等地的森林植被，对于防止水土流失，减少黄河泥沙，保障农业生产起到重要作用。1955 年 10 月，青年团中央发布《关于召开陕西、甘肃、山西、内蒙古、河南五省（自治区）青年造林大会的决定》。1956 年 3 月 1 日该大会召开时，毛泽东发来贺电，号召"绿化祖国"。③ 同年 10 月，林业部草拟《关于天然森林禁伐区（自然保护区）划定草案》，并建立了中国第一个自然保护区。建立自然保护区是实现生态系统就地保护的一项重要举措，在保护生物多样性、保存自然遗产、改善生态环境质量、维护国家生态安全方面发挥了重要作用。

---

① 《跟着毛主席的足迹看黄河》，"光明网"百家号，2019 年 10 月 20 日，https：//m.gmw.cn/baijia/2019-10/20/33247875.html。

② 代江兵：《"礼赞 70 年"：从绿化祖国到建设美丽中国》，中国军网，2019 年 9 月 26 日，http：//www.81.cn/2019zt/2019-09/26/content_ 9636349.htm。

③ 中共中央文献研究室、国家林业局编《毛泽东论林业》（新编本），中央文献出版社，2003，第 26~76 页。

1998 年大洪水后，为恢复健康的森林生态系统，我国提出了再造秀美山川的林业重点工程，其范围之广、规模之大、投资之巨为历史所罕见，黄河流经的省区，基本都在此工程范围之内。退耕还林还草工程对黄土高原的水土保持产生了积极作用，作为全国退耕还林"第一县"的陕西延安吴起县，其林草覆盖率达到 72.9%。2019 年美国国家航空航天局报告显示，中国的退耕还林还草工程贡献了全球绿色净增长面积的 4% 以上。[①]还有天然林保护工程，旨在加强对黄河中上游及其发源地周围现有天然林资源的保护，以改善和涵养黄河中上游的水文为主要目标，积极营造水源涵养林和水土保持林，护岸固坡，防止水土流失，缩短黄河断流时间，减少黄河断流次数。

（三）森林精神文化

森林精神文化是人类与森林接触时产生的各种意识观念形态的集合。森林精神文化在实践中不断丰富发展，文化载体形式也在不断变化完善。

1. 森林与汉字起源

中国最早的文字——甲骨文是华夏文明的标志，甲骨文就是在黄河流域的殷墟被发现的。甲骨文中很多文字的起源与森林有关。比如，甲骨文木字是象形字，像一棵树的形状，林字是两个木字并列，森字则包含三个木字，意为很多木就形成了森林。甲骨文的楚字，上面是林，中间表示居住地，下面是人们来往的足迹，象形为林间开垦之地，原指一种丛生的灌木，后来此字也表示楚国，与《左传》记载的古楚先民"筚路蓝缕，以启山林"的景象相印证。果字，甲骨文字形像是树上结满了果实；栗字，甲骨文字形像是一棵长满了带刺果实的树，以后也引申为因恐惧或寒冷而发抖之意。甲骨文中还有很多会意字，如析字，左边是一棵树，右边是一把斧头，原意是"劈开"，后引申为分析、辨析之意；[②] 又如，甲骨文焚、东等字，都与树木有关。

---

① 国家林业和草原局：《中国退耕还林还草二十年（1999—2019）》白皮书，2020，第 29 页。

② 马玉堃、李玲：《中国古代生物文化概论》，东北林业大学出版社，2005。

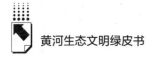

2. 森林与思想理念

儒家"天人合一"、道家"道法自然"的思想揭示了古代黄河流域森林文化的精髓,是千百年来难以跨越的思想高地。不同于山川河流沙漠草原,从植物到动物,森林里的生物应有尽有,它们构成一个和谐的生态体系。先人在森林中生活,在野地里通过雨雪风霜等感受天时、地利,体会自然,掌握自然规律,对儒家"天人合一"和道家"道法自然"思想产生了深刻影响。2500 年前的中国圣贤就主张"万物并育而不相害,道并行而不相悖",这就是万物平等思想的起源。在森林中栖息的万物生灵,都按照各自的特性规律而生长繁衍、相互依存,最终形成一种和谐平衡的状态。人类意识到大自然对万物是公平的,并没有因草的幼小而将之抛弃,也没有因树的高大而对其排斥。每一片森林的存在,包括生活在其中的动物、人类,都是各自努力的结果,对森林生态的认识造就了中华民族最原始的自力更生的思想,成为中华文明的核心理念。

3. 森林与文学艺术

流传几千年的《诗经》《山海经》《史记》《本草纲目》《周易》等记载了早期人类采伐森林、砍桑条养蚕、打枣等众多林业活动,其中,《诗经》还描述了人们在劳作中的丰富情感,以及利用树木建造宫室、制造乐器等,比如,"树之榛栗,椅桐梓漆,爰伐琴瑟"(《诗经·鄘风·定之方中》)。《诗经》里还提及了松、桐、梓、杨、榆、漆、栗、桑、榛、桃、梅等众多森林植物资源。《山海经》记载了丰富的动、植物以及各种神话故事传说,丰富了人们的精神世界,也给发展当代森林文化产业提供了精神食粮。古人还将自己对森林的情感寄托表达于诗词歌赋之中。"南山有桑,北山有杨。乐只君子,邦家之光。乐只君子,万寿无疆"(《诗经·小雅·南山有台》)就是运用比兴的手法,将情感寄托于自然景物上,抒发作者最真挚的祝福。还有直接描绘黄河流域森林景观的诗词,如"老树空庭得,清渠一邑传"(唐·杜甫《秦州杂诗二十首·其十二》)、"绿萝结高林,蒙笼盖一山"(魏晋·郭璞《游仙诗十九首·其三》)、"新栽杨柳三千里,引得春风度玉关"(清·杨昌浚《恭诵左公西行甘棠》)。

4. 森林与科学技术

历史上黄河流域关于林木利用、植树造林等的科学技术，一是凝聚在黄河流域内制造发明的林木加工产品中，二是保存在文献古籍中，三是发展在新中国生态治理工程建设中。就林木利用而言，宋代时木结构建筑技术已然成熟，北宋开宝寺木塔、汴京木拱桥，辽代佛宫寺木塔，元代景德寺等木结构建筑堪称杰作。其中，应县木塔是我国现存最古老、最高大的纯木结构楼阁式建筑，是我国古建筑中的瑰宝、世界木结构建筑的典范。就植树造林而言，西汉晚期《氾胜之书》不仅汇编了黄河中游地区的农业生产技术，也包含了植树造林的原则规律，对后世的农林生产活动影响深远。成书于北魏末年的《齐民要术》，系统总结了黄河中下游地区劳动人民的生产科学技术，提出农林间作，在桑树下种植豆类，在不损伤地力的同时还能保持土地湿润，有助于桑树生长。新中国成立时，黄河流域森林少之又少，土地沙化、石漠化、水土流失问题严重，植树造林难度升级，造林技术也在恶劣条件下改造升级。中国人民克服重重阻力，总结多年失败经验，终于因地制宜摸索出鱼鳞坑、水平阶、草方格沙障、微创气流植树法、沙区飞播造林等技术，大大提高了沙地植树的成活率，创造了"沙漠变绿洲"的人间奇迹。

5. 森林与民族精神

"一瓢河水半瓢沙"曾是黄河的真实写照。经过几十年的治沙造林，黄河流域植被覆盖率整体大幅提升，平均值由 2000 年的 24.0%升至 2019 年的 38.8%，[①] 实现了由"沙逼人退"到"绿进沙退"的历史性转变。在一个个治沙造林的工程建设中，涌现出许多可歌可泣的先进典型和模范人物，有"誓将沙漠变绿洲"的石光银、"要用毕生精力为治沙事业做贡献"的殷玉珍、"一生只干一件事"的王友德等。几十年的战天斗地经历凝结成了具有时代性的民族精神："三北精神"是"艰苦奋斗、顽强拼搏，团结协作、锲而不舍，求真务实、开拓创新，以人为本、造福人类"；"右玉精神"是

---

① 生态环境部：《2020 中国生态环境状况公报》，2021 年 5 月 24 日，https：//www.mee.gov.cn/hjzl/sthjzk/zghjzkgb/202105/P020210526572756184785.pdf。

"全心全意为人民服务，迎难而上、艰苦奋斗，久久为功、利在长远"；"库布其精神"是"守望相助、百折不挠、科学创新、绿富同兴"；八步沙"六老汉"的"当代愚公精神"是"困难面前不低头，敢把沙漠变绿洲"。民族精神是一个民族赖以生存和发展的精神支撑，是一个民族生命力和凝聚力的重要体现。一年又一年，一代又一代，正是这样敢于拼搏、勇于奉献的民族精神，激励着治沙人矢志不渝改善生态，鼓舞着治沙人努力建设美丽家园，推动着治沙造林事业稳步前进。

三　黄河流域森林文化的保护与发展

为恢复母亲河原来的清澈以及实现建设美丽中国的美好愿望，继承、发展、弘扬黄河流域的森林文化是题中要义。新时代，在黄河流域生态保护和高质量发展战略的指引下，保护与发展黄河流域森林文化迫在眉睫。

（一）加强保护利用，让黄河流域森林文化遗产"存"起来和"用"起来

首先，全面开展对黄河流域森林文化遗产如古代物质器具、古树名木、民风习俗、诗词歌赋等的调查和认定，摸清黄河流域森林文化遗产的底数，建立权威、共享的黄河流域森林文化遗产数据库，分门别类地分析黄河流域森林文化遗产的现状和存在的问题，制定适用于各个地区的保护和利用政策，编制并实施相应的保护和利用规划。例如，青海省在"十三五"规划时期就积极推进林长制，并在"十四五"规划中提到要完善森林生态系统保护补偿机制，健全以政府购买为主的公益林管护机制。河南省在"十四五"规划中提到要推行林长制，构建"一带三屏三廊多点"的生态保护格局。山西省在"十四五"规划中也谈到要全面推行林长制，统筹推进对太行山、吕梁山的生态保护和修复。内蒙古自治区在"十四五"规划中强调要加强对森林草原的保护和修复，实施三北防护林体系建设、公益林保护、森林质量精准提升等工程，探索大兴安岭一体化保护模式，推进已垦森林草

原退耕还林还草，加强森林抚育和退化林修复，提升生态系统质量和稳定性等。森林文化遗产是森林文化的重要物质载体，各省区的规划给森林文化遗产的保护和利用提供了重要契机，所以要充分利用以上各省区政策，使其更好地服务于黄河流域森林文化遗产的保护和利用。

其次，以申报世界自然、文化双遗产为统领，推进黄河流域森林文化遗产的系统性保护。黄河流域森林文化涉及区域广泛，必须加强整体联动。要推动建立国家层面的协调机制，加强对全流域文化保护传承的统筹规划和协调，加大人力物力投入力度，加大对分散各地的有关黄河流域森林文化的物质文化遗产，如建筑遗址、器具、古树名木等的保护和修复力度，以及加强对非物质文化遗产，如"三北精神""国有林场精神"等的发展和弘扬，打造沿黄历史文化遗产保护区和文化保护带。[①] 例如，2019 年通过的《黄河流域博物馆联盟倡议书》确定成立"黄河流域博物馆联盟"，就是对此理念的回应。此外，还应成立黄河流域森林文化教育示范基地、黄河流域森林文化保护传承中心，加强黄河流域森林文化与旅游、教育等领域的合作，推进黄河流域森林文化遗产的保护与利用。

最后，充分发挥黄河流域森林文化博物馆、黄河流域森林文化教育示范基地和黄河流域森林文化保护传承中心的功能。在黄河流域森林文化博物馆，可通过原址展示、陈列展览、虚拟成像等现代传媒技术手段，集中展示黄河流域森林的演变过程及现状，以及不同时期的植树造林理念、技术、人物等，向大众宣传好黄河流域森林文化。在黄河流域森林文化教育示范基地，可结合新时代生态文明理念，利用好黄河流域各地区的物质形态和非物质形态的森林文化资源，向人民群众展现黄河流域森林文化和当前生态文明的关系，从而促使人们用实际行动保护和爱护生态环境。在黄河流域森林文化保护传承中心，既要加大力度开展对黄河流域森林文化的基础性研究，又要利用好黄河流域森林文化，将黄河流域森林文化与产业项目紧密结合起来，举办黄河流域森林文化产业高峰论坛，以新业态赋予黄河流域森林文化新生命。

---

① 江凌：《推动黄河文化在新时代发扬光大》，《学习时报》2020 年 1 月 3 日。

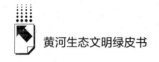
（二）实现现代性转型，使黄河流域森林文化"活"起来

首先，深入研究黄河流域森林文化的科学内涵，加强对黄河流域森林物质文化、制度文化和精神文化资料的收集、整理和研究，建立黄河流域森林文化数据库，发挥其在弘扬、发展黄河流域森林文化中的重要作用。森林中所蕴含的物质文化、制度文化和精神文化在中国的传统著作《诗经》《山海经》中都有记载，它们都是人们保护、传承、弘扬黄河流域森林文化的宝贵资源，应对其深入挖掘，结合时代特点，再创黄河流域森林文化的繁荣景象。努力打造、发展黄河流域森林文化平台，联合相关高校、研究所的学者，成立黄河流域森林文化研究机构，利用其资源优势，重点打造一批研究《诗经》《山海经》等传统著作中森林文化当代价值的项目，并为其提供相应的经费支持，推出一批优秀作品。通过深入梳理与研究黄河流域森林文化的历史文脉和当代价值，让黄河流域森林文化"活"起来。

其次，要以时代精神激活黄河流域森林文化的生命力，不断推进黄河流域森林文化的现代性转型和创新性发展。须坚持唯物史观的立场、观点和方法，坚持古为今用、推陈出新，提炼优秀的黄河流域森林文化。在正确认识黄河流域森林文化的科学内涵、类型和功能的基础上，紧密结合中国特色社会主义的建设实践，用通俗易懂的当代表达方式，对其中适于协调人与自然关系的物质文化、制度文化和精神文化做出新的解释，用时代精神激活黄河流域森林文化的生命力。近几年，河南卫视传统文化节目频频"出圈"，这也说明了，传统文化能够"爆火"并不是靠运气，新媒体时代下的传统文化如何"破壁"，从而实现现代性转型是有"流量密码"的。① 同理，黄河流域森林文化要想有如此大的影响力，必然要和其他能够广泛传播的产品一样，采用适应青年网民群体需求的艺术表达方式，能够让人自发地产生分享

---

① 小亢：《"端午奇妙游"，为什么又火了？》，"光明日报"微信公众号，2021 年 6 月 14 日，https：//mp. weixin. qq. com/s/9sb42m_ GoMhkRgM92XNsWg。

的欲望。实现黄河流域森林文化的现代性转型，必须要用现代化的技术和崭新的展现手法，去唤醒沉睡的黄河流域森林文化的魅力。

（三）推动立体化传播，让黄河流域森林文化"火"起来

保护好、传承好、弘扬好黄河流域森林文化的一个重要途径是做好黄河流域森林文化的传播教育。讲好黄河故事，可在郑州规划建立国家级黄河文明博物馆，各地可根据地方特色建立各级黄河文明博物馆，通过多种途径，全方位地宣传和展示森林文化，使海内外同胞感受博大精深的黄河流域森林文化，弘扬黄河流域森林文化。

大力加强对黄河流域森林文化的理念教育与宣传，抓典型，使"三北精神"、"国有林场精神"、毛乌素里的"中国魔方"故事被更多人知道。第一，就政府来说，可以创立黄河流域森林文化博物馆，全方位、多维度展示黄河流域森林文化，进而让民众近距离体验和感受内涵丰富的黄河流域森林文化。例如，山东地区可以推动黄河流域森林文化与儒家文化、泰山文化、运河文化、海洋文化、红色文化等的融合创新，讲好黄河故事山东篇章。第二，就社会来说，可充分利用网络平台、电视、自媒体、手机客户端以及报纸等工具，广泛宣传黄河流域森林文化的内涵、价值、意义与践行者。例如，广泛宣传种树治沙的杜秀芳以及以"六老汉"为代表的八步沙林场职工的故事，大力营造保护和传承黄河流域森林文化的浓厚氛围。第三，就个人来说，既需要林业专家的群策群力，又需要个体的广泛参与。就北京林业大学来说，在黄河流域森林文化方面有所建树的专家是非常多的，专家可以在写论文、做课题之余，通过自媒体和科普书籍对普通民众进行黄河流域森林文化的科普宣传。就普通大学生来说，应引导他们成为宣传黄河流域森林文化的主力军，通过开展植树造林活动、寻找森林之美的摄影活动以及宣传黄河流域森林文化的公益活动，让大学生成为黄河流域森林文化的传播者。通过对黄河流域森林文化的传播教育，让黄河流域森林文化"动"起来，从而不断提高黄河流域森林文化的知名度和影响力，使其成为黄河文化的亮丽名片。

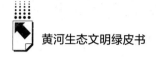

（四）繁荣森林文化产业，让黄河流域森林文化"实"起来

在当下，森林文化产业日益繁荣，而要想实现森林文化产业的振兴和长远发展，还需将资源优势转化为产业优势。森林文化产业是一个很庞大的体系，它所包含的内容十分丰富，有森林认养、森林旅游、森林康养、生态探秘、生态驿站、森林人家、森林食品等多种形式，森林文化产业不仅有助于黄河流域的高质量发展，更有助于黄河流域的生态环境保护和森林文化发展。从根本上讲，森林文化与森林文化产业是"魂"与"体"的关系。[①]要想发展好各地的森林文化产业，还需要从各地的森林文化着手。

首先，各地需深入挖掘其传统森林文化资源，如古园林、古建筑、古树、古屋、自然风景区及文化遗产、森林公园这样的物质文化，还如民间文化、民间生态文化、民间故事、民间艺术这样的精神文化，将森林文化资源作为森林文化产业发展的基础。在森林文化潜移默化的作用下，各地文化产业的档次和品位也会提高很多。如传统农村以藤、草、竹、根为原材料制作的产品，原先只是农民自用的生活用品，现在都成了工艺品。所以，发展森林文化产业，应深入挖掘当地森林文化资源，因地制宜地让森林文化为森林文化产业提供精神食粮，进而转化为物质资源。

其次，拓展森林文化旅游业，通过对森林旅游、森林探险、森林文化旅游、森林生态旅游等各种旅游产品和线路的开发，构建森林文化旅游发展格局，推动当地生态价值实现最大化，从而更好地服务黄河流域生态保护和高质量发展的理念。坚持以文塑旅、以旅彰文，充分利用各地的森林文化资源，统筹推进文旅资源开发和配置优化，加大各地形象对外展示力度，拓展森林文化产业对外贸易。

最后，充分利用现代技术手段，对黄河流域的森林物质文化、森林制度文化、森林精神文化等进行情景再现、虚拟成像，开发出黄河流域森林文化的试听娱乐、观赏节目等文化产品和文化服务。依托黄河流域森林文化资

---

① 苏祖荣、苏孝同：《森林文化与森林文化产业》，《福建林业》2014 年第 1 期。

源，创作出高质量的文化艺术作品，做大做强黄河流域森林文化产业。通过发展森林文化产业，让黄河流域森林文化"实"起来，从而实现黄河流域森林文化的创造性转变和创新性发展。

必须坚持以习近平总书记在黄河流域生态保护和高质量发展座谈会上的讲话精神为指导，根据新时代中国特色社会主义建设的实际情况，因地制宜对黄河流域森林文化进行保护发展和继承弘扬，挖掘和整理各地黄河流域森林文化的资源，充分发挥黄河流域森林文化的作用，让黄河流域森林文化造福于广大人民群众，造福于子孙后代。

G.8
黄河流域古树名木文化发展报告

刘宇 林震*

摘　要： 黄河流域的古树名木与当地人们的生活联系紧密，几乎每一株古树名木都蕴含着富有特色的文化意义。对古树名木的物质文化、精神文化、制度文化和行为文化不断进行深入挖掘，有助于传承黄河文化，讲好黄河故事，延续历史文脉。随着黄河流域生态文明建设的深入，古树名木的保护和管理工作越发受到重视，但仍需进一步完善法律规章建设，创新保护利用模式，打造区域特色。

关键词： 古树名木文化　黄河文化　遗产保护　黄河流域

"名园易建，古木难求。"古树名木被认为是现存森林资源中的瑰宝，是自然界和前人留下的珍贵遗产，见证了自然变迁和社会发展的历史。黄河流域各省区都有着数量不等的古树名木，其所蕴含的文化是各地不同时期经济社会发展的缩影和印迹，其是体现黄河文化、讲述黄河故事的活的文物。

一　黄河流域古树名木文化类型

根据 2016 年国家林业局发布的《古树名木鉴定规范》，"古树指树龄在

＊ 刘宇，北京林业大学人文社会科学学院博士研究生，研究方向为林业史、生态文化；林震，博士，北京林业大学生态文明研究院院长、马克思主义学院教授，博士生导师，研究方向为生态文明、生态文化等。

100 年以上的树木；名木指具有重要历史、文化、观赏与科学价值或具有重要纪念意义的树木"。古树名木不仅蕴含着独特的种质基因，展示着别具一格的形态，而且承载着丰富的历史文化，具有表现哲理、启迪智慧的内涵和价值。古树名木文化作为树木文化的组成部分之一，是一种较特殊的森林文化，更是黄河文化、生态文化乃至我国传统文化的重要组成部分。古树名木文化是人类文化与古树名木相互作用、相互关系的总和，其文化内涵主要表现在历史、宗教、民族、政治、社会形态、心理、品德、民俗、美学、景观、文学艺术等多个方面。本报告主要从物质文化、精神文化、制度文化、行为文化来探讨黄河流域古树名木文化的类型。

（一）物质文化

古树名木是大自然的杰作，是不可再生的重要旅游资源。因为年代久远，饱经风霜，不少古树名木以有趣的传闻和奇绝苍健的形态闻名于世，是生态旅游资源中的瑰宝。古树名木与人类息息相关、密不可分，其文化元素和文化事件数不胜数，物质文化相当丰富。

1. 景观园林

不少古树名木有着"苍、古、劲、朴、奇"的特色，是独特的自然和历史景观，同时还蕴含着丰富多彩的文化故事，如陕西华清池的千年石榴树和临潼骊山老君殿的并蒂皂荚树、甘肃酒泉的"河西第一柳"等，虽然历史人物早已不复存在，但当看到这些高大粗壮、形态各异、生机盎然的古树名木时，就仿佛看到一本有意趣的书，可以直观地了解曾经发生的一切。

古树名木的形态多苍劲古雅，其是园林构成中不可多得的独特景观，若运用得当，其所在园林常常会成为代表城市景观、名胜古迹的最佳景点。古人也非常善于利用古木繁花造园，园林中的古松，苍劲挺拔，虽低枝倒挂却未坠于地；园林中的古梅，老干新蕊，傲霜斗雪而暗香扑鼻，有着古朴幽深的意境。甚至当建筑物与古树名木产生矛盾时，人们宁可挪动建筑物以保住树木。明朝的计成就在《园冶》中记载："多年树木，碍筑檐垣；让一步可以立根，斫数桠不妨封顶。"

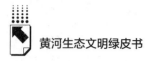
晋祠是后人为奉祀晋国始封诸侯周武王次子姬虞而设立的祠堂，它除了是中国古建筑的博物馆，还是我国现存最早的唐宋园林，是宗祠祭祀建筑与自然完美结合的典范。祠区的千年古树有 26 株，古树主要有松、柏、桧、冷杉、梧桐、岛荬、桑、柘、梓、楸、榆、杨、柳、隋槐、银杏等，而古柏是晋祠最负盛名的树种，有周柏、汉柏、隋柏、唐柏，更多为宋、金、元、明时期栽植。与难老泉、侍女像合称"晋祠三绝"的，是株树龄 3000 多年的西周遗柏，其也被称为"周柏齐年"。其树型奇特，树身与地面成 45 度角，自北向南侧卧而生，宛若两条苍龙，伏卧在圣母殿上，将殿宇楼阁和游人都掩映在浓荫疏影之间。宋代文学家欧阳修游晋祠时触景生情，写下"地灵草木得余润，郁郁古柏含苍烟"来赞美古柏。明末清初思想家、书法家傅山也在其旁留下题刻"晋源之柏第一章"。

2.经济植物

不少古树名木还是重要的经济植物，虽历经沧桑，至今却仍枝繁叶茂、千姿百态、花果满树。河南新郑素有"红枣之乡"的美誉，位于新郑市孟庄镇栗元史村西南方的黄帝古枣园，至今仍有 568 株树龄 500 年以上的古枣树，因相传轩辕黄帝带领群臣在此栽植枣树而得名。据史料记载，炎、黄二帝生于河南新郑，最早也在此从事农耕活动，《山海经》中有"騩山，其上有美枣"的记载，騩山即指现在的始祖山，也就是黄帝部落最早的活动地域，黄帝部落在此从事枣的栽培活动，后才迁移至山西、陕西。1978 年于河南新郑裴李岗文化遗址出土的枣核化石表明，河南新郑 8000 年前就已有枣树，且枣在当时就已成为人们食物的组成部分。陕西省商洛市洛南县古城镇蒋河村有 1 株树龄约 500 年的核桃树，高 31 米，覆盖面积 109 平方米，历史最高年产核桃千斤，1980 年仍产核桃 335.5 斤，为此其于 1981 年 3 月 28 日被林业部确定为中国"核桃王"。

（二）精神文化

在古代，树与宗教崇拜一直有着不解之缘，此形态下的"树"，已不是自然之树，而是神化之树，很多的思想文化凭借宗教崇拜的形式，得以广泛传播，树木崇拜可以说是古树名木价值构成的文化渊源。

1.民族记忆

陕西延安黄陵县黄帝陵轩辕庙院内，有一株高20余米、胸围7.6米、树冠面积189平方米的柏树，相传它为轩辕黄帝亲手所植，距今5000多年，被誉为"世界柏树之冠"。《古今图书集成》中有载："中部县有轩辕柏，在轩辕庙。考之杂记，乃黄帝手植物，围二丈四尺，高可凌霄。"相传当年黄帝教大家离开洞穴，临水构木而居，但因乱砍滥伐，山林毁坏殆尽，山洪暴发，黄帝便立誓不再乱砍滥伐，并亲栽柏树一株，这开创了植树造林的传统。这株苍劲挺拔、冠盖蔽空的大树，经历了5000年的风风雨雨，见证了中华民族的荣辱兴衰，展现了华夏儿女生生不息、国脉传承的强大生命力。

另一株为大家所熟知的古树名木是山西洪洞广济寺的大槐树。我国民间流传着一首诗："要问祖先在何处，山西洪洞大槐树。要问我家哪里住，大槐树下老鸹窝。"据说我国每4个人里就有1个人来自山西洪洞大槐树。明朝初年，由于连年战乱，黄淮海平原人口骤减，为恢复这些地区的人口和经济，明太祖朱元璋和明成祖朱棣先后数十次从山西多地移民上百万人。明朝官府在广济寺设局驻员，移民在大槐树处办理手续，领取"凭照川资"后，向黄河下游迁徙。先人们手执槐枝远走他乡，大槐树便承载了他们对故土亲人的记忆与寄托。

2.宗教传统

中国古代社会受佛教和道教的影响较深，历史上，佛教自东汉末年传入中国后，与道教不断融合发展，二者对中国文化发展和传播的影响多有共同之处，故而与宗教崇拜有渊源的古树名木不在少数。

在修建寺庙观宇时，主事之人多会广泛栽种那些长寿、形态佳、适应本土气候特征且符合宗教文化氛围的树木花草，以形成良好的生态环境，展现古韵沧桑及庄严肃穆的宗教气氛。深受佛教、道教教义和思想影响的信徒们，自然会对寺院周围的树木花草倍加爱护，加上佛教寺庙建筑群发展的相对长期性和稳定性，许多古树名木得以被长期保护，并留存至今。

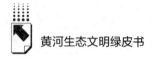
菩提树和娑罗树是佛教的两大圣树，相传释迦牟尼在菩提树下悟道和讲经，最后涅槃于娑罗树间。这两种树主要生长于南方地区，在黄河流域很少分布。北方地区一般把七叶树、银杏树、暴马丁香等作为佛教徒心中的菩提树或娑罗树，民间也有"逢庙必栽银杏树"的俗语，许多寺院将银杏树植于殿堂前后以示威严。河南嵩山少林寺常驻院天王殿前的碑林甬道中间有4株古银杏树，最老的一株树龄超过1500年。少林寺的永泰寺有一株活了2000年的七叶树，据说是东汉时由印度高僧摄摩腾、竺法兰用钵带至中国的贡品，起初栽于白马寺，500年后由北魏永泰公主移植而来。

3. 儒家文化

儒家文化诞生于黄河下游地区，为春秋时期孔子所创。"仁义礼智信"是儒家文化的核心思想，但天人关系始终是中国哲学的基本问题或最高问题。儒家文化中所讲的"天"，包含意志之"天"、命运之"天"、义理之"天"等多种含义，其最基本的含义就是指人与自然界的关系。孔子在回答鲁国执政季康子关于五帝之首的太皞氏为何推行木德的问题时说道："五行用事，先起于木。木，东方万物之初皆出焉，是故王者则之，而首以木德王天下。"树木生长，就像日出东方，象征着春天和万物之始。王者效法自然，理应以木德开始王天下。

孔子爱树、赞树，他与树的故事也成为儒家文化的经典象征。《庄子·渔父》记载了一则寓言："孔子游乎缁帷之林，休坐乎杏坛之上。弟子读书，孔子弦歌鼓琴。"后世把杏坛尊为孔子授学立教的第一圣地。北宋时，孔子第45代孙孔道辅增修祖庙，"以讲堂旧基甃石为坛，环植以杏，取杏坛之名名之"。由此，杏坛就成为人们追求知识和理想的代称，也泛指教育工作者讲学的场所。

在众多树种中，孔子尤其欣赏松树和柏树。在他看来，"岁寒，然后知松柏之后凋也"（《论语·子罕》）。他把松柏和尧舜媲美，"受命于地，唯松柏独也正，在冬夏青青；受命于天，唯尧舜独也正，在万物之首"（《庄子·德充符》），君子只有像松柏和尧舜那样善于端正自己的品行，才能去教导他人和端正他人的品行。

当然，也有很多古树名木集中了儒释道等多元文化，见证了中华文明的和合共生。山东莒县浮来山定林寺古银杏树，被称为"活化石"和"天下银杏第一树"，是现存银杏古树中最古老的一株，相传是周公东征过"龟蒙"时所植。另据《左传》记载，鲁隐公八年（公元前715年）九月辛卯，在纪国国君的斡旋下，长年冲突不断的鲁、莒两国国君在浮来①山这株银杏树下成功会盟，创造了一段诸侯国之间和睦相处的佳话。定林寺位于浮来山下，始建于南北朝时期，距今已有1500多年的历史。南北朝著名文艺理论评论家刘勰，就曾在树旁的校经楼藏书，写作《文心雕龙》，《梁书·刘勰传》有载："今定林寺经藏，勰所定也。"当代书法家王炳龙为其题字"天下银杏第一树"，大文豪巴金先生也曾来此赏银杏树、拜刘勰故居。

（三）制度文化

等级制度是中国宗法社会的制度核心，它确立了人们不同的身份地位，规范着人们的行为原则和标准，并以形形色色的载体体现，而古树名木就是载体之一。

1. 社木文化

所谓的树种种类等级，源自古者立社，如"各树其土所宜木"（《周礼》），"夏后氏以松，殷人以柏，周人以栗"（《论语·八佾》）。松柏又称桧柏，作为百木之长和渊源有自的古代社木，其具有独特的意蕴象征和顽强的生命力，加上"柏"字与百官的"百"字同音，有国之栋梁之意，颇受帝王青睐，被帝王亲封过的古树名木，目前仍存在的仅有20株左右，其中，古松柏就占了大半。

《周礼·秋官·朝士》中记载，三公（太师、太傅、太保）朝天子时，面向三槐而立，槐树即象征着三公宰辅之位。与三公宰辅相关的建筑中，最负盛名的当属河南开封的三槐堂，其为北宋时王祐的家宅，王祐出身书香门第，德才兼备，却因保符彦卿而为赵匡胤所厌弃。其次子王旦在宋真宗时做

---

① 按照史家的说法，《左传》中的"浮来"应该是今天沂源东里镇"东安古城"一带。

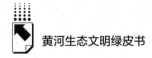

了宰相，被称为"太平良相"，王旦将家祠更名为三槐堂。宋朝 300 余年历史中，三槐王氏几乎代代有人做官，《宋史》上专门立传记者达 11 人。宋神宗元丰二年（1079 年），王旦的孙子王巩在翻修故居、重建三槐堂时，特意请苏轼撰写了一篇脍炙人口的《三槐堂铭》，记述三槐王氏祖先的事迹，以此勉励三槐王氏后人，效仿祖先的美好德行；欧阳修也曾为王旦作《资政殿学士户部侍郎文正公神道碑铭并序》，成为千古佳话。

2. 封禅文化

封禅作为古代祭祀礼仪中一种深层次的特殊历史现象，有着浓厚的君权意义，古人认为泰山是"天下第一山"，在所有山中最高，距离上天最近。因此，当适逢太平盛世或天降祥瑞的时候，古人会选择在泰山办典礼祭拜，这样才算受命于天帝。有关封禅的传说，最远可追溯到夏商周时期，到唐代发展至高峰，宋朝出现正统论后，其便嬗变为祭祀活动。

泰山众多古树名木中，最声名远播的当属五大夫松。汉代司马迁在《史记》卷六《秦始皇本纪》中有述"（秦始皇）遂上泰山，立石，封，祠祀。下，风雨暴至，休于树下，因封其树为五大夫"。即在讲述秦始皇封禅泰山时，于大树下避雨，后封其为"五大夫"的故事。风雨沧桑，秦时"五大夫"早已不在，明朝的于慎行曾在《登泰山记》中写道："松有五，雷雨坏其三。"剩余的两株古松又于万历二十三年（1595 年）被山洪冲走。现今人们看到的两株古松皆为补种，树龄约 300 年。

为彰显皇威，每到一处，汉武帝就会命人广种奇树异木，他七去泰山，命人种植了上千株的柏树，[①] 这也是泰山人工植树的最早记录。至今，中岱庙中仍尚存 6 株古柏。此外，汉武帝还曾下诏"不宜多人"，仅带领少数臣子，以利于"灵山清洁"。封禅的路线、场所与古树名木的分布紧密相连，从各类历史资料记载看，古树名木主要分布在与封禅活动有关的场所内。

帝王们封禅时会颁布一些保护政策文书，对泰山树木的保护形成明文法规。《史记·封禅书六》中记载"古者封禅为蒲车，恶伤山之土石草木"。

---

① 泰山风景名胜区管理委员会编《泰山古树名木》，山东科学技术出版社，1989。

唐玄宗在开元十三年（725年）封禅泰山时，"封泰山神为天齐王，礼秩加三公一等，近山十里，禁其樵采"。宋真宗曾"诏泰山四面七里禁樵采，给近山二十户以奉神祠，社首、徂徕山并禁樵采"。

3. 陵寝文化

我国古代等级制度森严，丧葬的坟墓面积、棺椁用材，树木的种类、布局、多少和大小，均与墓主的等级地位严格关联，坟茔树木也就此形成了贵贱等级文化。如《礼记》中的"君松椁，大夫柏椁，士杂木椁""天子坟高三仞，树以松；诸侯半之，树以柏；大夫八尺，树以栾；士四尺，树以槐；庶人无坟，树以杨柳"；《周礼·春官·冢人》中的"冢人掌公墓之地，……以爵等为丘封之度与其树数"。这种陵寝文化一直延续至今，许多保存较好的古树名木存在于帝王名人的陵园之中。

山东曲阜的孔林，是目前世界上延续时间最久、面积最大的氏族墓地。孔子去世后，弟子们按其遗愿将其葬于曲阜城北的泗水之上，且"墓而不封"，其后代从冢而葬，形成了今天的孔林。《皇览》有载："弟子各以四方奇木来植，故多诸异树，不生棘木刺草，今则无复遗条矣。"[①] 孔林在春秋时期已有非常多的树木，儒学在汉武帝后为历代统治者所推崇，孔林规模越来越大，历代不断对孔林重修、增补、扩充，形成了现今的规模。

历代均为保护陵墓林制定了法律制度。魏文帝即位后制定了《魏律》一百八十篇，其中，《治民》十八篇中就有"贼伐树木"的刑律。北魏孝文帝曾诏令"汉、魏、晋诸帝陵，各禁方百步不得樵苏践踏"，如若伐树，则"保其妻小皆遣之"。《陈书·世祖纪》中也有"墓中树木，勿得樵采"。《唐律疏议》中规定"诸盗园陵内草木者，徒二年半。若盗他人墓茔内树者，杖一百"。

（四）行为文化

古人认为万物有灵，古树名木也往往被赋予神话色彩。不管古树名木是

---

① 郦道元：《水经注校证》，陈桥驿校证，中华书局，2007。

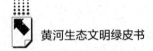

神鬼精灵，还是其托身之处，都是神圣而不可冒犯的，且是可以祈祷拜祭以实现或长寿、或幸福、或多子多孙、或沟通天地的美好愿望的，从而敬畏之、尊崇之。

陕西省西安市周至县的楼观台相传是老子讲经说道的地方，在楼观台宗圣宫下院有株据说是老子亲手所植的古银杏树，树龄约2600年，原树高24米，胸围15米。1972年曾遭火灾，树心已空，只剩树皮，但大树依然枝繁叶茂，树高仍有11米，胸围9.5米。因其古老，又系老子手植，当地百姓奉若神明，焚香跪拜，祈福延寿，希望得到神灵的保佑。每逢初一、十五，人们便到古银杏树下焚香还愿，挂红、燃放鞭炮者络绎不绝，这成为当地一大民俗。

宝鸡市眉县太白山国家森林公园有1株千年连香树，树高23米，树冠面积165平方米。该树为3株连体簇生，基部萌生出众多枝条，又称"子母树"。相传在唐代，太白山脚下有一对中年夫妇，久未得子，多方求医无效，后经一位老者指点来到该树下虔诚跪拜，竟喜得龙凤双子。从此，该树名声大振，被奉为"神树"。现在每年仍有大量年轻夫妻携手前来祭拜，在枝条上悬挂红色的平安带，希望得到神树的庇护，祈求多子多孙。

陕西临潼有2株并蒂皂荚，相传为唐明皇和杨贵妃合栽。唐天宝十年（751年）七月初七夜，到此避暑的唐玄宗和杨贵妃，跪地对天盟誓，愿生生世世为夫妻，并在此栽植2株并蒂皂荚，以示夫妻恩爱。"安史之乱"后，华清宫建筑群沦为废墟，而2株并蒂皂荚却安然无恙。时至今日，这里仍是年轻伉俪许下山盟海誓的好去处。尤其是每年七夕夜，朝拜者更是络绎不绝。每到果实成熟期，当地百姓及游人还会采集皂荚以作沐浴之用。为保护该树，当地政府专门设立了护栏，以控制果实采摘数量。

二 黄河流域古树名木保护现状

黄河流域面积广大，山脉众多，东西高差较大，处于中纬度地带，受大气环流和季风环流影响的情况比较复杂，因此流域内不同地区气候的差异显著，导致各地区地貌差异也很大。因受自然地理状况、社会文化、经济发展和历史变迁等因素影响，古树名木分布呈现明显的不均衡状况。

（一）古树名木资源

为更好地保护古树名木，自 2015 年 3 月起，全国绿化委员会先后选择了四川、陕西等沿黄省区开展古树名木资源普查试点。2017 年 3 月起，全国绿化委员会在全国范围内再次开展了古树名木资源普查。第二次全国古树名木资源普查已基本完成，根据沿黄省区可查询到的最新统计数据，古树名木资源状况大致如下。

青海省在第二次全国古树名木资源普查中，摸清现有散生古树及名木 566 株，其中，散生古树 559 株，名木 7 株，主要分布于西宁、海东等地，因河湟谷地一带海拔低、温度适宜、水资源较为丰富，为古树名木提供了良好的生长环境。

四川省古树名木资源丰富，四川省绿化委员会汇总整理的古树名木名录显示，省内共有散生古树及名木 70990 株，其中，名木 96 株，一级古树 10837 株，二级古树 6289 株，三级古树 53768 株。

甘肃省有古树名木 15215 株。

宁夏回族自治区位于黄河上游的黄土高原西北部，寒暑变化剧烈，根据 2018 年 11 月完成的普查信息，全区共有散生古树及名木 595 株，其中，散生古树 593 株，名木 2 株。古树群 5 处共 20478 株，分布在海原县、灵武市、沙坡头区、中宁县和隆德县。

内蒙古自治区于 2018 年在 14 个盟（市）88 个旗（县）开展了古树名木资源普查，全区共普查记录散生古树及名木 4484 株，其中，一级古树 125 株，二级古树 525 株，三级古树 3820 株，名木 14 株。古树群 585 处共 3843247 株。全区的古树名木分属 21 科 38 属 63 种。

陕西省是古树名木资源大省，根据第二次全国古树名木资源普查数据，全省共有古树名木 727079 株，分属 83 科 156 属 311 种。其中，1000 年以上的特级古树 737 株，一级古树 2260 株，二级古树 2564 株，三级古树 5636

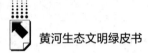
株，另还有古树群 270 处共 715882 株。

截至 2017 年底，山西省现存古树名木 103094 株，涉及 47 科 92 属 175 种。103094 株古树名木中，散生古树及名木 23185 株，包括一级古树 4712 株、二级古树 4809 株、三级古树 13558 株、名木 106 株；古树群 258 处共 79909 株，主要分布在交城、蒲县、稷山、晋源、广灵、平定、寿阳等地。

河南省是文化大省，也是古树名木大省。根据全省古树名木资源普查统计数据，河南省古树名木共计 528668 株，包括散生古树 29917 株，隶属 61 科 147 属 236 种，其中，一级古树 3988 株、二级古树 5730 株、三级古树 20199 株；名木 211 株；古树群 617 处共 498540 株，分属 28 科 45 属 65 种。其中，洛阳市的散生古树和古树群数目最多，枣树是河南省古树名木中数量最多的一类树，主要以古树群的形式集中分布在新郑市；散生古树种类中国槐最多。

山东省古树名木种类多样性丰富，数量众多，在全省 16 市均有分布。第二次全国古树名木资源普查统计数据显示，山东省散生古树共有 8517 株，其中，一级古树 1920 株、二级古树 2486 株、三级古树 4111 株；名木 800 株；古树群 1165 处共 34 万余株，分属 46 科 99 属 184 种。

沿黄省区古树名木资源数据见表 1。

表 1　沿黄省区古树名木资源数据

单位：株

类别	甘肃	青海	宁夏	内蒙古	四川	陕西	山西	河南	山东
散生古树	—	559	593	4470	70894	11197	23079	29917	8517
名木	—	7	2	14	96	—	106	211	800
古树群	—	—	5 处 20478	585 处 3843247	—	270 处 715882	258 处 79909	617 处 498540	1165 处 34 万+
合计	15215	566	21073	3847731	70990	727079	103094	528668	34.9 万+

资料来源：各省区林业主管部门统计数据。

许多古树名木已经被认定为重要遗产，被纳入遗产保护的各个分类中进行更好的保护。例如，山东曲阜孔林、陕西黄帝陵古柏群、河南沁阳神农山古白皮松群都是典型的古树群遗产；河南灵宝古枣群，属于经济林遗产，被划到农业文化遗产范围内；河南洛阳牡丹属于花木遗产；山东泰山岱庙—柏洞—对松山古树、山东临朐的沂山古树及东镇文化均被列入山水名胜遗产。

（二）古树名木保护现状

随着生态文明建设的不断深化，古树名木的保护和管理工作备受重视，各地的人大和政府纷纷根据当地资源状况，制定并出台了专门保护古树名木的地方性法律规章。

截至 2021 年，省一级层面上，陕西省和四川省出台了古树名木保护条例，山东省出台了古树名木保护办法。9 个省区内，地级行政区制定了古树名木保护管理规定、条例或实施细则等法规类文件 19 个，出台古树名木保护办法、城市古树名木保护办法、暂行办法、试行办法、实施办法、实施方案等政府文件 52 个，正在征求意见的政府文件 3 个。此外，一些县级政府也制定了该层级的古树名木保护办法，如甘肃陇南武都区、山东潍坊青州市等地。部分地区根据本地特色古树名木出台了保护法规，《兰州市什川古梨树保护条例》就是对皋兰县几个村中 80 年以上树龄的老梨树进行保护管理，《内蒙古自治区额济纳胡杨林保护条例》则是对行政区域内、额济纳胡杨林国家级自然保护区以外的天然胡杨林以及人工胡杨林进行保护管理。

在对古树名木的认定上，地方法规多是跟随国家认定标准："树龄在五百年以上的为一级古树，实行一级保护；树龄在三百年以上不满五百年的为二级古树，实行二级保护；树龄在一百年以上不满三百年的为三级古树，实行三级保护。"《陕西省古树名木保护条例》中还认定"树龄在一千年以上的古树，实施特级保护"。地市级或县级的法规文件中，还有不少将后备古树名木资源纳入保护范围的，或根据地区实际状况调整古树名木资源等级标准。

在惩处方式上，大多针对本地区出现的买卖、非法移植、砍伐古树名木等的现象，出台了相关措施，并加大了查处力度。有的地方法规只是简单地禁止随意损伤处理或迁移砍伐古树名木，对损毁古树名木行为的惩处方式没

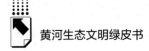

有详细规定或者并不严格，有的地方法规规定得比较详细，且古树名木越新越严厉。如 2020 年实施的《四川省古树名木保护条例》中规定"擅自砍伐一级古树或者名木的，每株处一百万元以上二百万元以下的罚款；擅自砍伐二级古树的，每株处五十万元以上一百万元以下的罚款；擅自砍伐三级古树的，每株处十万元以上五十万元以下的罚款"。而 2010 年发布的《陕西省古树名木保护条例》中则规定"砍伐特级保护古树的，每株处三十万元以上五十万元以下罚款；砍伐一级保护古树和名木的，每株处十万元以上三十万元以下罚款；砍伐二级保护古树的，每株处五万元以上十万元以下罚款；砍伐三级保护古树的，每株处三万元以上五万元以下罚款"。

三 黄河流域传承和弘扬古树名木文化的若干建议

对待古树名木文化的态度也就是对待自然的态度、对待文化传承的态度。一个地方得到完好保护的古树名木文化是珍贵的自然遗产，更是一个地方的根和魂，其带来的经济效益、社会效益和生态效益不可估量。目前，黄河流域 9 省区在古树名木文化保护方面还有一些不足。一是不少地方缺少一个能够作为省级标准的法律规章或政府文件，针对一些具体的状况或问题时，可能无据可依。二是文化遗产挖掘不够深入，保护方法和展示方式较为单一。三是管理机制和区域特色规划不够完善。

（一）完善法律规章，推动地方性法律规章建设

要想从根本上确保古树名木文化持续健康发展，必须尽早将古树名木文化的保护与管理纳入法制轨道，做到有法可依。尽管现在黄河流域已有几个省区制定了法律规章，但仍有很多地区并没有推出专门以古树名木文化为保护对象的法律规章。在国家层面的法律规章出台之前，明确何为古树名木文化、保护的具体内容、管理体制和权属责任、破坏将面临的严厉惩处等，能彻底改变实际工作中执行力度不够、威慑保护能力低等的困境。此外，依旧需要大力推动黄河流域地市级、县级法律规章的立法和修订工作。这项工作

的进行，能够进一步形成和完善黄河流域古树名木文化保护管理的理论体系，使法律规章得以及时更新、与时俱进，更加科学化和系统化，在实际工作中更具实用性和可操作性。

（二）深入挖掘古树名木文化，创新保护利用模式

要想更好地保护黄河流域古树名木，还必须深入挖掘黄河流域古树名木文化，与时俱进，不断创新保护利用的方法、模式。人们对黄河流域重要历史人物、事件、传说等文化遗产的挖掘不够深入，应倡导黄河流域各省区通过与各高校联合开设相关文化遗产传承课程等方式，深入挖掘黄河流域古树名木文化中独具特色的历史文化记忆。

除以往常用的报道、采访、讲座和专栏节目等主流媒体，还可以多利用互联网、微信、抖音等各类广受大众喜爱的新兴媒体平台，通过微视频、微电影等多种方式，将黄河流域古树名木背后丰富多彩的文化展现给大家，通过尝试进行对黄河流域古树名木的云认养、云保护等途径，充分调动起公众的主观能动性，使其自主加入了解并保护黄河流域古树名木文化的工作中。

在资源条件允许的地区，可以以黄河流域古树名木资源为主题，在黄河流域各省区规划建立一些古树名木公园、科普园，充分展现游憩、文化、观赏、科普教育等多种功能，使其不仅是展现古树名木生态景观的好地方，还是满足群众游览、休憩需求以及可进行生态教育和文化教育的好去处。

（三）理顺管理体制，打造区域特色

各地的园林绿化主管部门应该进一步梳理综合协调、分部门实施的古树名木文化管理体制，避免政出多门、管理混乱、权责不清的状况。同时制定专门的保护补偿机制，使黄河流域古树名木权属所有人可以获得应有的补助权、补偿权、署名权和收益权，切实从中获益。此外，建议设立专门的黄河流域古树名木养护管理专业队及保护管理员，明确其具体的职能和职责，定期巡查、动态监测、记录档案、发现问题及时上报，在有切实需要的时候提供专业支持，使管理工作明确化、科学化、信息化，真正做到上有人监察、

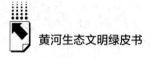

下有人管护。

　　自然旅游和文化旅游被视作旅游发展的两大市场主题，一个地区拥有其中之一就具备了旅游发展的基础。而古树名木恰好是两种资源的天然融合体。各地主管部门应加强对黄河流域古树名木的管理和保护，让黄河流域的古树名木与古滩、古河道、文物古迹等文化遗产真正地"活"起来、"用"起来，提升黄河流域自然旅游和文化旅游的发展水平。

黄河流域草原文化发展报告

卢欣石　董世魁*

摘　要： 草原文化是黄河文化的重要组成部分。黄河流域草原文化集中在黄河的上中游地区，包括安多文化、河湟文化、陇右文化、河套文化等。草原生态文化是草原文化的精髓，反映了人们尊重自然、顺应自然、保护自然的生态智慧。当前应进一步发掘保护黄河流域草原文化的精神内涵，大力弘扬其时代价值，推进黄河流域草原生态文化的创新发展和产业发展。

关键词： 草原文化　生态文化　黄河流域

一　黄河流域草原文化的组成与特点

（一）黄河流域草原文化的组成

所谓草原文化是指世代生息在草原地区的先民、部落、民族共同创造的一种与草原生态环境相适应的文化，包括草原人民的生产方式、生活方式以及与之相适应的风俗习惯、社会制度、思想观念、宗教信仰、文学艺术等。[①] 草原文化是中华文化的主要源头之一，是中华文化的重要组成部分，

---

* 卢欣石，博士，北京林业大学草业与草原学院教授，博士生导师，研究方向为草原资源与生态及草产业宏观战略；董世魁，博士，北京林业大学草业与草原学院院长、教授，博士生导师，研究方向为草地生态系统管理与保育、草地资源可持续利用等。
① 陈光林：《深化草原文化研究》，《光明日报》2007 年 9 月 21 日。

同样也是黄河文化的重要组成部分。我国是草原大国，全国草原总面积近 4 亿公顷，约占国土面积的 40%。黄河流域是我国重要的草原分布区，也是华夏文化的发源地。从面积来看，草地生态系统可以说是黄河流域最主要的生态系统，2015 年草地生态系统面积达 373642 平方公里，占黄河流域总面积的 47.2%。黄河流域主要分布有回族、藏族、蒙古族、东乡族、土族、撒拉族、保安族、满族等 8 个少数民族，历史上还分布有匈奴、鲜卑、羯、氐、羌等民族。这些少数民族大多是依赖草原生存的游牧民族。在历史长河中，其与汉族等兄弟民族共同创造了丰富多彩的草原文化。黄河流域的草原文化主要集中在黄河的上中游地区，既有在草原区独立生存发展的文化，又有与农耕文化互动交融的合成文化，形成了安多文化、河湟文化、陇右文化、河套文化等，并在当今生态文明建设中发挥着重大的作用。

安多文化——安多涉藏地区主要涵盖黄河源头和黄河上游的草原地区，其范围包括今青海涉藏地区、甘肃涉藏地区、四川阿坝涉藏地区和西藏那曲。安多涉藏地区的玉树草原、贵南草原、环青海湖草原都是优良牧场，为藏族游牧民提供了生存空间，并相应地产生了高原游牧文化，即适宜于高海拔地带的一种生活方式，积累了丰厚而实用的高原生存经验。早在远古时期，藏族先民在高寒缺氧的严酷生存环境中，就形成了万物有灵的藏族本教，他们将雪山视为神山，将大湖视为圣湖，形成了山湖崇拜的宇宙观，并与佛教结合形成对草原一草一木、一鸟一兽的保护意识和圣洁意识。安多涉藏地区的历史文化是中国文化不可分割的一部分，生活在黄河源头的藏族人民，基于其和自然环境相互依存、相互作用的体验和经历，创造了形形色色、各具特点的生态文化。

河湟文化——黄河从巴颜喀拉山北麓发源流经青海东南部高原、川西北高原和甘肃甘南草原后转了 180 度的 "S" 形弯，又回到青藏高原的河湟地区。河湟地区泛指黄河上游及其支流湟水、大通河之间的广阔地域，史称 "三河间"。这一地区自古以来有多民族繁衍生息，是藏族、羌族、门巴族、蒙古族、裕固族、撒拉族、汉族、土族、保安族等多种民族的生活区域。在众多民族中，有依赖草原的草原游牧民族，也有依赖土地的农耕民族。这些民族的先民在这个区域利用 "三河" 水源，耕牧其间，创造了辉煌灿烂的河湟文化。河湟文化具备草原游牧民族文化和农耕民族文化的双重性,是黄河流域草原文化向农耕文化过渡的起点,是黄河文明的重要分支和中华文明的重要组成部分。

陇右文化——黄河经过"三河间"地区,穿过甘肃河口,进入陇原大地,其在文化领域又称"陇右"。陇右主要指陇山以西、黄河以东,以甘肃为主,包括宁夏六盘山、青海海东部分黄土高原丘陵山地。陇右文化圈正好处在西域文化圈与三秦文化圈的交界地带。陇右是渭河的发源地,也是青藏高原山地草原区、内蒙古高原荒漠草原区和黄土高原暖性草丛草原区的交汇之地。中国早期的齐家文化、马家窑文化、仰韶文化均在这个地区留下了深深的烙印。陇右地处中西交通的要道,西与属于沙漠、草原类型的西域文化毗邻,少数民族文化、外来文化正是在这里得以与汉文化碰撞、交流、融合,成为中原文化与周边文化、域内文明与域外文明双向交流扩散、荟萃传播的桥梁,是从三秦文化到西域文化整个西北文化带的中间环节,带有鲜明的草原民族色彩和草原游牧与农耕的过渡特征。

河套文化——黄河由甘肃南北横穿黄土高原,进入宁夏、内蒙古,河流弯曲成大半个圈,在贺兰山以东、狼山和大青山以南形成广大平原地区,因农业灌溉发达,从唐代开始,历经宋、元、明、清,"大河三面环之、河以套名,故称河套也"。河套地区历史悠久,早在原始社会,就有人类祖先在这里居住,在旧石器时代和新石器时代,这里就具备北方草原自然经济形态的特点,其西部是我国阿拉善荒漠草原,东部是著名的乌拉特草原和鄂尔多斯草原,自然植被以荒漠、半荒漠草原为主,秦汉明清以来就以牧养战马以助军资为名,宜农宜牧,具有典型的草原游牧文化特征和农耕文化元素,在草原文化构成中占有重要的位置。

(二)黄河流域草原文化的主要特点

千百年来,黄河上游的藏族草原文化、裕固族草原文化、撒拉族草原文化被传播到黄河中游,形成与汉族和回族、蒙古族等少数民族交融的草原文化、农牧交错带的农耕文化和游牧文化交融的合成文化,其主要特点如下。

第一，藏汉文化的交融。黄河流域的源头是藏族安多文化、卓仓文化、康巴文化的发源地，早在公元641年，藏族吐蕃松赞干布在河源地区的日月山迎娶大唐文成公主，藏汉之间文化和信仰的交流就达到了世纪顶峰，随文成公主入藏的文士们帮助整理吐蕃的有关文献，记录松赞干布与大臣们的重要谈话，使吐蕃的政治走出原始性，走向正规化。松赞干布派吐蕃贵族子弟至长安国学学习诗书，在唐境聘请文士为他掌管表疏，又向唐请求给予其蚕种及制造酒、碾砣、纸墨的工匠。唐诗"自从贵主和亲后，一半胡风似汉家"（《陈陶》）就反映了藏汉交融的文化和政治影响。

第二，草原游牧文化和农耕文化的交融。黄河流域的藏、蒙、羌等少数民族都是我国典型的草原游牧民族，在历史文明发展过程中，游牧文化和陇右文化、河洛文化、河套文化的交融，促进了黄河流域的发展。农耕文化最先开发于黄河流域，开垦草原、筑渠引水、改良土地、定居生产，和游牧文化的逐草而行、马牛放纵、畜积布野，形成了鲜明的对照，但是由于农作者与牧野者共同分享黄河流域的草原资源、水资源和土地资源，因此形成了草原游牧文化和中原农耕文化在社会、政治、经济、科技等诸多方面的交流和融合，中原农耕文化教会了草原游牧民族先进的农业技术，中原农耕文化的理念向草原游牧地区传播，草原游牧民族又将优良的马匹、胡服、骑射技术传播到中原农耕地区，大大促进了中华文明的强盛和繁荣。

第三，黄河流域文化促进了中华民族的一脉相承。中国是世界上民族多元的国家之一，也是历史传承2000年的统一国家，秦汉统一中国后的2000年间，尽管有多个民族掌握统治政权，也经历了漫长的战争、割据、统一，经历了古国、方国、帝国"三部曲"，但是黄河的纽带、流域的精髓，融通了多元文化，强化了人们对中华民族大家庭的认同感。草原人口和农耕人口不停流动和融合促进了文化的交融，实现了文化采猎、经济互补、习俗传递、物种交流，形成了情感上相互认同的兄弟关系。

二　黄河流域草原生态文化的内涵与价值

草原文化被看作地域文化与民族文化、游牧文化与其他文化、历史文与现代文化的统一，具有鲜明的复合型特质。草原文化的核心理念包括崇尚自然、践行开放、恪守信义、团结友爱、奋发图强和英雄乐观等。草原生态文化是草原文化的精髓所在，蕴含着丰富的生态智慧，包括"天人一体"的生态世界观、"万物有灵"的生态价值观、"敬畏自然"的生态伦理观、"顺应自然"的生态实践观、"俭约实用"的生态消费观等。

（一）草原生态文化的内涵

1. 大自然是草原生态文化的生发源点

草原先民从采猎时代到游牧时代，经历了数万年，从游牧时代到新时代，又经历了数千年，草原先民在草原上经历了从直立行走到发明简单工具，再到发明机器，最后走向今天的生态文明时代的过程。人类在创建生态文明的过程中，孕育和凝结了诸多富有生命力的生态意识。例如，在数万年的采集狩猎活动中，草原先民与大自然和谐共处，他们的一切生活、生产来源都和大自然相连。例如，他们居住在山洞和草棚里，是大自然造就了天穹似顶的山洞、是大自然提供了铺盖草棚的草芥禾秆；他们动手制作的石器是大自然提供的砾石块岩；他们围杀的猎物是大自然提供的万物生灵；他们的生死命运更依赖于大自然。所以他们敬畏大自然、崇拜大自然。在游牧时代，他们与牛羊为伴，逐水草而行，披星戴月、游弋草场，他们与营地、帐房、潺潺泉水、茵茵草地结下了良缘。他们在与大自然的相处中更加了解大自然，用科学的态度初步认识大自然、利用大自然，他们由先辈的敬畏自然、崇拜自然进步到尊重自然、崇尚自然。这种对大自然的认识和与大自然的关系是草原生态文化的核心内涵，由此生发出各种有关生态文明的文化观念和生态意识。

2. 生态意识是草原生态文化的核心内涵

生态意识是反映人与自然环境和谐发展的价值观念。草原先民在草原生活、生产的过程中所形成的人与自然的建制观念表现为敬畏自然、崇尚自然、热爱自然。从朴素的敬畏、崇尚自然到热爱自然、保护生态、爱护环境、珍惜资源、尊重生命等，人们的生态意识在不断地升华和增强。尽管我

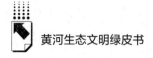

国草原先民来自不同的民族、不同的地区，具有不同的文化背景和民间习俗，都有自己特殊的价值观和思想体系，但是，他们对于大自然的认识和理解具有共通性，会有彼此相通的文化思维和生态意识。在这些不同地区、不同民族的文明和文化中，往往具有体现全人类价值的内容，具有显著的草原生态禀赋，又蕴含着草原人民的智慧结晶。

（二）草原生态文化与生态文明建设的时代价值

生态文明建设的意义分析已经能充分表明生态文明建设的核心是人与自然的关系。草原生态文化蕴含的生态意识和文明思想就是人与自然和谐共生的基础关系，同时坚持人与社会之间的和平共享以及人与自我之间的进取向上。这是草原文明发展数万年的文化结晶，凝聚了千百年来草原人民的聪明智慧和科学思维，是生态文明建设的组成部分，也是生态文明建设的重要思想支撑，在当今生态文明建设中具有重要的时代价值。这些时代价值主要体现在以下几个方面。

1. 人与自然关系中的草原生态文化价值

人与自然的关系是草原生态文化体系中的核心价值。在草原文化发展的历史进程中，人与自然的关系衍生了一幅敬畏自然—崇尚自然—开发自然—破坏自然—协和自然的惊鸿画面。采猎时代，人们认为大自然是生灵主宰，具有神奇的力量，对大自然抱有崇敬、畏惧的无为态度；游牧时代，人们认为大自然是部族家园，具有哺育、保世的力量，对大自然抱有崇尚、顺应的态度；工业时代，人们认为大自然是财富源泉，具有取之不尽、用之不竭的资源，对大自然抱有一种掠夺、榨取的态度，造成了大自然的千疮百孔；新时代，人们终于认识到大自然和人类是和谐共生的关系，对大自然抱有保护、建设的态度。在生态文明建设过程中，要深刻反省，为何人类在具有强大应对自然变化的能力时，反而丢失了草原生态文化中最具有生命延续力的自然意识和生态观念。为了提高生态文明建设的成效，需要进一步弘扬传统的草原生态文化，尊敬大自然，科学管理大自然，珍爱草原生命，重视对草原、森林、山川和各种生命的保护，在生态文明建设中，将人与自然和谐相处当作一种重要的行为准则和价值尺度。采猎时代启蒙的"敬畏自然"的生态伦理观、游牧时代崇仰的"天人一体"的生态世界观都是关于自然生态的良好观念，对现代生态文明建设有着深刻启示。第一，按照尊重自然、保护自然的生态观念，认真实施新时代推行的、有效的草原生态保护建设工程。政府投入了千亿元资金，用以启动草原生态保护建设工程，并创造了"围封转移""改良补播""禁牧休牧""划区轮牧""生态置换"等一系列的草原生态修复和管理模式，恢复草原生态系统平衡，避免草原在被利用中进一步退化。第二，用多功能草地的时代观点认识草原、利用草原、管理草原。2008年世界草地与草原大会在中国召开，大会主题为"变化世界中的多功能草地"（Multifunctional Grasslands in a Changing World），充分反映了我国草原领域与时俱进的大局观和世界观。全世界草原科学家认为，草原不仅是畜牧业基地，而且具有孕育生物多样性、吐氧固碳、防风固沙、保持水土的生态功能，更具有多种自然资源和文化资源，是生态产业发展的重要基地。第三，用美丽中国的理念，建设人类的生活空间和生态空间。当遇到生态危机时，必须从人与自然的关系入手，实行绿色发展、低碳发展、循环发展，修复生态、恢复生机，顺应人民群众的美好期待，建设并保护美丽的家园。

在处理人与自然的关系中，要实现以上三个方面的文化意志，就要广泛深入学习草原文化，传承草原民族固有的先进生态理念，彰显草原生态文化的生命力和时代价值，也要为子孙后代永享优美宜居的生活空间和山清水秀的生态空间，以及大力推进生态文明建设提供科学的世界观和方法论，弘扬草原生态文化对生态文明建设的时代价值。

2. 人与社会关系中的草原生态文化价值

人与社会的关系是人与自然关系的内向衍生，是个体与群体之间确立的建制观念，是己与群的关系。在当今生态文明建设中构建人类命运共同体，就需要多元、包容的文化视点。今天，审视草原生态文化对构建人类命运共同体的重要影响，亟须分析、总结草原文化中的群己观念。草原文化在群己关系上具有十分鲜明的观念，它不同于农耕文化过于轻视个体的社会价值，也不同于西方工商文化过于张扬个体的价值倾向。由于草原采猎和游牧生产方式的流动性、单一性、脆弱性，草原民族每一个个体都要完善自我，具备足够的体能和精神气质，同时，他们在严酷环境的压力下，又亟须建立密切的互助合作关系，以便能更好地应对各种挑战，维持个体的生存与发展。这种文化动力在长期的历史发展过程中培育了优秀的人文情怀，例如，"公平分享"意识、"天人一体"意识等都是这种生态伦理的体现。万物有灵，都是生命，都有享受自由的权利，所以，不会轻易把个人意志强加在他人、他物身上。这些极具人文情怀的生态意识陪伴着草原游牧民族战胜了千难万阻，进入了当今生态文明建设的新时代。这些生态意识和生态伦理所蕴含的人文情怀是对勇敢、勤劳、正直、善良的高贵品德的追求和弘扬，也是对带给人类美好资源的大自然的崇拜和尊敬，锻造了草原游牧民族合作共处、开放共享的民族性格和团结向上的民族精神。这些生态意识和生态伦理代表草原文化的基本精神和价值取向，草原民族崇尚的英雄乐观精神、自由开放精神和崇信重义精神等，都与当今改革开放时代精神的本质是一致的。在改革开放和社会主义现代化建设的历史条件下，这种优秀的传统民族精神，必然表现为开拓进取、创新发展的时代精神，这是生态文明建设工作的基本素质，也是构建人类命运共同体的基本品格。

3. 人与自我关系中的草原生态文化价值

人与自我的关系，是人的自身和心身的关系，就是对自身的文明精神和生态道德的规范。第一，人们应该理解，在久远的历史进程中，草原游牧民族形成了一种开朗豁达、自由豪放的性格特征和与人为善、兼容并蓄的博大胸怀；第二，从制度管理意识讲，草原游牧社会对个人的行为约束比较宽松，最有效、最广泛的管理工具是习惯法，这是自己管理自己和约束自己的强大力量；第三，草原游牧民族的"英雄崇拜"意识把具有优良品格的英雄的人格设定为全体社会成员应该追求的理想人格，这是一个自我约束社会和理想文明产生的前提条件。通过以上三点，可以基本理解草原游牧民族在处理个体心身关系中的自我约束、自我教育、自我升华的传统文化。这种文化心态完全符合当今生态文明建设中追崇的人文心态和思想品格。按照生态文明建设新理念的内容，在生活方式上，人们追求的不再是对物质财富的过度享受，而是一种既满足自身需要又不损害自然生态的生活。人类个体的生活既不损害群体生存的自然环境，又不损害其他物种的繁衍生存，同时，在生态文明建设中需要弘扬自我牺牲、敢当敢为的人格精神和价值追求，生态道德意识是建设社会主义生态文明的精神依托和道德基础。只有大力培育全民族的生态道德意识，提高全民族的生态道德素质，将人们对生态环境的保护转化为自觉的行动，才能解决生态文明建设的根本问题，才能为社会主义生态文明建设奠定坚实的基础。

三 黄河流域草原文化保护发展建议

（一）进一步发掘保护黄河流域草原文化的精神内涵

黄河流域草原文化具有丰富的内涵，包括藏族、蒙古族、裕固族、撒拉族、羌族等多个草原少数民族的生态意识和文化内涵，也包括黄河流域草原文化和农耕文化的撞击融合，以及协同发展的华夏文明，还包括现代社会对大江大河管理利用的生态文明。同时，在历史长河中还有更多的文化印迹，如古老的黄河文明、农耕文明、北方草原区的畜牧文明、诸子学说、礼乐文明、农业伦理道德等，需要进一步去挖掘和研究。第一，进一步挖掘从草原文明到农耕文明再到生态文明的发展历程，引导社会进一步理解黄河流域草原文化对华夏文明的影响和促进作用。第二，进一步挖掘黄河流域草原文化和游牧文化中的生态意识和生态伦理，探索其对当今生态文明建设的启示和借鉴意义。第三，进一步挖掘草原文化和农耕文化融合的思想文化基础，以及这种融合对黄河文明传承和弘扬的影响，更加理解黄河文化的时代性。

（二）进一步大力弘扬黄河流域草原文化的时代价值

黄河流域草原文化对环境保护、人类生存、社会发展具有深刻的引导价值。黄河流域本身经历的草原退化问题、水资源短缺问题、水土流失问题、水患泛滥问题、滩地治理问题等都是现实的生态问题，也是草原事业前进发展中伴生的生态危机。要深刻理解黄河流域草原文化的时代价值，进一步弘扬黄河流域草原文化的时代价值。第一，崇尚自然，顺应自然的选择，珍爱草原生命，重视对草原、森林、山川等的生态保护，积累丰富而宝贵的经验，进一步落实现代草原保护的经验和措施，做好"退牧还草""围封转移""轮牧休牧""生态移民"等公益措施，践行草原游牧民族固有的先进生态理念，彰显新的生命力和价值；第二，学习黄河流域草原文化和农耕文化的家园意识，巩固和发扬草原文化与中原文化在长期碰撞、交流、吸收、融合中形成的黄河文明，热爱多民族的中国和中华文化，发扬热爱祖国、维护祖国统一的爱国主义精神；第三，进一步弘扬草原游牧民族开拓进取、不断进步的时代精神，发扬草原文化和农耕文化勤劳勇敢、积极向上的精神，发扬英雄乐观精神、自由开放精神和崇信重义精神；第四，从黄河流域的系统发展中建立科学的生态系统观、综合治理的保护观和与时俱进的经营观，树立现代生态文明观，实现美好生活和美丽中国，这是草原生态文化发展必走的创新之路。

（三）进一步推进黄河流域草原生态文化的创新发展

黄河流域高质量发展是基于中央一系列战略部署和生态思想的指导。当前，草原生态文化正积极吸收现代文明发展的生态系统思想、"山水林田湖草生命共同体"的思想、"绿水青山就是金山银山"的理念。应积极实施对黄河流域的功能规划，评估黄河流域的主体功能和经济价值，按照黄河流域的区位特点，在黄河源头和水源涵养区建立草原国家公园、草原自然保护区和草原自然公园，以水土保持和生物多样性维护为主要创新发展目标，在黄河流域的黄土高原丘陵沟壑区，建立小流域治理和退耕还林还草工程基地，将水土流失治理和草牧业发展作为推动农牧民脱贫振兴的主要途径。应在河套地区创新发展具有现代专业化规模和技术能力的产业和生态保护工程，在黄河下游滩区和黄河三角洲，彻底治理黄河水患，以草产业为基本产业，治理黄河滩，发展草牧业，加快推进黄河流域的国土综合整治，构建平衡适宜的城乡建设空间体系，适当增加生活空间、生态用地，保护和扩大绿地、水域、湿地等生态空间。应在黄河流域加快美丽乡村牧区建设步伐，加强草原牧区和流域农区基础设施建设，强化山水林田路综合治理，加快转变农业发展方式，推进农业结构调整，大力发展农业循环经济，依托草原牧区和流域农区的生态资源，在保护生态环境的前提下，加快发展乡村牧区经济。

（四）进一步加快黄河流域草原生态文化产业发展

利用黄河流域草原牧区、农牧交错区、农区的交叉、过渡、融合，推动文旅业态创新，把草原文化、农耕文化、民族体育、康养教育等文化元素和生态元素更多地融入旅游，让旅游业态更丰富。要注重市场运作，高水平策划营销，打造营销品牌，创新营销方式，加强整体营销，提升项目的市场竞争力和文化、社会、生态等综合效益。要加强信息化建设，开展文旅场所智能化改造，建设智慧文旅云平台，推动大数据的广泛运用，打造智慧文旅。要突出龙头带动作用，做强文旅经济发展主体。第一，要打造具有国际影响力的黄河流域草原生态文化旅游带，展示草原藏族、羌族的安多文化、卓仓文化、河湟文化，培育黄河流域草原民族文化旅游带；第二，要打造黄河流域农牧交错区生态文化旅游带，展示陇右文化、河套文化、榆林红色文化、六盘山红色文化等，深入挖掘黄河流域农牧交错区优秀传统文化的精神内核和时代价值；第三，要打造黄河流域中原文化生态旅游带，彰显黄河流域草原文化与农耕文化融合的精神内涵，展示河洛农耕文化、仰韶农牧文化、兰考红色文化等；第四，要打造具有国际影响力的黄河流域草原牧区休闲旅游度假胜地，依托三江源、九曲黄河、黄土高原、乌兰察布草原、黄河壶口、太行山、伏牛山等的特色资源，打造观光景点、休闲度假村、田园综合体、革命根据地纪念馆等旅游胜地；第五，要打造黄河流域旅游体验地，结合乡村振兴战略，打造形态各异、各具特色的草原旅游体验地、乡土文化体验地、特色农业体验地等；第六，要打造文化遗迹、科学教育基地，深挖黄河流域多民族、多类型、多内容的资源内涵，加强基地建设，挖掘人文历史文化精神，讲述革命先辈的红色故事，构建体验式生态文化旅游业。

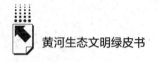

参考文献

贾伟、李臣玲、王淑婕：《试论安多地区多元文化共生格局的特点及其发展趋势》，《中南民族大学学报》（人文社会科学版）2011年第2期。

杨泽明：《安多区域文化与旅游经济协调发展问题探析》，《陕西社会主义学院学报》2006年第2期。

李生文：《河湟文化的渊源及其文化特质》，《青海学习报》2016年第77期。

苏多杰：《河湟文化鲜明的地域特征》，《青海学习报》2012年第6期。

何生海：《草原文化与陇右文化的亲和——以天水移民为研究视角》，《中央民族大学学报》（社会科学版）2010年第5期。

薛瑞泽、许智银：《河洛文化研究》，民族出版社，2007。

董世魁、蒲小鹏编著《草原文化与生态文明》，中国环境出版集团，2020。

卢欣石主编《中国草情》，开明出版社，2002。

卢欣石主编《草原知识读本》，中国林业出版社，2019。

杜青林主编《中国草业可持续发展战略》，中国农业出版社，2006。

洪绂曾主编《中国草业史》，中国农业出版社，2011。

G.10
黄河流域沙漠文化发展报告

戴秀丽　揭　芳[*]

摘　要： 黄河流域沙漠文化是黄河文化的重要组成部分，兼具黄河文化和沙漠文化的共性与特性，内含丰富、表现形式多样，具有鲜明的地域性、显著的多元性和包容性等特征。在起源和历史演进过程中，形成了独特的价值系统，以实现人与自然和谐共生为主要价值取向。黄河流域沙漠地区的生态文明建设具有重要的生态、经济和政治意义，其面临的生态环境危机也是一种文化危机、价值观危机。未来在"两山论"的指引下，黄河流域沙漠文化必将迎来高质量发展。

关键词： 黄河流域　沙漠文化　文化反思

一　沙漠文化概述

（一）沙漠概念

说到沙漠，人们可能会想到唐代诗人王维"大漠孤烟直，长河落日圆"所描述的壮阔与浩渺；王昌龄"大漠风尘日色昏"所描述的萧瑟与荒凉。而在科学内涵上，其含义有广义与狭义之分。广义的沙漠是指荒漠。在地球

---

　* 戴秀丽，北京林业大学马克思主义学院教授，研究方向为生态文明教育、思想政治教育、法治教育；揭芳，北京林业大学马克思主义学院副教授，研究方向为中国传统文化与思想政治教育、中国传统伦理思想史。

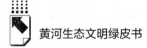

大陆北纬和南纬15°～35°副热带高压带及温带大陆内部，由于气候干燥、降水稀少、蒸发量大，分布着大面积土地贫瘠、植被稀疏的区域，包括岩漠、土漠、沙地和沙质草地等。狭义的沙漠仅指被大片沙丘或风沙土覆盖的地区，属于荒漠的一种，又称沙质荒漠。在英文中，沙漠和荒漠是同一单词"desert"，所以从广义上说，沙漠与荒漠是同义词。

我国主要从狭义上对沙漠的概念进行界定，即仅指被大片沙丘或风沙土覆盖的地区。全国科学技术名词审定委员会审定公布的沙漠概念包括两层意思：第一，沙漠是指被流沙、沙丘覆盖的地区；第二，沙漠是地表干旱的产物，一般指年平均降水量小于250毫米，植被稀疏，地表径流少，风力作用明显的独特地貌形态，如各种沙丘、风蚀劣地等。沙漠作为干旱气候的产物，除南极洲外，在世界其他各大洲均有分布。我国是世界上沙漠分布最多的国家之一，沙漠广袤千里，呈一条弧带状绵亘于我国西北、华北和东北的土地上（总面积约70万平方公里），具体主要包括八大沙漠，分别是塔克拉玛干沙漠、古尔班通古特沙漠、巴丹吉林沙漠、腾格里沙漠、柴达木盆地沙漠、库姆塔格沙漠、乌兰布和沙漠、库布其沙漠；还有四大沙地，分别是毛乌素沙地、浑善达克沙地、科尔沁沙地、呼伦贝尔沙地。黄河流域有五大沙漠沙地，分别是库布其沙漠、乌兰布和沙漠、腾格里沙漠、毛乌素沙地、共和沙地，其中最大的是毛乌素沙地。

（二）沙漠文化

就文化概念而言，《现代汉语词典》解释道：文化是"人类在社会历史发展过程中所创造的物质财富和精神财富的总和，特指精神财富，如文学、艺术、教育、科学等"。《辞海》指出：文化"从广义来说，指人类在社会历史实践中所创造的物质财富和精神财富的总和。从狭义来说，指社会的意识形态，以及与之相适应的制度和组织机构"。也就是说，无论文化的范围如何，其中的核心和实质均在于它是"人化"的，是人类活动的产物，这是"文化"一词的本质规定性。就实质而言，研究文化就是研究人的活动。正如学者所言，"从哲学上说，文化即'人化'，包括世界的'人化'和人本身的'人化'，后者也可以称为'化人'。……文化是人的这样一种存在方式、存在状态：人追求和享有一定的价值成果，并通过实现这些价值来更新和发展自己，以及周围的世界"。① 由于人类活动会涉及不同领域并形成不同关系，相应地，也会形成不同的文化现象，如政治文化、经济文化、宗教文化。因此，文化又是一个由不同领域的文化现象共同构成的完整系统。

早在远古时期，沙漠就已经有了人类活动的痕迹，成为人类生活的家园。古老文明起源于涓涓细流，世界四大文明古国古巴比伦、古埃及、古印度和中国分别起源于两河流域（幼发拉底河和底格里斯河）、尼罗河、印度河和恒河、黄河，但古巴比伦、古埃及、古印度却湮没于漫漫黄沙——阿拉伯沙漠与叙利亚沙漠、撒哈拉沙漠、塔尔沙漠中。

沙漠独特的自然环境决定了人类既对它有依赖又与它有较量。在漫长的历史进程中，这种依赖和较量从未停止，面对沙漠的威胁，人类依靠毅力和智慧积极地适应、改造甚至征服沙漠，巧妙地生存下来并繁衍生息，创造了丰富的物质和精神财富，即沙漠文化。人在与沙漠相处的过程中透视出了独特的人文精神和深厚的文化底蕴，在这一地理环境中形成了独特的沙漠风俗习惯、行为规范、伦理道德、宗教信仰、艺术审美等。在历史长河中，不同的地域还孕育创造出独特而灿烂多姿的沙漠游牧文化、沙漠农耕文化、沙漠商旅文化、绿洲文化等。

黄河文化在本质上是中华民族的根和魂，具有根源性、融合性等特性。其中，根源性表现为黄河文化是中华文化之源和中华民族之根，正如习近平总书记在黄河流域生态保护和高质量发展座谈会上的讲话所强调的"在我国5000多年文明史上，黄河流域有3000多年是全国政治、经济、文化中心，孕育了河湟文化、河洛文化、关中文化、齐鲁文化等"，② 史前文化在这里发生、发展，中华人文始祖主要在黄河中下游建功立业。融合性，主要表现为黄河文化是农耕文明与游牧文明的交汇和融合。中原文化与草原文化

① 李德顺、孙伟平、孙美堂：《精神家园——新文化论纲》，黑龙江教育出版社，2010，第21页。
② 《习近平：在黄河流域生态保护和高质量发展座谈会上的讲话》，"求是网"百家号，2019年10月15日，https://baijiahao.baidu.com/s? id=1647443445350748172&wfr=spider&for=pc。

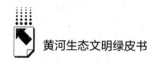
在这里碰撞，造就了中华文明经久不息的生存活力。黄河流域沙漠文化是黄河文化的重要组成部分，具有黄河文化的共性和沙漠文化的特性。

二 黄河流域沙漠文化要义

黄河流域的沙漠主要分布在其上、中游地区。在数千年的历史发展中，黄河流域的沙漠地带孕育了内涵丰富、特征鲜明的沙漠文化，极大地丰富了黄河文化和中华文明。

（一）黄河流域的沙漠

黄河流域的上、中游地处我国气候干旱或相对干旱的西北地区，其间主要分布着我国著名的库布其沙漠、毛乌素沙地、腾格里沙漠、乌兰布和沙漠、共和沙地等五大沙漠沙地。其中，库布其沙漠、毛乌素沙地全部位于黄河流域（含必流区）内，腾格里沙漠和乌兰布和沙漠只有一部分或一小部分属于黄河流域。它们共同孕育了黄河流域的沙漠文化。

库布其沙漠，被誉为中国第七大沙漠，位于河套平原黄河"几"字弯里的黄河南岸，西起内蒙古杭锦旗西部的黄河东岸，东到内蒙古准格尔旗东部的黄河西岸，呈条带状，横跨内蒙古鄂尔多斯市的杭锦旗、达拉特旗和准格尔旗等5个旗区，总面积约1.86万平方公里，是黄河流域中比较典型的沙漠。

毛乌素沙地，是我国四大沙地之一，又称毛乌素沙漠、鄂尔多斯沙地，位于内蒙古、宁夏和陕西三省区交界地带，东起陕西神木市西部，西到内蒙古鄂托克旗、鄂托克前旗与宁夏盐池县东部，北到内蒙古伊金霍洛旗南缘，南到陕西定边—安边—靖边一线，总面积约4.22万平方公里，其中，一半面积在陕西榆林境内，地势西北高、东南低，东南边缘为黄土高原沟壑丘陵。

腾格里沙漠，被誉为中国第四大沙漠，位于甘肃省民勤绿洲与贺兰山西侧山前平原之间，地域辽阔，有大量流动沙丘，属于黄河流域的只有黄河中卫河段以北大约 700 平方公里的沙漠地带，此处是风沙最为活跃的地段，著名的沙坡头即在此处。

乌兰布和沙漠，位于石嘴山到三盛公黄河河段以西，其东南为贺兰山，北为狼山，西为巴音乌拉山，西南为三道梁，地势平缓开阔，自东向西略显倾斜，地处内蒙古西部的巴彦淖尔市和阿拉善盟境内。黄河流域只跨越了乌兰布和沙漠的东部边缘地带，跨越面积约 0.15 万平方公里。

共和沙地，位于青海省共和盆地内，地势偏高，气候寒冷，降水较多，面积为 1.04 万平方公里，黄河流域占 63%，约 0.66 万平方公里，主要有成片分布的流动沙丘、半固定沙丘沙地、天然封育和绿洲外围人工封育的沙丘沙地 3 种土地类型，开发强度较黄河流域内其他沙漠沙地相对偏低。

（二）黄河流域沙漠文化的构成

千百年来，生活在黄河流域沙漠地区的人们在有意识地认识、适应、开发和改造沙漠的过程中，也在不断地进行生产实践和文化创造，积累了丰富的语言、文学、艺术、宗教、民俗等文化财富。

黄河流域沙漠文化内涵丰富、表现形式多样。比如，在语言上，这里有汉语、蒙古语，还有颇具地方特色的晋语方言等，多种语言文化荟萃交融于此。在文学艺术上，这里有包括"榆林小曲""陕西说书""陕北秧歌""陕北道情""横山老腰鼓""绥德石雕"等在内的陕北民间艺术，有包括"蒙古族长调民歌"在内的蒙古族传统音乐，也有影响深远的《蒙古源流》《蒙古秘史》《蒙古黄金史》等蒙古族经典史学名著。这些自成体系而又各具特色的民间艺术文化和民族传统文化，是黄河流域沙漠地区的人们在历史的长河中，为了满足自己的生活和审美需要而创造出来的，是广泛流传的艺术文化。它们从各方面展现了当地人原汁原味的生活样态、独具特色的风土人情、积极向上的精神面貌和多姿多彩的文化生活，富有生活情趣而又充满文化艺术气息。

与此同时，黄河流域沙漠地区也有着历史悠久、绚丽多彩的宗教文化。早在汉朝末年，随着佛教的传入、道教的产生，黄河流域沙漠地区就有了寺

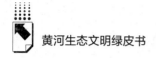
庙、道观的踪影，在此后，寺庙、道观更是不断地发展，遍地广布。除此之外，基督教、伊斯兰教也曾传入黄河流域的沙漠地区，虽然影响力不及佛教和道教，但依然有其信众和安顿之所，成为沙漠地区宗教文化的一部分。

（三）黄河流域沙漠文化的特征

黄河流域沙漠文化是在黄河流域沙漠地区这一独特的自然地域环境中创造和积淀而成的，具有鲜明的地域性，而这一沙漠地区也是一个多民族、多元文化并存、相互融合的地区，因而黄河流域沙漠文化具有显著的多元性和包容性。

就属性而言，黄河流域沙漠文化首先是一种地域文化，具有鲜明的地域性。任何文化的产生都需要以一定的空间和自然地域环境为基础和背景。不同的自然地域环境会产生不同类型的文化，就像我国在陕西有三秦文化、在山东有齐鲁文化、在河北有燕赵文化、在两湖有荆楚文化。黄河流域沙漠文化形成于黄河流域沙漠地区独特的自然地域环境。沙漠地区以其独特的气候、水文、地貌等自然地域环境，为沙漠人民生命的繁衍和实践活动的开展提供了适宜的环境和资源，同时也影响和制约着沙漠人民的生产方式、生活方式、价值观念、宗教信仰，使人们创造的文化具有鲜明的黄河流域及其沙漠地域特色。

就内在构成而言，黄河流域沙漠文化也是一种多元融合型文化，具有显著的多元性和包容性。黄河流域沙漠地区主要跨越内蒙古、陕西、宁夏、甘肃等省区，生活于其中的民族主要有汉族、蒙古族、回族等。这些来自不同地域和民族的人们在创造沙漠文化的过程中必然将其所属地域和民族的特性、特色融入其中，使沙漠文化呈现显著的多元性和包容性。比如，"古如歌"是生活在库布其沙漠的蒙古族创造的一种极具民族特色的民间音乐体裁。它源自蒙古宫廷，是蒙古族长调民歌的一种，在吟唱中特别强调要遵守相应的规矩，主题严肃、内容丰富，涵盖了时政、宗教、亲情、乡情等多方面内容，风格高贵典雅、博大肃穆，是蒙古宫廷礼仪音乐以及宗教礼仪音乐面貌的集中展示。而"榆林小曲"是江南小曲与榆林当地民歌小调交融结合而形成的一种介于曲艺和民歌之间的艺术形式。它的形成源于榆林，榆林地处黄土高原和毛乌素沙地的交界之处，也是陕西、内蒙古、甘肃、宁夏多省区的交界地带，尤其是南北文化的交汇、荟萃之地。"榆林小曲"主要以地方方言土语来进行演唱，唱词融雅俗为一体，形式简单、轻便、灵活，既有北方的粗犷和豪放，又有江南水乡的柔美和甜蜜，是"南腔北调"交汇融合的重要体现。

在黄河流域沙漠地区，这些形成于不同地域和民族的文化共同构成黄河流域沙漠文化，它们彼此之间存在一定的差异，但并不相互排斥，而是多元并存，并且交融结合，使得黄河流域的沙漠文化熠熠生辉、光彩夺目。

三 黄河流域沙漠文化的起源与历史发展

黄河流域沙漠文化深深扎根于黄河流域这块神奇的土地，历史悠久、源远流长。在历史演进过程中，黄河流域沙漠地区曾因独特的地理位置和较好的自然环境成为不同文化交融荟萃之地，其文化获得较大发展，后因环境恶劣、沙进人退，其文化发展走向衰弱和萎靡。在现代，随着防沙治沙的大力推进，人进沙退，其文化也迎来了重生和新的发展，呈现新的气象。

（一）黄河流域沙漠文化的起源

黄河流域沙漠文化历史悠久。早在旧石器时代，在沙漠地区一些自然环境和气候条件比较优越的地带，人类便开始进行生产劳动、繁衍生息，黄河流域沙漠文化也进入了起源和萌发阶段。

据考古发现和地质考察，大约在5000年前，黄河流域沙漠地区有很多地方土地肥沃、气候温暖湿润、生态环境较好，比较适合人类生存并进行文化创造。据《中国文物地图集》（内蒙古自治区分册）、《伊克昭盟志》及《榆林市志》等资料，光是在毛乌素沙地就发现、出土旧石器时代文物点6个，新石器时代文物点381个，可见，早在旧石器时代，该地区就已经有了比较明显的人类活动和文化创造的印迹，到了新石器时代，人类活动更加频

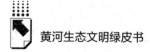

繁，创造出的文化遗存也更加多样。

在起源和萌发阶段，黄河流域沙漠地区出现了原始的农耕文化、采集文化、狩猎文化和畜牧业文化，沙漠文化处在比较原始的阶段。如 20 世纪 70 年代在毛乌素沙地东北部发现的朱开沟文化遗址，出土了大量的陶器、骨器、石器和铁器。经研究证实，该遗址产生于距今 4200 年的龙山时代晚期至距今 3500 年的商代前期，在当时已经经历了从原始的农耕、采集、狩猎向以畜牧业为主的生产方式转变的过程，原始畜牧业文化已具雏形。在毛乌素沙地发现的、被誉为中国已知规模最大的史前龙山时代至夏代的石峁遗址中，考古发掘出了种植业的痕迹，因此该沙地也被认为是远古时期农耕文明和畜牧业文明的交汇之地。

（二）黄河流域沙漠文化的历史演进

在先秦至汉代时期，凭借着独特的地理位置和较为优越的自然生态环境，黄河流域沙漠地区成为民族迁徙融合之地，也成为多元文化交融荟萃之地，沙漠文化走向发展和兴盛。在唐代至明清时期，随着人类不合理开发的加剧以及自然气候条件的恶化，黄河流域沙漠地区的生态环境不断恶化，沙进人退，沙漠文化也逐渐走向衰弱。

据史料记载，在先秦至汉代时期，黄河流域沙漠地区如库布其沙漠和毛乌素沙地原是森林茂密、水草丰美、沃野千里，自然生态环境良好，俨狁、戎狄、匈奴、义渠、林胡、楼烦、朐衍等众多古代少数民族曾生活、杂居于此。加之其地处北方和中原地区的交界之处，具有重要的政治和军事战略意义，因此在此移民筑城也成为中原王朝的重要策略。大规模的人口迁徙，极为频繁的人类活动以及多民族的交往，同时也带来了沙漠文化的发展与兴盛。如在西周时期，周文王姬昌就在库布其沙漠修筑了朔方古城，沙漠地区因此有了人类早期城市文明的印迹。秦汉时期，统治者更是大规模在此地设置郡县、移民垦辟。随着大量中原民众的迁入，中原地区的生活方式和生产方式，如铁犁、耕牛、引水灌溉、代田法等当时最先进的农具与耕作方式也被带到了沙漠地区，当地的社会经济和文化因此得到了极大的发展。其中，毛乌素沙地的鄂尔多斯一带在秦汉时期就被称为"河南地""新秦中"，在风俗上也与关中地区有相似之处，中原文化与北方文化、农耕文化与游牧文化，以及汉族文化、匈奴文化、义渠文化等多民族文化在此交融荟萃、异彩纷呈。

在唐代至明清时期，统治者不断加强移民屯田，大量的人口迁入黄河流域沙漠地区，黄河流域沙漠地区土地负荷不断加重，滥垦滥牧以及不合理的开发和利用也不断加剧，植被和土壤受到严重的破坏，再加上气候变得干旱、寒冷，以至于植被日益退化，风沙日益严重。经过上千年的演变，此地最终退化成不毛之地，严重地威胁着当地人民的生产生活。如在清代雍正年间，地处毛乌素沙地的榆林地区已是"风卷沙土与城平，人往往骑马自沙土上入城，城门无用之物"。沙进人退，黄河流域沙漠地区人类的活动不断受限、减少，沙漠文化也逐渐走向衰弱和萎靡。

（三）黄河流域沙漠文化的现代发展

逮至现代，在沙漠人民不懈努力和改造下，黄河流域沙漠地区的生态环境和人居环境得到了较大的改善，人与自然逐渐实现和谐共生，绿色文化、生态文化成为现代沙漠文化的重要主题和内容。

新中国成立以来，为了保卫家园、改善生态环境，也为了保护黄河，黄河流域沙漠地区的人们开始解决沙漠化问题。他们不断摸索沙漠形成和植物生长的规律，创新治沙造林的途径、方法，积极创造适合本地实际的治沙造林新模式。在这个过程中也涌现出了很多像牛玉琴、石光银等的治沙英雄。在沙漠人民几十年的共同努力之下，黄河流域沙漠地区的沙漠化问题得到了较好的解决，动、植物种群与数量不断增加，生物多样性指数显著提高，生态环境和人居环境得到了较好的改善，由此也带来了绿色产业、绿色文化在黄河流域沙漠地区的兴起，它们成为沙漠地区社会经济与文化的重要内容。如榆林市在治理毛乌素沙地的同时，以治沙造林为基础，打造环城生态圈、城郊森林公园，建设绿色、宜居生态城市，并积极发展各类经济林、生态旅游，打造绿色产业，走出了一条"因绿而兴，因绿而富"的发展之路，生动诠释了"绿水青山就是金山银山"。

此外，黄河流域沙漠地区的人们的治沙经验和成果也得到国家和国际社会的认可，获得多项殊荣，[①] 并且被推广到全国以及世界多个地区，为其他沙漠地区的人们带去绿色文化与生态文明。

四　黄河流域沙漠文化的价值系统

黄河流域沙漠文化以实现人与自然的和谐共生为其主要价值取向，内含"不畏艰险、顽强拼搏，锐意创新、勇于探索"的基本精神，是新时代传统和发展黄河文化的重要文化资源。

（一）黄河流域沙漠文化的价值取向

在数千年的历史发展中，从起源到发展到衰弱再到重振，黄河流域沙漠文化始终以实现人与自然的和谐共生为其主要价值取向。

沙漠因其独特的自然地理和气候条件，通常被认为是"生命禁区""死亡之海"。但黄河流域沙漠地区的人们并没有放弃，而是积极地发挥和施展自身的能动性和创造性，在沙漠地区世代繁衍生息，并创造出历史悠久、源远流长、内涵丰富的沙漠文化。从最开始在沙漠地区气候和生态条件比较适宜的地方兴建城市、生产生活，开拓出属于人类的一片栖息之地，并创造最初的沙漠文化且使其走向发展和繁盛，再到现代，人们认识到人类对于沙漠等自然环境的破坏及其带来的严重后果，进而开始纠正和改善，在尊重自然规律基础上探寻治沙造林、保护自然环境之法，在实践中发展出了绿色文化、生态文化等新的文化内容，使其获得重生和新发展。可见，在黄河流域沙漠文化数千年的发展历程中，人类始终在认识、适应和改造沙漠，在探寻

---

① 如1984年，腾格里沙漠沙坡头治沙成果被联合国授予"全球环境保护500佳"称号；1988年7月，"包兰线沙坡头地段治沙防护体系的建立"以其卓著的科技成果荣获国家级科技进步奖特等奖；2014年4月22日"世界地球日"，库布其沙漠亿利生态治理区被联合国确立为"全球生态经济示范区"。

人与沙漠、人与自然和谐共生共存的方式。实现人与自然的和谐共生是贯穿黄河流域沙漠文化始终的主要价值理念和取向。

（二）黄河流域沙漠文化的基本精神

人类在不断地认识、适应、改造沙漠的过程中，创造了黄河流域沙漠文化，也赋予了其"不畏艰险、顽强拼搏，锐意创新、勇于探索"的基本精神。

不畏艰险、顽强拼搏。沙漠地区的自然和生活环境虽然比较艰险，但人们并未因此而却步。从古代社会，一批又一批的中原民众不畏艰难、踏上陌生的征途迁徙至此，垦荒筑城，开拓新天地，再到新中国成立以来，人们不畏艰险，以顽强的毅力和奋勇拼搏的精神，与肆虐无情的黄沙进行抗争和较量，生活于此的人们付出了常人难以想象的艰辛和心血，将"生命禁区"逆转成"塞上绿洲"，创造出"人进沙退"的奇迹。在此过程中，不畏艰险、顽强拼搏的精神在一代又一代的沙漠人民心中传承，成为沙漠文化的重要内容。

锐意创新、勇于探索。数千年来，沙漠化问题一直是威胁人类生存的重要问题，治理沙漠化也一直是困扰人类的难题。然而，黄河流域沙漠地区的人们在与黄沙斗争的实践中，不断总结规律、大胆探索、因地制宜，创造性地探索出诸多独具特色的治沙造林模式。比如，榆林市首创飞播造林技术，并积极引进东北的樟子松，以填补毛乌素沙地缺少常绿树种的空白。沙坡头人民在腾格里沙漠独创"麦草方格法"以及"便携式沙漠造林器"，摸索出"五带一体"的防风固沙体系。与此同时，沙漠人民还积极探索和打造沙漠经济、沙漠文化，将沙漠从一种负担变成一种资产，在治理沙漠的同时促进经济文化的发展。

（三）黄河流域沙漠文化与黄河文化

黄河流域沙漠文化是黄河文化的重要组成部分，在黄河文化的发展与演进过程中有着举足轻重的作用。在新时代，黄河流域沙漠文化可以为黄河文化的传承和发展增添生态之美。

黄河文化起源、发展于黄河流域，是以黄河流域为地理空间、背景而产生的文化系统。黄河流域地域广阔，由此形成的黄河文化所涵盖的类型也丰富多样且具有鲜明的地域性。沙漠文化便是其中的重要内容和类型之一。在整个黄河文化谱系中，它既与黄河流域的草原文化、森林文化形成鲜明的对比，具备独特的属性和基本精神，又有着黄河文化的一般特征，如同样是多元文化的融合，具有多元性和融合性，也同样以人与自然的和谐共生为主要价值取向。

在黄河文化的发展历程中，沙漠文化历史悠久，二者息息相关、血脉相连。沙漠地区生态环境和生态文化的发展关系着黄河流域自然生态系统的发展，也关系着黄河文化的发展。在新时代，黄河流域沙漠文化能够为黄河文化增添绿色文化、生态文化的内容，是传承和发展黄河文化的重要内容。

五　黄河流域沙漠文化与生态文明建设

（一）黄河流域沙漠地区生态文明建设的重要意义

黄河流域作为中华文明的发源地之一，是重要的生态屏障和经济地带，在我国生态安全和经济社会发展方面具有十分重要的地位。其中，作为黄河流域重要组成部分的沙漠地区，其生态文明建设意义重大。

首先是生态意义，建设美丽中国，实现绿水青山梦。黄河流域生态环境脆弱，这是由其所处区域的自然环境条件决定的。上游的甘肃、宁夏等地，干旱少雨，荒漠化问题严重；中游黄土高原地区水土侵蚀严重；下游地区人多地少，人地关系紧张。流域内的高原生态系统、干旱与半干旱地区的草原或农业系统，脆弱性尤为突出。全国荒漠化土地面积261万平方公里，占国土面积的1/4；沙化土地面积172万平方公里，占国土面积的1/5。[①] 它们主要分布在我国西北、华北和东北西部。沙漠化导致土地质量退化，农牧业产量低而不稳；沙尘暴频发，导致大量农田、草场沙化，交通阻塞、灌渠埋压；超过4亿人口受沙漠化影响。黄河流域五大沙漠沙地，主要分布在黄河上

---

① 刘毅、吴勇：《绿了荒漠　美了家园　富了百姓》，《人民日报》2017年9月11日。

游，这些区域是我国生态文明建设的主战场，沙漠治理任重道远。

其次是政治意义，打赢脱贫攻坚战，实现沙区人民的小康梦。黄河流域经济社会发展相对滞后，特别是上中游地区和下游滩区，是我国贫困人口相对集中的区域。全国 14 个集中连片的特困地区有 5 个涉及黄河流域，而且是多民族聚居地区，其中，少数民族占 10% 左右。五大沙漠沙地主要分布在黄河上游，加强黄河流域的生态文明建设，推进沙区绿色发展和高质量发展，打赢脱贫攻坚战，坚持生态与经济并重，治沙与治穷共赢，切实解决好沙区人民群众关心的防洪、饮水和生态安全等问题，是以人民为中心理念的落实，具有维护社会稳定、促进民族团结的重要意义。如今，我国脱贫攻坚战已取得全面胜利，黄河流域实现较快发展，这与该流域沙漠地区生态文明建设关系密切。其中，库布其治沙成功的经验，很好地做了注释。

库布其治沙之所以成功，在于它践行了一种理念。增绿又增收，治沙又治穷。几十年来，库布其治沙面积达 6000 多平方公里，创造生态财富 5000 多亿元，提供就业机会 100 多万人（次），带动当地群众脱贫超过 10 万人。"绿起来"也"富起来"，库布其治沙，生动诠释了"绿水青山就是金山银山"的理念。

——《亿利库布其治沙！〈人民日报〉评论员文章点赞！》（"中国日报网"百家号，2018 年 8 月 7 日）

（二）黄河流域沙漠资源开发与利用的文化反思

黄河是中华民族的母亲河，哺育着中华民族，孕育了中华文明。截至 2018 年底，黄河流域各省区总人口 4.2 亿，占全国总人口的 30.3%。黄河流域具备适宜农业文明发展的自然环境和适应工业化发展需要的关键资源，是我国重要的能源、化工、原材料和基础工业基地，且优势突出，这就导致黄河流域长期处于高强度的开发过程中，尤其是农业的开发具有悠久的历史；土地、水、能源、部分金属与非金属资源开发时间长、强度大，不断积累形成了黄河流域资源环境高负载的状态。① 以水资源为例，黄河流域水资源总量不到长江的7%，人均占有量仅为全国平均水平的27%，水资源开发利用率却高达80%。② 黄河流域拥有不到全国2%的水资源量，水资源短缺明显，黄河上游局部地区生态系统退化、水源涵养功能降低，沙漠沙地问题明显，发展与保护的矛盾突出。

在大自然面前，人类是弱者也是强者，面对沙漠的威胁和其带来的灾害，人类并没有屈服，而是去适应、改造。选择怎样的相处方式，与人类对沙漠的认知及其价值观密切相关。在从原始文明向工业文明转变的过程中，以人类发展、自我生存为中心的文化思想和人类中心主义价值观逐渐成为人类主流的生存法则，其忽视了自然规律和人与自然相互依存的关系，将二者置于对立面，丧失了了解自然界生态系统运行全部过程的明智，也带来了人对自然的肆意掠夺和开发，导致了人与自然关系紧张，生态环境恶化，人类的生活受到威胁。生态兴则文明兴，生态衰则文明衰，当前人类所面临的生态环境的危机也是一种文化的危机。人类要缓解和消除危机，就需要反省对自然的工具价值的滥用等造成生态危机的行为，改变原有的理论立场，从根本上把自然的内在价值和工具价值有机结合，实现自然生态系统的最优化。

（三）黄河流域生态文明建设与沙漠文化保护的展望

人类的繁衍生息离不开自然界的哺育，自人类诞生之日起，便与自然界密切联系。人对自然界的认识和行为受到两者关系变化的主导和影响，随之也产生了拥有不同内涵的价值观念。在不同的历史时期，社会生产力发展水平不同，与之相适应的生态价值也具有不同的特征，并随社会生产力发展水平的变化而变化，反过来影响或决定人们的行为。

---

① 金凤君：《黄河流域生态保护与高质量发展的协调推进策略》，《改革》2019年第11期。
② 习近平：《在黄河流域生态保护和高质量发展座谈会上的讲话》，《求是》2019年第20期。

新中国成立以后，我国对荒漠化的治理经过了不断探索的过程，有经验也有教训。党的十一届三中全会之前，认识的不到位、制度的不完善，导致行为的偏离，形成了负面的沙漠利用文化，因此带来的不仅是土地沙漠化的加剧，更有人们对沙漠生态系统的错误认识。1978 年党的十一届三中全会之后，我国先后实施了"三北"防护林建设工程等一系列与防治荒漠化有关的大型生态建设工程，并在 1991 年正式启动了第一个以防治荒漠化为主攻目标的全国防沙治沙规划工程。2002 年 1 月 1 日，《中华人民共和国防沙治沙法》正式实施，这是世界上第一部防沙治沙法，为我国防沙治沙事业提供了法制保障，我国防沙治沙工作取得了巨大进展。21 世纪以来，中国荒漠化和沙化土地面积连续 3 个监测期保持"双减少"，实现了由"沙进人退"到"人进沙退"的历史性转变。特别是十八大以来，人与自然、社会和谐发展的理念深刻地影响着人们的行为——变征服沙漠为善待沙漠，有力地促进了我国防沙治沙事业的发展。库布其治沙模式用新理念演绎着生态文明的生动实践。不仅如此，中国防沙治沙的"中国智慧""中国方案"，获得了世界认可。如今我国正走出国门，走进中东、非洲等地区的共建"一带一路"国家，分享"中国经验"、传递"中国信心"，帮助更多在沙海中不懈求索的人们一起打造可持续发展的人类命运共同体。

地处内蒙古鄂尔多斯的库布其沙漠，是我国第七大沙漠，总面积 1.86 万多平方公里，曾经被称为"死亡之海"。

经过 30 年的治理，库布其沙漠的 1/3 变成绿洲，成为世界上唯一被整体治理的沙漠。库布其治沙模式成功践行了习近平总书记提出的"绿水青山就是金山银山"的理念，被联合国称为"全球治沙样本"。

——《全球样本 从沙漠到绿洲的沧桑巨变》（《新闻联播》2018 年 8 月 6 日）

现在，包括甘肃、新疆、西藏、青海、云南、河北等地，在荒漠化治理上，都能看到库布其的影子，去年 12 月，亿利集团董事长王文彪还获得联合国环境署颁发的地球卫士终身成就奖。而库布其的治沙技术也正在向伊朗、沙特、巴基斯坦和非洲等一些国家和地区延伸。

——《库布其的绿色奇迹》(《焦点访谈》2018 年 8 月 7 日)

当人们开始反思人和自然的相互关系，发现只有实现人与自然的共生共存、和谐发展才是正确处理人与自然关系的态度和方式，生态文化的提出就势所必然了。所谓"生态文化是研究人与自然相互关系上的文化现象，致力于在精神、物质、制度、行为四个层面上，构建人与自然共生共荣的关系。生态文化是人与自然和谐共存、协同发展的文化"。① 生态文化走出了"以自然为中心"的境界，也摒弃了"人类中心主义"，沙漠文化必然走向沙漠生态文化。习近平总书记强调："我们既要绿水青山，也要金山银山；宁要绿水青山，不要金山银山；绿水青山就是金山银山。"② 习近平总书记的"两山论"辩证地回答了生存与发展的关系，"绿水青山"是生态，"金山银山"是生存，中国的发展既要"求生存"，又要"求生态"。黄河流域沙漠地区生态环境脆弱，更需要正确价值观的指引，库布其的绿色奇迹的实践，让人们对黄河流域生态保护和高质量发展充满信心和期待。

参考文献

王德甫等：《黄河流域的沙漠》，《人民黄河》1991 年第 5 期。

何彤慧：《毛乌素沙地历史时期环境变化研究》，博士学位论文，兰州大学，2009。

钱俊生、余谋昌主编《生态哲学》，中共中央党校出版社，2004。

黑格尔：《历史哲学》，王造时、谢诒征译，商务印书馆，1936。

---

① 江泽慧主编《生态文明时代的主流文化——中国生态文化体系研究总论》，人民出版社，2013，第 12 页。

② 《贯彻习近平生态文明思想，要把握好这两个重大关系》，求是网，2022 年 6 月 3 日，http://www.qstheory.cn/laigao/ycjx/2022-06/03/c_1128711711.htm。

G.11
黄河流域茶文化发展报告

郄汀洁　蔡紫薇　周国文*

摘　要： 黄河流域茶文化历史悠久，经过数千年的发展，各省区都形成了
极具地方特色的茶俗与饮茶习惯，其共同凝聚为带有黄河文明印
记的区域文化。"南茶北引"工程的成功与推广，从地理位置上
将黄河流域茶树种植的界限向北进行了拓展，为茶文化产业的持
续发展奠定了物质基础。当前，黄河流域茶文化正处于蓬勃发展
的阶段，频频活跃在世界茶文化的舞台上，但仍需在制定产业标
准、打造龙头企业、提高创新意识等方面对其进行提早规划。

关键词： 黄河流域　茶文化　茶文化产业

中国是茶的故乡、茶文化的发祥地，是世界上最早发现茶树和生产茶叶
的国家。《周礼》中曾记载，"掌荼①，掌以时聚荼，以共丧事"，说明在先
秦时人们就已经把茶作为丧祭的供品来使用了。而在民间，茶的发现时间要
更早，《神农本草经》中就曾记载，"神农尝百草，日遇七十二毒，得茶而
解之"。总之，先人很早就已经了解了茶叶的药用价值、食用价值和饮用价
值，故民间素有"清晨一杯茶，饿死卖药家"之说。大文豪苏轼也曾题诗

---

* 郄汀洁，博士，北京林业大学马克思主义学院讲师，研究方向为中国传统文化；蔡紫薇，
博士，北京林业大学马克思主义学院讲师，研究方向为马克思主义生态思想、伦理学；周
国文，博士，北京林业大学马克思主义学院教授，博士生导师，研究方向为马克思主义基
本原理、环境哲学。
① 荼，一说茶。

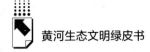

言，"何须魏帝一丸药，且尽卢仝①七碗茶"，诗意虽有些许夸张，却也足见文人对茶的喜爱了。

西汉文学家王褒《僮约》中早有"武阳买茶"（武阳在今四川省内）、"烹茶尽具"的记载，说明在汉代时四川已出现茶市贸易。西晋著名文学家张载在《登成都楼》中的咏茶名句"芳茶冠六清，溢味播九区"，描述的是四川的香茶堪称全国之首，颇具盛名。四川，正是黄河流域茶文化早期发祥地之一。不过，黄河流域茶文化虽然发端较早，推广流行却较南方晚很多，人们的饮茶习惯形成得也较迟。直到公元 5 世纪前后，饮茶习惯才在黄河流域乃至北方盛行起来，进而形成具有黄河流域特色的茶文化。

一　黄河流域茶区的基本概况

中国茶区属世界茶区中的东亚茶区。中国茶区分布非常辽阔，南自 18°N 的海南三亚，北至 38°N 的山东蓬莱，西至 95°E 的西藏林芝，东至 122°E 的台湾台北，东西跨度为 2600 公里，南北跨度为 2100 公里。在这广大区域中，浙江、安徽、四川等 20 个省份都已有成规模的茶叶种植园。我国茶学界以生态气候条件、茶树类型、茶叶品种、产茶历史等为依据，将全国茶叶生产区域划分为江南茶区、华南茶区、西南茶区、江北茶区 4 个茶区。其中，江北茶区又称华中茶区，是我国最北边的茶区，包含长江以北的山东、苏北、河南、甘肃、陕西等地。过去由于气候等因素，江北茶区主要分布在长江以北、秦岭淮河以南地区。近年来，随着山东、甘肃等地在"南茶北引"工程中开发种植茶树并获得成功，江北茶区的种植区域逐渐向北推移，扩大的这些茶区大多属于黄河流域，这使黄河流域茶文化在地理范围上得到了延展。

目前，黄河流域 9 省区中有 5 个省份拥有了自己的茶区，分别是四川、甘肃、陕西、河南、山东。这些省份所产的茶叶种类众多，又因地域气候特

---

① 卢仝：唐代诗人，精通茶事，被世人尊称为"茶仙"。

点各具特色。

四川以山地居多，气候温暖、空气湿润、土壤肥沃，四川的茶区是黄河流域中少有的自然条件得天独厚的茶区，自古就是中国的产茶大区。四川不仅茶叶产量大，茶叶品种也众多，是中国最早进行种茶、品茶、茶市贸易的地区之一，茶文化可谓源远流长。这里生产了一批闻名全国的川茶，例如，蒙顶黄芽、竹叶青、蒙顶甘露、仙芝竹尖、碧潭飘雪、叙府龙芽、巴山雀舌、川红、四川边茶等，都极具四川茶文化的韵味。另外，在以茶水分离法为主的茶界，四川是少有的还保留着直接用三才碗喝茶的习惯的地区。

甘肃的茶区主要集中在东南端的陇南，这里气温高、湿度大、光照充足，是甘肃唯一的茶叶产区。茶叶品种以陇南绿茶为主，其芽叶重实、香气高长、耐泡度高、口感鲜爽浓醇，在 2016 年获国家农产品地理标志认证。陇南虽产茶量不大，但在两宋及明清时期却是茶马交易的重要地区，文县碧口镇李子坝村至今还保留着 20 多株在清道光年间种植的茶树。

陕西的茶区主要分布在南部的商洛、安康、汉中等地区，这里地理环境优越，土壤有机物含量高，远离工业区，是一片天然的好茶场。这里的茶叶大多按照绿茶的生产工艺加工而成，代表性茶叶有汉中仙毫、紫阳毛尖、商南泉茗等。还有一款不同于上述茶叶的历史名茶——泾阳茯砖，其属于黑茶类，是中国历史上以茶治边政策和茶马交易的主要茶品，陕西省专门以此茶为主题打造了一座茯茶文化博物馆。据专家考证，人类茶文化的始祖神农氏正是生产活动于陕南地区，可以说陕西是人类茶文化的源头。[①]

河南的茶区最初以信阳产区为主，这里土壤肥沃、雨水充沛，具备优越的种植茶叶的自然条件。随着"南茶北引"工程的引种技术成熟，茶区种植范围辐射扩大到了南阳、驻马店、三门峡等地，河南的茶园面积有了较大增长。除"中国十大名茶"中的信阳毛尖外，又生产出了一批如太白银毫、仰天雪绿、龙眼玉叶、赛山玉莲等品质优秀的绿茶。[②]

---

① 李三原主编《陕西茶文化》，陕西旅游出版社，2007，第 5 页。

② 吕立哲、金开美：《河南省茶产业发展趋势与建议》，《中国茶叶》2013 年第 10 期。

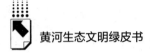

山东的茶区发展较晚，受种植条件和技术所限，一直到 20 世纪六七十年代"南茶北引"工程试种成功后，才开始成为江北茶区的一部分。茶区主要集中在日照沿海、胶东半岛、泰沂山区等阳光和雨水充足、昼夜温差大的地区，是中国最北边的茶区。① 所产茶叶以绿茶为主，其叶片肥厚、茶汤黄绿明亮、茶味甘醇，具有南方绿茶所没有的特点，是中国绿茶中的后起之秀。

综上所述，黄河流域茶区呈现出与其他茶区不同的特点，除四川外，其他 4 个省份的茶区均为非全域茶区，主要集中在省内温度高、湿度大、光照充足、土壤肥沃的区域，在发展中逐渐融入了黄河流域的风土民情，是茶文化向北方传播的重要地区，所产茶叶种类以绿茶为主。

二　黄河流域茶文化的内涵、特征与地位

（一）黄河流域茶文化的内涵

茶文化，是以茶为载体，在载体中融入各类艺术而形成的文化。我国是茶叶的发源地，是最早发现茶、种植茶、品饮茶的国家。几千年来，茶根植于悠久的中华民族传统文化之中，其药用价值、食用价值、饮用价值逐一被发现。在历史长河的涤荡之下，茶文化逐渐从物质层面的文化上升到精神层面的文化，形成一个集多学科于一体的文化体系。

从茶文化的形态来看，不论是关于茶的栽培、制造、运输、保存等研究开发，还是人们在饮茶过程中形成的约定俗成的行为习惯，或者是围绕茶而衍生出的茶具、茶室、茶用水等物质产品，或者是在品茶过程中提炼出的超越茶本身意义的茶德、茶道等价值观念，抑或是关于茶的政策、法律制度等，都属于中国茶文化的范畴。

黄河流域茶文化属于中国茶文化的一部分，二者在内涵上具有一致性，

---

① 韩同春：《北方茶事——"南茶北引"工程与山东茶的种植与发展》，《农业考古》2013 年第 2 期。

但特点在于黄河流域这块土壤孕育出了区别于其他地区的茶文化。黄河流域茶文化的范围不仅局限于上述产茶的5个省份，其传播影响的范围很广，辐射黄河9省区，每一处皆有围绕茶而形成的具有当地特色的茶文化。

（二）黄河流域茶文化的特征与地位

1. 历史性

在中国茶文化的发展史上，南方整体早于北方，但黄河流域借助其长期的政治中心地位和强有力的农业经济保障，在中国茶文化的发展史上也占据了一席之地。上古神农氏用茶解毒，西汉王褒命仆人"武阳买茶"，西晋张载歌咏川茶"芳茶冠六清，溢味播九区"，宋徽宗将信阳毛尖作为名茶列入《大观茶论》，清朝的晋商通过万里茶道将茶叶运往内蒙古直至俄国，诸如此类被载入史册的事件共同构成了黄河流域茶文化特定的历史性。在黄河流域茶文化的发展中，北方文人雅士逐渐将儒释道思想、地方民俗礼仪等都融入其中，形成了独具特色的北方茶文化模式，其具有自身独特的优势和丰富的内涵。

2. 地区性

俗话说"好山好水出好茶"，适宜的自然环境，再加上名人名胜的人文环境烘托，自然会孕育出名茶来。因此在很长一段时间里，我国绝大多数名茶、好茶来自气候温润的南方，黄河流域的茶叶种植在地理位置上并不占优势。但随着北方城市文化的形成和商品经济的不断发展，黄河流域不仅摆脱了气候条件的制约，改善了引种技术，扩大了茶区面积，而且在非产茶区也孕育出了浓厚的茶文化，在这一点上有着异于"处处皆茶区"的南方茶文化的地区性。例如，青海、内蒙古两地的咸奶茶，融合了当地肉奶饮食习惯；宁夏回族自治区的八宝茶，融合了当地少数民族穆斯林的习俗；晋商茶道则依托晋商的发展，联通了北方茶叶市场，成为全国重要的茶叶集散地。

3. 国际性

中国茶文化历史悠久，在发展传播过程中，其影响力不仅遍布国内，也辐射到了其他国家，与各国经济、历史、人文习俗融合后，形成了当地茶文

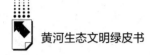

化体系。作为中国古代政治、经济中心的黄河流域，在向世界传播茶文化方面发挥了不小的作用。万里茶道将茶文化带到了俄罗斯，丝绸之路将茶文化带到了西亚、欧洲，而这些若没有黄河流域茶文化作为支撑，是无法达成的。而今，黄河流域各省区继承并发扬了历史传统，积极与世界各国进行茶文化交流，在国际茶文化舞台上大放光芒，黄河流域茶文化的国际性日益显著。其中，山东省作为茶界的后起之秀，发展迅猛，2019 首届中国国际茶叶博览会就是在山东日照举办的，日照也是世界茶学家公认的"三大海岸绿茶城市"之一。

三 黄河流域茶文化的悠久历史

（一）茶文化的产生

一般认为，巴蜀地区是中国茶文化的摇篮。东晋常璩《华阳国志·巴志》记载，武王灭纣以后，巴族地方所产的"……丹、漆、茶、蜜……皆纳贡之"，其地"园有……香茗"。《华阳国志·蜀志》又载，"什邡县，山出好茶""南安、武阳，皆出名茶"。说明商末周初时期这片地域已经开始种茶，并出现大量名茶、贡茶。顾炎武《日知录·茶》记载，"自秦人取蜀而后，始有茗饮之事"，在"秦人取蜀"后，巴蜀地区与关中地区的茶文化交流更为频繁密切，秦王朝完成一统推动了茶文化向全国的传播。①

世界上第一部茶叶专著——《茶经》［陆羽（733~804 年）著］标志着茶文化的形成。进入唐代后，茶叶生产发展迅速，茶区进一步扩大，《茶经》中记载的产茶区已达 43 个州，后陆续扩展至约 80 个州，包括现今的四川、陕西、河南等地，产茶区的范围已与近代茶区大致相当。与此同时，饮茶习俗也随之普及，扩展至北方诸多地区。茶马互市作为唐宋至明代针对少数民族施行的贸易制度，对周边少数民族地区饮茶习惯的形成也产生了重要

---

① 李三原：《陕西茶文化考论》，《西北大学学报》（哲学社会科学版）2012 年第 4 期。

影响。黄河流域中的陕西是茶马互市的重要区域，其茶马互市对吐蕃、回纥等沿路地域的茶文化发展起到了很大的推动作用。

如果说唐代是中国茶文化发展的一座高峰，那么唐长安则是这座高峰的中心点，不仅创造了辉煌璀璨的宫廷茶文化，也推动了茶文化向日本、阿拉伯的传播。唐代自上而下逐渐形成了包括宫廷、文人、僧侣、平民等各个阶层在内的茶文化，直接影响了黄河流域茶文化的形成与发展。例如，公认最能反映宫廷茶道奢华至极的，正是1987年5月在陕西省扶风县法门寺地宫出土的唐僖宗御用茶具，包括茶碾子、烘茶笼子等在内的金银器制作精良，代表了唐代茶文化的精髓。[①]

唐代之后的宋元明清时期，中国茶文化继续蓬勃发展。宋元时期，茶区继续扩大，但主要分布在长江流域和淮南一带，斗茶之风盛行，相关茶书、茶画与茶诗都不断涌现，塞外的茶马贸易和茶叶对外贸易依旧繁荣，而且茶马贸易制度已相当完备。明清时期，随着明太祖"罢造龙团，惟采茶芽以进"的贡茶改散茶的改革，名优散茶得到发展，茶类生产也开始多样化，黄河流域饮茶之风浓厚，艺术类型也丰富多样，该时期是古代茶马贸易的高峰。同时，随着制茶技艺的革新，茶种类也在不断丰富，例如，明清时期陕西商人逐步垄断了西北边茶贸易，为方便运输，在对茶再加工的过程中总结出以"发花"为代表的特殊制作工艺，成为茯砖茶的始祖。泾阳茯砖一直受边疆少数民族喜爱，被誉为"中国古丝绸之路上神秘之茶""西北少数民族生命之茶"。[②]

（二）黄河流域的茶俗文化

黄河流域的茶俗文化因地域不同而各有千秋，融入了各省区不同的风俗习惯、民族特色，共同组成了属于黄河的区域文化。

四川地区的茶俗文化历史悠久、丰富多彩，体现在百姓的日常生活之中。大大小小的茶馆遍布于四川各地，茶具奇特，人们也常常喜欢把时间耗

---

① 陕西省考古研究院等编著《法门寺考古发掘报告》，文物出版社，2007。
② 李三原：《陕西茶文化考论》，《西北大学学报》（哲学社会科学版）2012年第4期。

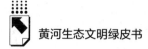

在茶馆之中,尽显慵懒和慢生活情调。四川茶馆茶俗浓郁,有"三有"之说:有茶,即能让真正喝茶的人得到满足;有座,即能让饮茶者坐得舒服;有趣,即民风茶俗有趣。① 四川游子也都将喝茶当作一种思乡情结。四川民间的茶歌也是当地人在生产时创作出来的,歌谣种类多样,反映歌唱者不同的情感。最有特色的是四川茶膳,其如今已成为四川茶文化和川菜文化相融合的产物,也可被视作当地闻名的茶俗文化。

陕南地区主打绿茶,将敬茶视为待客风尚,并强调用山泉水沏茶,给客人献茶时要双手奉上,讲究茶礼。在市场上,买茶、卖茶、品茶的人都是行家,这般热闹场景堪称一绝。人们还从多年的茶俗茶事中编出了一系列药茶诀,如姜茶能治痢、糖茶能和胃等。

甘肃是一个多民族省份,其茶俗文化也具有少数民族特色。"清饮法"在当地居主流、最为普遍,指的是把茶叶用开水冲泡而得到一杯清茶。还有罐罐茶,将砂罐子中的茶放在炉火上煨到最终斟入茶盅需要复杂的程序,喝上几口这茶便能够使人体内热量增加,解除乏力。这种饮茶法对于火力和熬茶用的水、燃料和器具都十分讲究,在宁夏南部兰盘山区泾源一带广为流行。同时,三炮台盖碗茶在宁夏回民家庭中比较常见;酥油茶、油面茶也被视为待客佳品;奶茶被蒙古族和维吾尔族人民当作每日必需品;炒茶广受陇南山区人民的喜爱,有驱寒除湿之效。

河南同样讲究以茶敬客,不仅要请客人喝茶,还要在临别时给客人送茶。亲朋好友之间也以自产的茶为馈赠之礼。以信阳毛尖为例,在泡茶时要用透明的玻璃杯,目的在于让客人能够观赏茶叶的动态之美,同时主人也能够及时观察到茶的用量,以便续茶。茶量也强调不能过满,七分最好。茶艺表演也是当地比较流行的特色茶俗文化。

黄河口一带的茶俗始于唐代,受齐鲁文化影响,逐渐形成独具特色的茶俗文化。其一,比起茶馆,人们更喜欢在家喝茶。虽然街上有着不少茶馆,但其主要提供白开水和零散茶叶。在家里以茶待客,不仅因为喝茶对人身心

---

① 徐金华:《四川民俗茶俗文化在民间的传承》,《农业考古》2004 年第 4 期。

有好处，还因为当地百姓都把这看成一种很高的礼遇。在待客时，讲究"先茶而后酒饭"，[①] 不仅要用一级的茶叶，还要拿出上好的茶具，以示尊敬。其二，婚喜茶和祭祀茶。黄河口讲究在男女订婚或结婚时以茶作为聘礼；在祭祀时节，要用茶酒祭祀祖先。

四　黄河流域茶文化的发展

（一）茶文化的发展概况

19 世纪末 20 世纪初，在战争动荡的岁月里，茶文化沉寂了很长一段时间，直到新中国成立以后，国家的和平与安定给茶文化的发展提供了一个良好的环境，我国茶叶产量大幅提升。据中国茶叶流通协会等的数据（下同），1949 年，全国茶叶年产量只有 4.1 万吨，到 2000 年增长至 68.3 万吨，2021 年则增至 306.3 万吨，茶叶的生产与贸易带来了巨大的财富，茶文化在如此雄厚的经济基础上，发展前景十分广阔。黄河流域的茶园面积和茶叶产量也是在这一时期得到了大幅增长。2020 年，黄河流域 5 个省份的茶园面积达 1019 万亩，茶叶总产量超过 56 万吨，是历年来的最高值。

随着饮茶人数的激增，茶人们不再满足于单纯喝茶，也在茶文化的研究创新、传播弘扬上不断努力。在此氛围下，黄河流域各省区陆续成立了多个茶文化研究机构和社团。截至 2021 年，黄河流域 9 省区除了本地已成立的茶行业协会外，大多又单独成立了专门研究茶文化的研究会或是协会（见表 1），有些省区的产茶大区在省级研究会之外，还单独成立了市级研究会，如信阳茶文化研究会、青岛市茶文化研究会等。除研究会或协会外，黄河流域 9 省区还在多处修建了茶文化博物馆供人参观学习，如河南省茶文化博物馆、崂山茶文化博物馆、四川雅安的世界茶文化博物馆、陕西咸阳的中国茯茶文化博物馆等，无一不在展示着黄河流域茶文化的勃勃生机。

---

① 　王增山：《黄河口茶俗考》，《民俗研究》1997 年第 2 期。

表 1　黄河流域的茶文化研究会或协会

名称	成立年份
四川省茶文化协会	1992
山东省茶文化协会	1999
河南省茶文化研究会	2007
内蒙古自治区茶叶之路研究会	2009
陕西省茶文化研究会	2009
山西省茶文化研究会	2016

随着茶文化这些年的兴起，黄河流域各省区主产茶区纷纷举办"茶文化节"，如山东青岛茶文化节、甘肃（陇南）茶文化旅游节、山西安泽斗茶文化节、信阳茶文化节等，不胜枚举。其中，2006 年的崂山·国际茶文化节是首次在我国北方地区举办的茶文化节，说明黄河流域茶文化产业和茶文化已初具规模，得到了行业内人士的认可。

不仅如此，更令人欣喜的是，在黄河流域茶文化的影响带动下，整个北方地区也展开了茶文化研讨与传播。以北京、天津、河北、辽宁等为代表的非产茶区，近些年在茶叶消费和茶文化传播方面逐渐崭露头角，开始频频举办茶博会、茶文化研讨会等活动，吸引了日本、韩国等国家的茶人们纷纷前来。[①]

（二）万里茶道

探讨黄河流域茶文化，不得不提及其发展史上最重要的两个事件，一个是打通茶文化传播脉络的万里茶道，一个是拓展北方茶叶种植边界的"南茶北引"工程。一古一今交相辉映，成就了如今黄河流域茶文化的繁荣。

万里茶道是继丝绸之路后，又一条在亚欧大陆兴起的重要国际商道。起点为今福建武夷山市，途经江西、湖南、湖北、河南、山西、河北、内蒙古，从今二连浩特口岸进入蒙古国境内，再经乌兰巴托到达中俄边境的通商

---

① 《北方茶产业促进联盟战略合作框架协议签订仪式》，《茶世界》2014 年第 6 期。

口岸恰克图,全程约 4760 公里。茶道在俄罗斯境内继续延伸,途经莫斯科、彼得堡等十几个城市,又传入中亚和欧洲其他国家,使茶叶之路延长至 13000 公里,成为名副其实的"万里茶道"。[①] 鉴于其在历史上的重要地位,2019 年,国家文物局正式将其列入中国世界文化遗产预备名单中。

万里茶道的开辟,在中亚、欧洲等培养了一大批稳定的消费群体,尤其是以肉奶为主食的游牧民族,为了平衡饮食结构,可谓一日不可无茶,而这些茶叶全部依赖于中国的出口。由于茶路漫长,受运输和储存条件所限,新鲜的绿茶常常无法运到国外,为了顺应市场需求,茶人们发明了更便于运输和储存的砖茶,这些砖茶一般来自中国南方。值得一提的是,万里茶道上庞大的茶叶生意,其经营者是来自非产茶区的山西晋商。

黄河流域的山西祁县作为晋商文化的发源地之一,从中走出了万里茶道的首批开拓者,昭馀古城[②]的长裕川茶庄中至今还立着"晋商万里茶道中心"的题刻。晋商在长途贩运贸易中,逐渐开拓出一些商道,将中国茶叶和茶文化带入了中国北方,又带出了国门,为黄河流域茶文化的传播奠定了扎实的基础。

(三)南茶北引

陆羽在《茶经》中有云:"茶者,南方之嘉木也。"茶树这种植物喜欢温润的环境,喜欢酸性土壤,一般生长在我国长淮流域以南的地区,而我国北方气候干旱少雨,35°N 以北地区被认为是不宜种茶之地。针对这种情况,20 世纪 50 年代,山东青岛的农业科技人员认为青岛崂山三面环海,气候、水质和土壤等条件都符合茶叶种植标准,于是提出了"南茶北引"的设想。在山东省委、省政府的支持下,这一工程开始正式实施,拉开了"南茶北引"的序幕。[③]

---

① 李明武、邱艳:《中俄万里茶道兴衰及线路变迁:过程分析与当代启示》,《茶叶通讯》2020 年第 2 期。
② 在今山西省晋中市祁县境内。
③ 韩同春:《北方茶事——"南茶北引"工程与山东茶的种植和发展》,《农业考古》2013 年第 2 期。

青岛率先进行移植试验，经过多次尝试，最终于 1964 年试种成功，从地理位置上将茶树种植区域向北推移了 700 多公里，改写了山东省、黄河流域、北方地区的种茶历史。之后，山东省内各地纷纷效仿，其中，日照、临沂的成效最为突出。[①] 山东省的茶园面积不断扩大，截至 2020 年，茶园面积达 40.8 万亩，每年的茶叶产量超过 3 万吨，成为黄河流域继四川、陕西、河南之后的又一产茶大省，茶叶品质不断提升、种类不断增加，近些年频频活跃在中国和世界的茶叶舞台上。

茶树种植面积的不断扩大和茶叶产量的充足供应为山东人饮茶习惯的改变和茶文化的发展提供了物质基础。从前山东人常喝的花茶和砖茶逐渐退出，当地盛产的日照绿茶、崂山绿茶等山东本地绿茶成为人们的主要饮品，饮茶氛围也比从前浓厚了许多。

山东省取得"南茶北引"工程试种成功后，开始向黄河流域其他省区推广成熟的移种技术。目前，甘肃、河南、陕西三省的移种成效明显，内蒙古、山西等地都有茶树试种成功的案例，但受气候、土壤等条件制约，无法像山东省一样进行大规模种植，该技术未来还有待进一步推广，所以我国茶行业在统计茶区面积和茶叶产量时，一般不将此类试验数据列入。

五　黄河流域茶文化产业建设

（一）茶文化产业的基本现状

茶文化作为我国历史悠久的优秀传统文化，其存在感强、影响力大。随着近现代工业化的发展，茶叶生产技术和效率大幅度提升，茶文化形成了一套上、中、下游相配套的产业链。尤其是在我国南方茶区，茶文化产业日趋成熟，从上游充足的茶叶供应，到中游大规模的生产加工，再到下游庞大的销售市场，多方联动，互相支撑辅助，极大地推动了茶文化的发展，也带来

---

① 韩同春：《北方茶事——"南茶北引"工程与山东茶的种植和发展》，《农业考古》2013 年第 2 期。

了可观的经济效益。相比之下，黄河流域茶文化产业的发展速度要缓慢一些，主要是受制于茶区面积小、茶叶产量少，无法从上游保证茶叶供应，无法就近进行生产加工，所以很长一段时间内，整个北方的茶叶市场更依赖于南方茶区。

发生转变的节点是 20 世纪 60 年代"南茶北引"工程的成功与推广，以山东为代表，黄河流域茶文化产业的痛点在一定程度上得到了缓解。四川、陕西、河南、山东等地的茶园面积快速增加，在已有的南方茶文化产业经验的基础上，很快建立起了一整套具有北方特色的茶文化产业链，对南方茶区的依赖度大大降低，实现了黄河流域茶文化与价值的有效整合。

进入 21 世纪后，随着物质条件的极大改善和生活水平的不断提高，人们对于文化消费的需求愈渐明显。茶文化作为集多种艺术于一体的雅文化，成为人们追捧的新宠，茶文化产业也应运成为一座诱人的金矿。黄河流域各省区充分把握住了这次机会，大力推动本地茶文化产业的结构调整与升级。围绕茶文化开辟出了一系列经济增长点，除了传统的茶馆、茶叶店外，以茶文化学习为中心发展出了一批茶艺培训、茶游学机构，以茶文化研讨为中心开展了多次以茶歌、茶史、茶诗为主题的研讨会，以茶用具为中心发展出了盖碗、茶壶、茶服等茶周边产品，以茶文化宣传为中心发展出了连续的茶文化节、茶博会等活动。产业边界不断拓展，涉及旅游、教育、展览等多个行业或产业。

整体看来，黄河流域茶文化产业在结构和发展形式方面直追南方传统茶区，开发出了庞大的北方茶文化市场。现在提到茶，很少有人只将其作为一种饮品看待，更多的是将其作为一件雅事来对待，茶文化可以说已经成为中华民族传统文化的优秀代表，润物细无声地走进了人们的生活，充分彰显着我国的文化软实力。黄河流域茶文化产业的发展为我国茶文化的全面推广、茶文化产业的平衡发展做出了突出贡献。

（二）茶文化产业的发展建议

目前，黄河流域茶文化产业在快速发展过程中也存在一些不足。一是缺少一定的行业标准，未形成茶文化产业体系。二是缺少龙头企业，产业规模不大，品牌影响力有限。三是创新不足，模仿南方茶区的痕迹过重。这些问题主要是由于整个北方地区的茶文化产业前期基础薄弱，积淀时间较短，作为新兴产业，整体上呈现一种单打独斗、各自为家的状况，没有有效整合好当地茶文化资源。针对上述情况，再结合《中国茶产业十四五发展规划建议（2021—2025）》，可以从以下几个方面进行改善。

1. 制定产业标准，形成茶文化产业体系

在保证茶叶产量和质量的前提下，以政府为主导，茶行业协会、茶文化研究会等专业部门牵头，根据当地的特色制定符合地区情况的产业标准，规范行业发展中的各项行为。在茶文化产业边界不断拓宽的情况下，高瞻远瞩地进行体系构建和从政策、法律上进行规范与保障是十分有必要的。未来，在保证地方特色的情况下，应进一步推进黄河流域茶文化产业的规模化发展，9省区联合互动，其影响力一定会大大提升。

2. 打造一批龙头企业，增强品牌效应

茶文化产业与传统茶产业不同，可以说茶文化产业是在茶产业下游环节的基础上升级演变而成的一个新产业，并非只围绕茶叶生产与销售，而是更注重文化方面的宣传与提升。传统茶产业中不乏优秀的龙头企业，而在茶文化产业中，政府也需要有意识地扶持一批具有代表性的龙头企业，打造具有本地特色的品牌，增强品牌效应和龙头企业的带动作用，不断优化服务质量，才能够做大做强，在全国范围内占据优势。

3. 提高创新意识，打造特色茶文化产业

就目前黄河流域茶文化产业的状况来看，其与南方茶区茶文化产业具有很强的同质性，缺乏特色，亟待从结构和形式上进行创新升级。北方的茶文化产业虽然整体发展较晚，但具有很强的后发优势，能够在快速吸收已有经验的基础上，结合当地优势和特色，充分挖掘本地文化资源，定制出一套适合自身的特色产业体系，充分彰显黄河流域的母亲文化。不仅能够从雷同的茶文化产品和服务中脱颖而出，还能够反向吸引南方茶客走向北方，打破长期以来提到茶就往南走的传统印象。

G.12
黄河流域玉石文化发展报告

李亚祺*

摘　要： 历史上，黄河流域玉石文化与中国古代黄河流域文明有高度的共生性关系。正是在黄河流域，以"天人合一"的自然观为基础，玉石文化凸显了礼制、权力、道德多元合一的精神文化功能，扩展了黄河流域中原文明的地理认知与民族观念，丰富了其美学意蕴与器用形式。当前，黄河流域玉石文化内核丰富，在矿产资源上亦有一定优势，但文脉梳理不足，文化创生亦有缺失。伴随着黄河流域文化阐释与发展的需求，玉石文化的生态自然观内核与文化包容性特质不断显现，依托文脉的文创产业新升级值得期待。

关键词： 黄河流域　玉石文化　自然观

　　从黑龙江小南山文化遗址（出土玉礼器）时代到今天，玉石文化在华夏民族的承继已有9000余年。历史上，玉石既是沟通天地之祭祀中介，又作为工具和装饰现身，既是神圣王权与礼教秩序之象征，又是美德与人格、祈福与祥瑞、工艺与审美之呈现。其中，黄河作为文明廊道，对华夏民族文化的"赋形"也同样体现在玉石这一物质载体中。就考古可见的玉石功能而言，距今4000年左右的黄河流域齐家文化出土玉器，在汇集红山文化、良渚文化玉器功能的同时，突破就地取材的限制，向昆仑地区开启使用和田

---

*　李亚祺，博士，北京林业大学艺术设计学院讲师，中国社会科学院大学阐释学博士后，研究方向为文化阐释与当代文化建设、生态美学与生态设计理论。

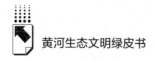

玉的"玉石之路",且昆仑之玉终以黄河流域文化为集成,在商周时期成为完整的祭祀与礼教制度象征;而对昆仑之玉的普遍信仰,也客观促成了早期的民族交往、物质交换、审美交流,延伸出彼时中原国家对地理空间与文化关系的认知,亦在此后数千年中华文明历史进程中扮演着重要的角色。

随着近代以来社会思潮的转型,玉石文化深层次的意义体系有所萎缩,包括玉石在历史上作为制度载体、交往媒介、哲学与伦理思想的承载等范畴。但对玉石的审美与伦理文化认同仍延续在国人的情感结构中,并且随着相关工艺产业的兴盛不断产生形式上的创新。因此,从黄河流域文化发展的角度分析玉石文化的历史意蕴,考察玉石资源及其工艺的现状与未来,是立足黄河文化基因,寻求黄河文化事业和文化产业创新发展的思考。

一 黄河流域玉石文化的基本概况

就当代玉石文化的认知与认同方式而言,玉石的历史文化价值、工艺价值、材料价值是三个重要方向。

首先,黄河流域玉石文化的历史文化价值体现在其历史跨度大、涵盖范围广、文明表征度高。大量令人惊叹的民间或出土玉器,或陈列在博物馆,或为历史遗址中展出的"物证",或见于收藏家私人藏馆。尤其是黄河流域省级及市县级博物馆,皆有各代藏品展出,如山西博物馆的"西周玉组佩"、河南博物馆的"战国青玉谷纹璧""西周青玉人首龙身佩"、青海博物馆的"齐家文化玉环"、内蒙古博物院的"红山文化玉器"。又如运城市盐湖区博物馆的"芮城玉器"、甘肃静宁县博物馆的齐家文化玉器"静宁七宝"、晋祠博物馆的"唐代鸟形玉佩"、洛阳博物馆的"唐代葵口玉盘"等,不胜枚举。但相比较新疆及许多东部地区专门建立"玉石博物馆",形成相应的产业机制,黄河流域玉石文化在知识图谱活化、文化产业带动上还缺乏一定的系统性和关联性。

就工艺价值而言,20世纪50年代,玉雕行业在国家的重视下得以恢复并逐步繁盛,新时期以来社会语境的变化,又使玉石原料的雕琢技艺和审美价值越发凸显。当代玉雕行业承接明清玉雕流派，主要分为"北派""扬派""海派""南派"四大派别。其中，"北派"以北京、天津、辽宁为核心，受宫廷工艺风格影响，玉雕多庄重典雅，擅长立体圆雕与俏色，且多花卉、佛像；"扬派"即扬州流派，擅长山子雕、巨雕，既能在鹅卵石般的玉料上随形创作，巧妙构思，又能驾驭巨型雕刻，浑然大气又细节传神；"海派"即上海流派，坐拥近代以来经济文化繁盛之地利与传统，凸显雕刻之精细，品相之可贵；"南派"包括广州、揭阳等地，受到东南亚艺术风格以及自身竹木牙雕艺术特征的影响，擅长镂空雕，构造玲珑精巧。

四大流派之外，黄河流域各省区中，河南南阳历史悠久，玉石加工规模较大，其镇平地区是我国北方最大的玉石加工基地及批发市场，在政府组织、机构运转方面也较为成熟，尤其是镇平的石佛寺镇玉雕产业，已有4500多年的历史。新中国成立后，石佛寺镇玉雕产业有了长足的进步。21世纪以来，其玉雕产品中的摆件类产销量占全国产销量的50%以上，挂件类产销量占全国产销量的60%以上，在国内市场的占有率远远超过了其他玉石产业地区，是镇平"中国玉雕之乡"的核心地区。[1] 另外，陕西蓝田玉同样传承年代久远，在造型、人物雕刻中颇见古意；青海玉石加工产业也更加成熟，尤其是在2008年北京奥运会奖牌"金镶玉"使用青海玉料之后。

但总体来看，黄河流域在玉石工艺加工与文化传播上还有相当大的提升空间。传统黄河流域玉石工艺的造型、纹样及其背后的中国自然观、中国艺术心灵的密码还需要更多的解读和现代性转化。

材料价值方面，黄河流域各省区玉石矿产具有规模相当的资源驱动优势。"四大名玉"之中，除辽宁岫岩玉之外，新疆和田玉以河西走廊与黄河中上游为廊道和中介，进入内地与沿海市场，且向西沟通中亚文明；陕西蓝田玉以秦岭玉矿带为基础，资源丰富，历史悠久；河南南阳独山玉属于国内中部地区较为成熟的玉石产品，在资源和市场联动方面相对成熟。另外，青

---

① 赵宏伟等：《中部地区玉产业特色镇发展建设研究》，《山西建筑》2016年第13期。

海西宁昆仑玉产业较为成熟；四川、甘肃、内蒙古、陕西等都有一定程度的玉石矿产储藏，其需要得到有效的组织、管理与评估，以及文化价值的梳理与艺术设计的提升。其中，青海省黄河源头以西的格尔木，所处之山同为昆仑，其出产的青海玉，因为透闪石的含量较低，所以密度、质地以及油脂光泽不如和田玉，但也因为透明度较高，亦有部分在质地结构上颇具特色，不乏精品。比如，带有"飘翠"绿色的白玉，被称为青海翠玉，在市场上颇受欢迎。同时，青海翠玉开采较晚，储藏相对丰富，且市场价格不低，"一只用青海翠玉雕琢成的手镯，可以卖到十万元甚至几十万元"。①

四川玉石及宝石矿产种类比较丰富，规模较大，就玉石而言，品质高者不多，但其品类较多，矿藏丰富且不乏特色。比如，四川汶川县龙溪乡的龙溪玉，开采历史悠久，是国内继和田玉之后具有第二大规模矿区的软玉。另外，四川的蛇纹石、蓝纹石、青金石都已进入市场，而 20 世纪 60 年代末新开发的粉色桃花石也有不错的矿产基础。同时，四川还具有一定的宝石制造技术，其与玉石产业联合发展的空间、潜力大。②

甘肃玉石储藏丰富且多有历史文化的附加增长空间，但集中管理和产业化规模不大。就资源而言，祁连玉属蛇纹玉，色彩较为斑驳，亦不乏美学特点，但并未得到更好的设计和推广。目前，亦有对玉门、夜光杯等文化关键词进行定位的产品，但其文创不足，生产加工方式相对粗放，未构成品牌效应；瓜州有长达 20 多公里的石英岩玉料，其常被冒充和田玉出售，也未得到有效的组织管理；据考证，马衔山玉矿应是齐家文化玉器加工的主要玉料来源，质优者亦可与和田玉媲美，目前也处于无序开发阶段；马鬃山玉矿遗址位于甘肃肃北蒙古族自治县，是目前中国乃至世界发现的最古老的玉矿遗存，所处时代约为战国至汉代，出土的玉器辐射范围广，其材质与马衔山玉矿类似，可预见的文旅附加值高，但对其论证和关注度不足。

陕西西安蓝田玉玉矿资源丰富，有近 1100 万立方米，玉质硬度高，适

---

① 叶舒宪：《玉石之路新疆南北道——第七、第八次玉帛之路考察笔记》，《百色学院学报》2015 年第 5 期。

② 周开灿：《四川宝玉石资源地质特征》，《珠宝科技》1997 年第 3 期。

合雕琢大中型工艺品，玉料颜色也丰富多彩，包括青、白、黄乃至偏于红色，常见一玉多色，但整体协调美观。蓝田玉挖掘和雕刻历史悠久，工艺成熟，当前也形成了良好的供应市场，只是在早期玉矿开发的过程中，由于缺乏管理，造成部分资源浪费与植被破坏，目前已逐步规范，依然期待更多雕刻大师予以其丰富的创作主题，在意蕴表达上与时俱进。此外，陕西商洛有百余平方公里的矿石，还没有集中进行产业转化，汉中地区伴随硅石加工行业，也有部分玉器加工。

另外，内蒙古乌兰察布市哈达图的石英质玉石也颇具特色，因其主要包含红褐色、灰粉色、橙红色石英质，密度高、质地细腻，以红碧玉为名的雕琢原料有广阔的市场和前景。山东亦有许多蛇纹玉产地，山东省泰安市泰山山麓的泰山玉，透明度高，又依托泰山的平安文化，有辟邪、祈福、养生的意蕴，受到一定欢迎。

总体而言，当下的玉石文化更注重原料的物以稀为贵，或是考究的工艺造型，二者皆以审美形态为核心，玉石文化更丰富的思想很难得到真正的认知与展现，即"道"与"器"还有一定程度的分离。人们对传统工艺与中国文化之间关系的理解往往着眼于表面和局部的文化联想，或为了迎合一定的主题进行缺乏历史深度的阐发。属于中国的思想和文化资源，尤其是黄河流域玉石文化的深厚渊源，其多维度的可能与当代工艺创新没有得到更有深度的融合。

二　黄河流域玉石文化的历史与意蕴

玉石文化与黄河流域文明的发生和发展具有高度的共生性关系，黄河流域玉石文化在"天人合一"的自然象征中完成礼乐秩序的建构，拓展了意蕴和精神文化的象征层面；在对昆仑玉石神话的信仰中拉开中国的地理空间维度，扩展了地域观念；在对自然力量与自然品格的信仰中辅以人格与道德的意义，又承载着民间的祈祷，不断随审美心理的变化呈现艺术的丰富创造，拓展生活文化的意蕴。其核心内涵可以概括为以"天人合一"自然观为中介的象征性、媒介性与包容性。

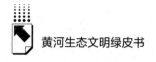

（一）象征性：礼制、王权、道德的多元合一

其一，玉石是礼制的象征。追溯玉石文化信仰的生成，巫文化是其起点，东汉《说文解字》中对"巫"的解释包括"巫也，以玉事神，从玉"，说明了玉石与祭祀的关系。玉石首先作为巫文化沟通天地的中介，见于我国新石器时代的东部地区，如辽宁、内蒙古赤峰一带，江苏南部和浙江北部一带，这些地域发现的玉琮、玉璧等礼器即用于祭祀。此后的龙山文化、陶寺文化、石家河文化中，玉制的兵器如戈与刀等越发丰富。到黄河流域甘肃的齐家文化，玉器的功能和形制最为全面，且出现来自昆仑的玉器。而玉礼器大规模出现，则是基于黄河流域中原王朝的崛起，即伴随着黄河流域古代都城的建立，夏商周从"巫玉"进入"王玉"的阶段。① 玉石为祭祀之礼的象征物，同时也是秩序和权力的象征——"以苍璧礼天""以黄琮礼地""以青圭礼东方""以赤璋礼南方""以玄璜礼北方""以白琥礼西方"，作为人与天进行沟通的中介，《周礼》中的"六器"以颜色与形制界定了礼制的遵循，并进一步通过诸多器型在不同场合的使用，明确玉器形制所规范的等级，使礼教完整地包容于王权秩序中。

玉石是"天人合一"自然观的象征物、祭祀仪式的礼，人通过玉石寻求与自然的对话，希望得到自然的认同和庇佑，人通过自然介入世界、理解世界，意味着人要构建节制与秩序的自然观与礼教观，孔子的"礼乎礼，夫礼所以制中也"即有此意。而玉制的细化，实则是国家制度和各级治理权限与职能的细化，在严格的象征体系中，个人与制度的关系，以玉石的物性承载为中介，以自然之道的合理性为基础，"天人合一"自然观的思维方式得到确定。而玉石参与祭祀和贵族丧葬的过程，意味着个体从出生到过世，需以自然赋予的生命准则完成使命，同时依照秩序复归于自然，也始终得到自然的庇佑。当然，就礼制效果而言，必然存在利弊两个方面，如不能对"礼"背后科学的自然观、世界观有更深入的理解，就会在治理更为复

① 杨伯达：《玉文化，中华文明的奠基石》，《文明》2009 年第 5 期。

杂的实际问题时产生漏洞。但就中华文明的延续性而言，这种以自然之道为中介、以礼为表征、以玉石为象征承载寄托人生价值的方式，亦是人的价值得以形成的指引，它包含着共同体建立应遵循的规律，也包含着对个体人格完善的追求。由此，中华文明具有一种生生不息的动力，一种将斗转星移视作常态的定力，一种"行到水穷处，坐看云起时"的通达，以及个体"在其位，谋其政"的自觉。

其二，玉石是王权与实力的象征。黄河流域中原地区玉石文化的繁荣在距今 3000 年左右的二里头时期，夏商周形成高峰，这与中原地区政治力量的强大，与周边地区形成朝贡体系密不可分。《尚书·禹贡》记载的四方贡服体系，其中就涉及扬州、梁州、雍州对中原王朝的玉器贡奉。① 而在秦王统一六国，以玉石制印，上刻"受命于天，既寿永昌"之前，黄河中下游冲积平原的几百个诸侯国彼此间不断较量与征战，国力的象征同样需要物质符号形成载体，玉石则成为一种重要的实力象征。这也在一定程度上表明获得昆仑之"天意"的青睐是一件难上加难的事。《管子·揆度》有言"玉起于禹氏之边山，此度去周七千八百里，其途远，其至阨"。战国时期鲁国尸佼的《尸子》有言"取玉甚难，越三江五湖，至昆仑之山，千人往，百人反，百人往，十人反"。② 可见，能够以充足的人力克服距离困难，或是能通过其他实力争取到绝佳的玉石，是国家实力和威望的象征。也因此，历史的字里行间，有了"卞和献玉"中卞和的赤诚、"完璧归赵"中蔺相如的果敢，有了刘邦在鸿门宴上对项羽奉上"白璧"显现的"诚意"，也有范增连举 3 次自己佩带的玉玦，暗示项王要下决心杀刘邦的焦灼……英雄豪杰、王侯将相和他们在风云际会时的选择历历在目。

其三，玉石是道德的象征。《说文解字》十分强调玉的道德含义，述以玉有五德，"润泽以温，仁之方也；鰓理自外，可以知中，义之方也；其声舒扬，专以远闻，智之方也；不挠而折，勇之方也；锐廉而不忮，洁之方

---

① 刘成纪：《石与玉：论中国社会早期玉文化的形成》，《江苏行政学院学报》2015 年第 3 期。
② 李发军、李发勇：《黄河流域的灿烂文化——齐家玉器》，《收藏界》2018 年第 6 期。

也"。即从玉的物质属性入手，将其与人的品德做比较：玉温润有光泽，是仁义正直的表现；玉透明而能看见其内部的纹理，是忠义的表现；玉在被敲击时发出悠扬清脆的声音，传播远方，是智慧的表现；玉坚硬细密，是勇敢的表现；玉即便有了断口也并不锋利，是道德高尚和严于律己的表现。事实上，礼教中的人伦之情，注重人性的完善，核心依然是"天人合一"的自然观基础。"君子比德于玉"包含着法度与性情的结合，"道"与"器"的合流。而玉石文化流淌着巫文化源头中的浪漫想象，玉石信仰又不断呈现为历史人物身上的勇气和智慧，或是宁为玉碎不为瓦全的追求，这一切在千百年来奠定着玉石文化在中国超越性的精神价值遵循。

（二）媒介性：地理认知与民族观念的形成

齐家文化中的昆仑玉，以及商代妇好墓中更为精致的昆仑美玉等，都说明有一条沟通西域、为丝绸之路做铺垫的玉石之路，早已凭借着血肉之躯得以铺展。这也意味着，黄河流域的上游和中下游，共同奠定了玉石文明的意蕴基础、地缘基础——玉石文化在地理政治的意义上构成了文明的物质载体，而文字与考古也验证着早期多民族共生与交往的华夏文明。

昆仑神话赋予昆仑之玉的天地想象，奠定了中国早期文明在地理空间上的高辐射性基础。司马迁在《史记》中多次提到黄河发源于昆仑山，比如，"河出昆仑。昆仑其高二千五百余里，日月所相避隐为光明也。其上有醴泉、瑶池""汉使穷河源，河源出于阗，其山多玉石，采来，天子案古图书，名河所出山曰昆仑云"。"河出昆仑"也即黄河的发源地在多玉石的昆仑山一带，这是汉武帝基于张骞的西域之行，结合《山海经》等文献得出的结论。《汉书·西域传》这样解释为何黄河看上去从青海发源："河有两源，一出葱岭，一出于阗，于阗河北流与葱岭河合，东注蒲昌海，其水亭居，冬夏不增减，皆以为潜行地下，南出于积石，为中国河云。"即昆仑之水汇入塔里木河，注入罗布泊，继而潜于地表之下，并在青海积石山再度显现于地表。

在《黄河水道与玉器时代的齐家古国》一文中，叶舒宪基于对河套地区龙山文化出土玉器的考察，以"黄河中游的河套地区以南，分布着较为密集的史前玉礼器使用者""殷商晚期出土大量和田玉雕玉器群的都城安阳也距离黄河不远"①为依据，又加之《诗经·大雅·公刘》记叙周人祖先公刘自陇东迁徙豳地，有"何以舟之？维玉及瑶，鞞琫容刀"的诗句，能够推测黄河在向中原运输西北玉料资源时，以舟运载玉石，解释了玉石信仰与黄河作为"媒介"和"廊道"对文化的传播与塑形意义。可见，历史上"玉出昆冈"的地理因素带来的神话民族性想象、王权建构诉求，寻玉途中带来的地域空间的认知心理、不同文化间的交往，以及伴随礼玉制度和玉石材质特性而生的人格象征，都经由黄河流域文化带的辗转迁徙，进一步与祭祀与礼制的建构进行融合，成为国家的文化象征，乃至成为制度与人格的象征。这一条面向昆仑的玉石之路，也成为塑造中国文化地理形态的源头。

以黄河为地理标志，以玉石为媒介，更为具体的民族交往意义在《穆天子传》中有更生动的表达。《穆天子传》经考据普遍认为成书于西周，具有丰富的历史政治、风俗文化、地理学与神话学意义，而玉石则是始终贯穿其中的交往中介。

一开始，周穆王在见西域诸国首领与昆仑西王母之前，先去河宗氏所在封地祭祀黄河，河宗氏的河伯具有领命于天的能力，其所在封地首领热情接待周穆王，周穆王也通过河伯得到神的旨意：可沿黄河向西出发，途经诸多邦国，拜谒昆仑西王母的指引。关于祭祀的场景，《穆天子传》有这样的描写，"天子大服：冕袆、帗带、搢曶、夹佩……天子授河宗璧。河宗伯夭受璧，西向沉璧于河，再拜稽首"，足见礼仪之周到、气势之恢宏。周穆王不断西行，与不同邦国的首领会面，诸地首领送上玉石、牛羊，周穆王也回赠其珠宝金器等礼物，他们愉快交谈，欣赏音乐艺术，品美酒佳肴，周穆王还观察植物花鸟，参与体验狩猎活动，甚至试图将部分植物移植中原，有了"取玉群山"的探索发现，也有了"乃执白圭玄璧，以见西王母"，并从西王母那里"载玉万只"而归的重点描绘。

---

① 叶舒宪：《黄河水道与玉器时代的齐家古国》，《丝绸之路》2012 年第 17 期。

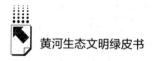

在这种文化的交往中，物与物之间互补，人与人之间惺惺相惜，全无兵戎相见的斗争。玉石在这里的中介性，正如君子之交，彼此尊重，共同遵循"天道"，即自然的秩序与规律，也因此有了西王母与穆天子之间的默契与期待。而后世诸多诗词"用典"常常将二人以私情论，大概并未注意到《穆天子传》更为详细地记述了周穆王作为君主，其旅途中的文化交往意义及其崇文尊礼的行为和尊重邦国、思考国家治理的大局观。

不难想象，汉代与唐代的繁荣，汉武帝对西域问题的深度思考，很大程度上是对民族间交往重要性的政治、经济把握，也奠定了中国文化多民族一体的根基。而文明的家园因何而起，因"河"或是因"和"，也成为一个可以思考的问题。

（三）包容性：美学意蕴与器用形式的丰富

艺术形态必然以民族审美意识为基础。玉器作为一种辅以工艺智慧的艺术形态，其形式表达也会随着民族审美意识的变化而变化。中国玉石文化的基础在于玉石作为礼制、伦理与地域交流的象征，同时，"道器合流"也意味着其文化思维与物质形态本身需要放在一起考量。就玉器工艺而言，随着时代的变化，玉器的象征范畴也有所变化，其形制的变化不断受到新的效用与审美观验的影响，而玉器形制方面最大规模的"生活化"和"民间化"是在唐代。唐代经济文化的繁荣与包容，促使玉器的"实用性"得到更多彰显，玉器作为艺术的载体向生活延伸，也为玉器审美的普遍深入民间打下基础。

唐代玉器在器型和纹饰上都有很大的改变，一方面，市民生活和与之相伴的商业活动越发丰富，在汉代多见的玉佩组合的基础上，审美与日常器物的结合成为唐代玉器制作的普遍形式，也即玉器的功能和外延不断拓展，比如贵族衣着配饰上的玉器形制越发丰富，出现了玉步摇等形制精美飘逸的头饰。同时，兼具使用、收藏和玩赏功能的实用器具进入人们的生活，如生活需要的酒具、茶具、寝具、乐器等，基于生活美学与生活智慧得以生发。另一方面，在纹饰上，相比早期的勾连纹、雷纹、蟠螭纹的谨严秩序，花卉植物的浪漫唯美被突出刻画，更具写意特征的水波纹、云纹变得十分常见；同时，文化的交流也带来艺术表达的不同，受佛教艺术和外来的诸多艺术的影响，玉佛、玉法轮、玉飞天，以及具有西域民族风格，吸收波斯乃至欧洲等纹饰特点的玉器也变得十分常见。

另外，在诗词艺术中大量出现玉器的象征，如李白"广汉水万里，长流玉琴声""黄鹤楼中吹玉笛，江城五月落梅花""胡人绿眼吹玉笛，吴歌白纻飞梁尘"；杜甫"正枕当星剑，收书动玉琴"；白居易"剥条盘作银环样，卷叶吹为玉笛声"；王昌龄"金炉玉枕无颜色，卧听南宫清漏长"……在这里，"玉"一字带来了浪漫和飘逸的想象，也包含高洁与高贵的品格、悠长与灵动的情思。玉与器物合一，意味着自然之神圣与日常之美的合一，也意味着对身处日常之中的个体生命、个体人格、普遍人性的肯定。反映出审美的人道色彩，也便因此有了风雅与超脱之美。

可见，基于开放的文化环境而带来的艺术迸发，进一步延展着玉器的范畴，并逐渐消解玉器绝对的王权象征。但审美的生活化，并没有使玉石的原初神圣性消解，玉石文化在一定程度上带有意义的"积淀"特征，玉石的神圣性与通灵性始终没有改变。这在于，当人们在寻求新的精神慰藉与审美之时，自然的灵性却是从来未曾变化的庇佑与向往。这与其说是秩序被熔铸在人们的心里，不如说是其背后所代表的与自然合一的规律得到了认同，其在不同的社会文化语境内，就会展现为不同的形式。这也意味着玉石在生活化的同时，也使生活日用之物"超拔"于世俗而构成审美的意蕴，而玉石作为"天人关系"的载体，也天然地具备价值的"赋能"意义。

唐代以后，随着战乱的影响，黄河流域水土流失严重，经济重心南移，玉石工艺进一步经由南方被赋予浪漫灵动的气息，至清代，其作为皇权与文化象征的属性被重新加以强调……由此可以想到，《红楼梦》中玉石意蕴的丰富性其实代表了玉石文化内部层次的丰富性，以及在审美的生活与权威的质疑中并行、统一的文化特性。就这一点而言，曹雪芹笔下离经叛道的贾宝玉，既是对"通灵"的质疑，又何尝不是无价可量的真宝玉。

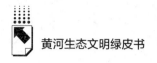
三　从历史文脉走向文化创生

目前，黄河流域9省区玉石文化的发展主要依托以博物馆、文化遗址为核心的文旅和文创产业，以及玉器生产经营产业。参照当代玉石文化，一重玉料之珍贵，二重工艺之精深，三重玉石文化的历史沉淀与美好象征。黄河流域各省区中虽不乏青海、河南等玉器经营大省，但在技艺和选材上离被广泛认可还有差距，相比之下，黄河流域对玉石文化基础在中国的奠定则有更深刻的影响，但在文旅和文创产业中并没有体现出足够的优势。可以说，当前黄河流域玉石文化发展的主要问题体现为：对其背后生态自然观文化的挖掘力度不足，玉石文化的历史文脉和雕刻工艺之间的关系并没有得到有效的阐释；文旅和文创产业推动力不足，玉石资源整理、开发没有得到有效的整合、管理与艺术创新。

为此，伴随着黄河流域高质量发展的需求，玉石文化需要借助不同路径展现"道器合流"的实践力量。可以从三个方向寻求黄河流域玉石文化的当代"新生"。

（一）以文脉为基石，创新阐释平台与机制

当前，以玉石文化为中心，需要依托博物馆、文旅部等文化单位，创新建构有效的文化资源阐释、传播体系与平台，带动玉石文化知识图谱活化，带头做好中国生态文化价值引领，这也是黄河流域如何使文化资源得以有效阐释与发展的问题。就玉石文化而言，其文脉在于玉石在历史上的自然中介意义，即秩序、伦理与道德的根本特质在于寻求"天人合一"，这也是玉石文化的原型符码，是中国文化的思维规律和精神前提；就阐释机制创新而言，强调玉石文化穿越古今的文脉价值，意味着政府及相关文化部门需要挖掘、整理以及活化知识内容，博物馆与诸多历史文化景区、古代文明遗址需要更深入、系统地展现玉器背后的文化价值，图书、文创平台、视频平台、媒体机构、数字技术平台需要强化协同作用，提升服务功能，在数字文化时代创新引流和传播方式。

（二）将文化注入文旅，加强文旅与文化联动

当前，人们的文旅与消费行为，不仅包含消费带来的快感，也包含对文明与历史的知识诉求，伴随着中国在世界格局中扮演重要角色、黄河流域经济的发展，黄河流域文化的厚重与深刻具有很强的文旅吸引力。此时，讲述黄河故事，阐释黄河流域文化，关键是能不能找到有力的切入点。玉石文化有其民族历史交往与大一统中原文化建设的历史背景，又始终在艺术工艺品市场占据很高的位置，有很好的基础。对黄河流域玉石文化知识的升华，同时能够重建人们对文化与自然地理关系的认知，加强人们对玉石历史文化与中国自然地理观的相关阐释。为此，依托文旅新创意、新角度，带给人们切实的感受，需要有针对性的脉络梳理和有效而持续的文化阐释与运营；黄河流域各省区之间也应当突破文化资源的保守性，加强对文化交流与历史碰撞的思考与阐释，甚至讲述黄河流域与长江流域早期玉石文化的历史渊源，或是进一步讲述世界艺术交往发展的故事，从而整体性地观照黄河流域文化带的历史意蕴与华夏文明的荡气回肠。

（三）加强文创产业建设，发展黄河流域玉石文化品牌

尽管目前玉石市场往往看重和田玉料的物以稀为贵，或南方玉雕工艺的精湛巧妙，又或更偏爱未经雕琢的玉石原料，寻求更为古朴天然、未被形式所定义的和田玉，但黄河流域文化自古以来内容广博，其玉石文化见证了文明的生成、碰撞，也在器型的扩展和生活功能的延伸中获得了民间的认同，证明了艺术和审美的包容和开放能在一定程度上打破人们对稀有物价值的绝对追求。为此，创新和活化黄河流域玉石资源的使用功能和审美工艺，加强对文化产业园的投资建设，打破传统玉石产业经营方式，应当是今天玉石产业的一种价值遵循。例如，一些依托文化地标生产的玉石器物，如夜光杯等，能否有较大规模的产业园建设与精细化、精致化的品牌打造；又例如，传统玉石作为配饰，能否与服饰、箱包进行创意性的设计。事实上，应选取适宜的玉石品种，逐步以审美创意及其背后的文化力量打破西方奢侈品服饰

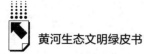
与工艺品垄断消费市场的局势。这也意味着不同产业链之间需要增强合作意识，对造型与功能之间更密切的关系需要重现"发现"，对时代审美诉求要有更系统的调研与分析。此时，"工匠精神"的背后不仅是雕琢的技艺，更是一种思考并且持之以恒进行审美创新的能力，一种超越性的文化探索精神。

加强对相关文创与品牌的建设投资，产业与资源之间必须通过有效的制度措施进行调配，并做好产业管理、产业评估，有序利用资源，在当前"国潮"趋势中，寻求黄河流域玉石产业经营的突破口与发力点。玉石穿越时空的象征性和包容性都在告诉人们，通过有效的艺术设计，实现玉石产业的创新引领，应当是今天黄河流域玉石文化的"盛唐回音"，也是洪亮而充满希望的"黄河交响"。

参考文献

叶舒宪：《西玉东输与华夏文明的形成》，《光明日报》2013 年 7 月 25 日。

叶舒宪：《玉石神话信仰与华夏精神》，复旦大学出版社，2009。

许慎撰、徐铉校定《说文解字》，中华书局，2013。

司马迁撰、李翰文整理《史记》，北京联合出版公司，2016。

班固撰《汉书》，中华书局，2012。

郑杰文：《穆天子传通解》，山东文艺出版社，1992。

G.13
黄河流域中医药文化发展报告

李 明 孙华薇*

摘 要： 中医药文化是中国传统文化的有机组成部分，是"天人合一""崇尚中和""顺应四时""形神兼顾""阴阳平衡"的理念在健康养生实践中的集中体现。黄河流域的独特人文、历史、地理孕育了中医药文化。积极推进黄河流域中医药文化的传承与弘扬，是黄河流域中医药产业保护和高质量发展的重要文化保障。推进黄河流域中医药文化建设，要不断研究和探索中医药文化的内涵和外延，加强对中医药文物古籍的保护和利用，继承和创新中医药名家的思想及经验，提升民众中医药健康文化素养，鼓励和培养以中医药文化为支撑的健康生活方式，保护和宣传中医药文化知名品牌，从而推进中医药文化的复兴与传播。

关键词： 黄河流域 中医药文化 文化传播

一 黄河流域：中医药文化的滥觞

华夏子孙血脉千载绵延，中国传统医药文化功不可没。《黄帝内经》是中医药的根本经典，也是中华儿女生生不息的文化之根。中国人的传统健康生活方式和养生传统，大多可以从《黄帝内经》中找到渊源。而《黄帝内经》中描述的"天人合一""崇尚中和"的文化理念和生活方式，就是发源

---

* 李明，博士，北京林业大学人文社会科学学院副教授，研究方向为文化心理学、中国传统文化、叙事心理学；孙华薇，北京林业大学人文社会科学学院心理系硕士研究生。

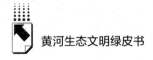

于黄河流域，是黄河流域尤其是黄河中上游特殊的人文地理特征的产物。

中医药文化是东方文化最具生命力的传承之一，是我国传统文化的重要组成部分。当今中国文化实践中不以文化遗产、文化符号、文化元素等形式存在，而是作为服务人民群众的、活的文化传统存在的，只有中医。中医药文化与我国其他传统文化相辅相成，历经千年的发展，不仅守护了我国人民的健康，丰富了千百年来人民的思想和生活，而且延续着中国传统文化活的血脉。

近代以来，自西医传入我国后，中医药文化的发展受到了影响。在当代医学文化思想中，对"治"的重视逐渐超过了对"养"的关切，"攻伐"的做法逐渐取代了"共生"的策略，"治已病"的思想逐渐取代了"治未病"的意识。对中医药文化的保护、发展、创新与传播迫在眉睫。

为弘扬中医药文化，保护祖先留下的瑰宝，国家出台了多项政策。近年来，中医药文化在建设和传播方面取得了丰硕成果，世界各地越来越多的人了解中医药、信任中医药、享受中医药带来的健康福祉。中医药文化的发展扩大了中华文化的影响力，为增强民族文化自信出了一份力。

（一）中医药文化的内涵与源流

《中华人民共和国中医药法》对中医药给出的定义为："包括汉族和少数民族医药在内的我国各民族医药的统称，是反映中华民族对生命、健康和疾病的认识，具有悠久历史传统和独特理论及技术方法的医药学体系。"中医药在发展过程中，汲取了我国古代哲学及儒释道思想等传统文化的营养，并将其应用于诊疗实践中，形成了具有人文属性内核的中医药文化。中医药文化是中国人基于中国传统医学理念的健康生活方式，以依靠自然、顺应自然来维持生命和生存的经验总结。

从历史文献记载看，传统社会中的中国人中，无论是受过良好教育的士大夫阶层还是平民百姓，对中医所提倡的生活方式都是非常熟悉的。虽说"百姓日用而不知"，不见得人人能说得清医理，但是根据二十四节气安排生产、生活，通过饮食、导引、行气、大锅施药等做法调理疾病或养生保健，却是普遍的现象，甚至很多中国传统节日的时令食品和风俗与中医药文化有关。比如，中国人春节吃饺子的传统，据考证与张仲景访病施药有关。东汉时，张仲景曾任长沙太守，访病施药，在大堂上行医。后为了给乡邻治病，辞官返乡。在其返乡的时候，正好是冬季，看到很多老百姓的耳朵都冻坏了，张仲景便让弟子在冬至这一日支起大锅，为百姓熬煮汤药，他先把羊肉和药材放入锅中熬煮，之后再捞起切碎，用面粉将其包裹成耳朵形状，起名为"娇耳"，老百姓吃了之后浑身暖和，两耳发热，冻伤都被治好了。后来，酷寒节气防冻疮吃饺子成了一个传统，饺子衍化成了一种时令食品。又比如，端午节佩香囊的风俗，就是来源于中医的"衣冠疗法"，限于篇幅，在此不做赘述。

可以说，中医的宇宙观和健康观本身就是中国传统文化的载体。所谓文化，本来就是"活法"。中医为中国人提供了基本的"活法"，而这种传统的健康生活方式，或者说中医药文化中所蕴含的内在精神和生命哲学，对当代世界人民具有特殊的价值。随着工业文明的发展，人类对大自然的破坏导致了气候变化，进而导致了种种瘟疫的暴发。中医药文化"天人合一"的观念，一方面可以让人们对自然的敬畏之心得到呵护，另一方面也可以让人们从自然中寻找生存的智慧。

具体来说，中医药文化是中华民族优秀传统文化中体现中医药本质与特色的精神文明和物质文明的总和。[①] 物质文明具体表现为古籍文献、文物史迹、医家流派及文化产业等；精神文明则表现为中医药文化的思维方式和核心价值观。中医药文化本质上表现为取"象"，其哲学思想的基础始于"崇尚中和""天人合一"的整体观、发于"生生不息"的动态平衡观，意在表达通过内省形成一系列超理性的"象"思维运动。中医药文化的核心价值观表现为"仁、和、精、诚"，意为"医心仁、医道和、医术精、医德诚"。[②]

综合而言，"孕育脱胎于传统文化的中医学，深受我国传统哲学思想的影响，与'中和'思想必然存在千丝万缕的联系。中医'中和'思想，即

---

① 胡真、王华：《中医药文化的内涵与外延》，《中医杂志》2013年第3期。

② 侯滢等：《基于全球化语境下中医文化自信建构的文化认同》，《现代中医药》2020年第4期。

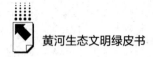
是对'中和'文化的继承，也是在继承基础上的另一种发展"。① 中医药文化中的"中"可以解释为中国的"中"，也可以解释为中和的"中"。中医药文化就是"致中和"的文化。《中庸》有言："致中和，天地位焉，万物育焉。"倘若能够通过中医药文化传播和发展实现人们内心情志的和谐、人与自然之间的和谐，于中华民族乃至整个当今世界都将是了不起的功绩。

（二）中医药文化研究成果的出版与传播

首先，我国已有以中医药文化为报道主题的学术期刊——《中医药文化》。《中医药文化》创刊于 1984 年，原名为《医古文知识》，2006 年 1 月更改为现在的名称，是由上海市教育委员会主管、中华中医药学会和上海中医药大学联合主办的刊物。随着近年来的"中医药热"，尤其是党和国家越来越重视对中医药传统文化的传承和发展，中医药的报刊发表了大量研究成果，中医药文化的研究迎来了快速增长期。

其次，编辑出版了一批与中医药文化研究相关的著作，如《哲思中医》《中国传统文化与中医文化研究》《稻河中医》《中医健康传播学》《"中医药+"新思维》《温州民俗中医药文化》等。

最后，制作了一批较高质量的影视作品。中央和地方电视专栏节目有《中华医药》《本草中国》《京城名医》《中医博物馆》《养生堂》《中华医道》等。电视连续剧《大宅门》《神医喜来乐》《大国医》《医神华佗》等的播出也是中医药文化间接传播的一种有效方式。

（三）中医药文化机构的组织与建设

中医药文化的发展依托于中医药产业的发展，中医药产业的发展又会推动中医药文化的发展，二者相辅相成，互相促进。《国家中医药管理局关于加强中医药文化建设的指导意见》指出："中医药文化是中医药学的根基和灵魂，是中医药事业持续发展的内在动力，是中医药学术创新进步的不竭源泉，也是中

---

① 陈丽云、宋欣阳主编《中和思想·和的追求》，上海科学技术出版社，2020。

药行业凝聚力量、振奋精神、彰显形象的重要抓手。我们要增强传承和发展中医药文化的自觉性和主动性，从发展繁荣社会主义文化、建设社会主义文化强国的全局来认识和把握加强中医药文化建设的重大意义。"[①]

中医药文化发展得到了国家及地方各级政府的重视。黄河流域各省区都提出了中医药文化发展规划，将中医药文化发展纳入政府经济社会发展规划，力推中医药文化产业发展，促进"中医药文化产业+旅游+养生"融合发展，并通过新技术、新手段不断培育新的旅游消费热点。[②] 各地企业也纷纷响应，大力发展中医药文化。

（四）全国中医药健康文化知识普及情况

国家中医药管理局办公室发布的《2020年中医药事业发展统计提要报告》中指出，"2020年全国中医药健康文化知识普及水平保持高位，普及率达94.2%，较2019年增长了1.7%；阅读率达92.6%，较2019年增长了2.5%；信任率达92.9%，较2019年增长了1.9%；行动率达62.2%，较2019年增长了4.0%。2020年中国公民中医药健康文化素养水平达到了20.7%，较2019年增长了5.1%"（见表1）。

表1 2019年、2020年全国中医药健康文化知识普及水平和
中国公民中医药健康文化素养水平情况

单位：%

类别	2020年	2019年
普及率	94.2	92.5
阅读率	92.6	90.1
信任率	92.9	91.0
行动率	62.2	58.2
中国公民中医药健康文化素养水平	20.7	15.6

资料来源：国家中医药管理局办公室《2020年中医药事业发展统计提要报告》。

---

① 《国家中医药管理局关于加强中医药文化建设的指导意见》，《中国中医药报》2011年12月29日。

② 李隽等：《陕西中医药文化产业发展的SWOT分析》，《中医药导报》2020年第12期。

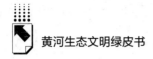

通过在中医院建筑、装饰、景观等载体中融入中医药文化元素，通过中医药文化进社区、进校园、进工厂、进园区等活动，借助数字语音、全景影像、三维影像以及虚拟现实、增强现实等技术手段，让中医药文化深入人心、融入人们的生活。普及中医药养生知识，提升全民族中医药文化素养。例如，陕西省多个县（区、市）组织中医药文化进校园活动、举办中医药文化节、成立中医药文化科普专家培训班、推广中医药文化健康主题项目等，还在学校建设"百草园"，并开展丰富多彩的研学活动。此外，当前使用率极高的国际化自媒体视频平台也推动了海外人群对中医药文化的国际化认知。比如，四川省中医药管理局综合环球网和《中国中医药报》融媒体报道了海外抖音平台掀起的"中医药热"现象。

二　黄河流域中医药文化的资源与功能

黄河流域中医药文化历史悠久，文物古籍医家众多，这些文化资产是中医药文化的物质基础，是中医药文化建设和传播的内容和源泉。整理和探究这些文化资产，对于深刻理解中医药文化的内涵和外延大有裨益。国家中医药管理局等在《中医药文化传播行动实施方案（2021—2025年）》中指出，中医药是打开中华文明宝库的钥匙，建设中医药文化就是在打磨这把钥匙，使之更好地应用于中华文明的传播中。

中国知网（CNKI）中大量文献对黄河流域中医药文化资源与功能有所调查和研究。随着对中医药文化资源与功能调查的深入，文献数量在逐年增加，现将部分内容整理如下。

（一）文化精神标识

黄河流域9省区中医药文化一脉相承，但各有特点，如青海、甘肃、四川涉藏地区的藏医药文化，宁夏的回医药文化，内蒙古的蒙医药文化，甘肃、陕西的岐黄文化，四川的道家文化，山东的齐鲁文化。文物古迹的存在是这些文化的历史见证，是黄河流域中医药文化发展的岁月痕迹。

黄河流域中医药文化精神标识见表2。

表2 黄河流域中医药文化精神标识

省区	文化精神标识
青 海	郭隆(佑宁寺)、贡本(塔尔寺)、赛库(广惠寺)等
甘 肃	敦煌石窟医疗/医经壁画、武威汉代医简、甘肃灵台县皇甫谧遗址、拉卜楞寺藏医学院等
四 川	老官山汉墓医简、德格印经院藏医、鹤鸣山仙学文化、青城山道医文化等
宁 夏	贺兰山医事岩画等
陕 西	药王孙思邈故里等
山 西	傅山祠堂、傅山纪念馆、傅山墓等
河 南	南阳医圣祠、洛阳龙门石窟的"药方洞"、新密岐黄文化遗址、红四方面军总医院旧址、焦作四大怀药基地、伊川伊尹祠、嵩县伊尹祠、鹤壁孙真人祠等
山 东	济南扁鹊墓、山东长清扁鹊故里等

资料来源：作者根据调研情况整理。

（二）古籍文献

中医药古籍文献是历代中医药名家思想的结晶、经验的总结。从《黄帝内经》开始，中医药古籍文献已累积了上千年，数量庞大，内容丰富，其内容既包括各种中医诊疗技术、中药材性味归经，又包括中医药最核心的思维方式及价值。"天人合一、道法自然"的哲学基础贯穿于中医药发展的整个历史过程中。

黄河流域重要中医药古籍文献见表3。

表3 黄河流域重要中医药古籍文献

省区	古籍文献
青 海	《四部医典》《医学大全》《无畏的武器》《月王药诊》《活体测量》《尸体图鉴》《甘露精要八支秘诀》《紫色王室保健经函》《兰塔布》《蓝琉璃》《晶珠本草》
甘 肃	武威汉代医简、《黄帝内经》
四 川	《食医心鉴》《食性本草》《证类本草》《苏沈良方》《麴本草》
宁 夏	《海药本草》《回回药方》《饮膳正要》《瑞竹堂经验方》

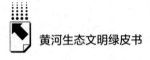

续表

省区	古籍文献
内蒙古	《医药月帝》《头伤治疗》《饮膳正要》《疾病分类明鉴》《二十五味方剂集》《藏蒙汉合璧药方》《甘露四部》《认药学》《无误蒙药鉴》《珊瑚验方集》《智慧之源·医方明部》
陕　西	《千金方》《外台秘要》《黄帝内经素问注》《食疗本草》《伤寒辨证》《伤寒杂病论集注》《疹科类编》《济阴纲目》
山　西	《素问误文阙义》《理瀹骈文》《霜红龛集》《傅青主女科》《傅青主男科》《男科杂记》
河　南	《伤寒杂病论》《金匮要略》《铜人腧穴针灸图经》《汤液经法》《食疗本草》《植物名实图考》《僧源药方》
山　东	《脉经》《伤寒解惑论》

资料来源：作者根据调研情况整理。

（三）文化资源

在祖国医学几千年发展的历史过程中，由于受到了地域、宗教及不同传统哲学思想等因素的不同程度的影响，形成了不同的医学流派。黄河流域因其传统文化底蕴深厚，民族众多，各省区均有其极具地方特色的医学流派，也孕育出了众多中医药名家，他们千百年来守护着黄河流域人民的健康。

黄河流域中医药文化资源见表4。

表4　黄河流域中医药文化资源

省区	代表人物	流派	特色疗法
青　海	藏医宇妥·元丹贡布	强巴派(北派) 苏卡派(南派)	药浴疗法 放血疗法 尿检疗法
甘　肃	画八卦制九针的人文始祖伏羲 东汉末年的名医封衡 三国两晋时的"针灸鼻祖"皇甫谧	医祖派	真气运行法 郑氏针法

省区	代表人物	流派	特色疗法
四 川	程高、郭玉、昝殷、虞姚、唐慎微、唐宗海、郑钦安	医经学派、伤寒学派、温病学派、医方学派、外科学派	桑氏正骨术
宁 夏	杨明公、忽思慧、沙图穆苏·萨谦斋	回医派	汤瓶八诊疗法 张氏回医正骨术 烙灸疗法 理筋疗法
内蒙古	罗布桑丹金扎拉仓、公·官布扎布、伊希巴拉珠尔、罗布桑苏勒和木、占布拉道尔吉、伊希丹金旺吉拉	蒙医派	蒙医正骨术、酸马奶疗法、放血疗法、拔罐穿刺疗法、灸疗术、震脑术
陕 西	岐伯、雷公、孙思邈、韦善俊、楼护、王焘、蔺道人、韦慈藏、石泰、刘纯、杨珣、康佐、武之望、叶逢春、陈尧道、刘企向、薛宝辰、王学温、黄竹斋、米伯让、张学文、郭诚杰、雷忠义	长安医学派	道家养生文化
山 西	傅山、高若讷、吴尚先	养生文化派	傅山的养生之术
河 南	伊尹、张仲景、华佗、杜康、巢元方、苏敬、孟诜、王惟一、吴其濬	少林伤科派和禅医文化派	平乐郭氏正骨术 太极拳 针灸铜人
山 东	扁鹊、淳于意、公乘阳庆、王叔和、钱乙、成无己、翟良、黄元御	齐鲁医派	脉学理论

资料来源：作者根据调研情况整理。

三　黄河流域中医药文化的保护与发展

国务院于 2016 年 2 月印发了《中医药发展战略规划纲要（2016—2030 年）》，表明国家鼓励大力发展中医药相关产业。黄河流域中医药文化十分丰富且厚重，在国家中医药管理局、地方政府、学界和媒体的推动下，

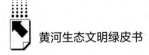

中医药文化越来越深入人心，人们对中医药也越来越信任，人们的中医药文化素养水平也逐年提升。

（一）中医药文化的时代阐释与传播

1.学术期刊

黄河流域的中医药文化研究以各省区高校为主。甘肃、四川、陕西、山西、河南、山东六省都设有各自的中医药大学。青海大学设有藏医学院，宁夏医科大学设有中医学院，内蒙古医科大学设有中医学院、蒙医药学院，内蒙古民族大学设有蒙医药学院。黄河流域各省区主要的中医药文化期刊有《内蒙古中医药》《陕西中医》《山东中医药大学学报》《山东中医杂志》《河南中医》《甘肃中医药大学学报》《四川中医》《陕西中医药大学学报》《西部中医药》《山西中医药大学学报》《山西中医》《中国民族医药杂志》《中医典籍与文化》《中药与临床》等。

2.图书出版

近年来相继出版了一系列与黄河流域中医药文化相关的图书。如2020年由北京工业大学出版社出版的高磊主编的《黄河流域中医药文化寻根》、2019年由陕西三秦出版社出版的叶晋良著的《中国传统文化与中医文化研究》和2014年由宁夏人民教育出版社出版的邵瑜编著的《高等中医院校大学生人文素质教育研究》等。

3.影视艺术

中医药题材的影视作品和访谈节目，提高了中医药文化传播的速度和效率。河南电视台拍摄了《精诚大医》《苍生大医》《大国医》《河南中医1958》《国医大师》等一大批与中医药文化相关的影视作品。2019年11月16日，在国家中医药管理局指导下，中国中医药出版社、四川新绿色药业科技发展有限公司等单位联合出品了以弘扬中医药文化为主题的大型国际中医药人文纪录片《本草无疆》。新华社发布的视频《中医中国》，展示了中医之美。其他相关影视作品有《山东之美》第五集《国医志远》，《东方医学》第十一集《少林医药》、第十二集《功夫疗法》，《大秦岭》第四集《高山仰止》，等等。

此外，政府部门和民间艺术家也创作了大量短小精悍的自媒体影视、音乐作品，积极宣传中医药文化。如四川资阳音乐老师和中医专家创作的童声中医药科普歌曲《药引四季歌》，四川省中医药管理局组织的"我身边的中医药"系列短视频评选活动等。由宁夏卫生健康委指导拍摄的"国医堂·中医药知识动画系列短片"，以"老中医"和"小徒弟"为动漫形象，不但宣传了国家中医药政策，而且普及了中医药文化知识，提升了群众的中医药文化素养。

4.国际合作

甘肃省卫生计生委发挥"一带一路"文化优势，在匈牙利、吉尔吉斯斯坦、俄罗斯、泰国等国家建立"岐黄中医（药）中心"；为乌克兰医务人员连续举办中医药研修班；在吉尔吉斯斯坦岐黄中医中心开展"冬病夏治"活动；等等。

四川省以中医药文化为媒，组织了"岐黄四川　本草天府——四川中医药走进驻蓉领事机构"系列活动，推动了针灸、推拿、传统保健功法、足浴、香囊、子午流注、节气养生等中医生活智慧的国际化，在捷克等国家建立了中医中心。

新冠肺炎疫情发生以来，山西省向非洲派出中医药医疗援助队累计20多个批次，覆盖了多个非洲国家。山西援非医疗队在喀麦隆雅温得妇儿医院举行的"普及小儿推拿，弘扬中医文化"大型义诊，让中医"圈粉"无数。在洛美地区中心医院，中医针灸医师用"小针刀"治疗腰腿疼痛，还开展了针灸减肥、推拿、整脊等多个项目，广受好评。

（二）研究机构与组织

中医药文化建设工作主要由国家中医药管理局负责，各级中医药主管部门具体实施，同时联系各级文化部门、教育部门、旅游部门配合开展工作。在中医药文化建设中，全国各地区的中医药院校也是其主要的研究机构和力量。黄河流域各省区不乏设有中医药学科的高等教育院校，这些院校在对中

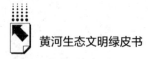

医药人才的持续培养和对中医药古籍文献的持续研究方面具有先天的优势。

国家 2009 年出台的《国务院关于扶持和促进中医药事业发展的若干意见》明确指出："开展中医药科学文化普及教育，加强宣传教育基地建设。加强中医药文化资源开发利用，打造中医药文化品牌。加强舆论引导，营造全社会尊重、保护中医药传统知识和关心、支持中医药事业发展的良好氛围。"2021 年，国家中医药管理局、中央宣传部、教育部、国家卫生健康委、国家广电总局共同印发了《中医药文化传播行动实施方案（2021—2025 年）》，各地政府积极响应国家号召，认真组织落实。例如，2013 年河南省中医药学会文化建设与科学普及专业委员会成立。2014 年 6 月 6 日青海省藏医药学会藏医药文化专业委员会在青海省藏医院成立。2019 年中国出土医学文献与文物研究院在四川省成立，并举办了全国首个省级中医古籍文献的展览，同时建成省、市级中医药文化宣传教育基地 20 余个。"中医中药中国行——2019 年中医药健康文化大型主题活动"在全国各地开展，黄河流域各省区均组织了配合主题的中医药文化活动。2021 年举办全国中医药文化进校园活动，150 多所中小学参加。此外，山东省卫健委组织了"全省中医药文化宣传教育基地和中医药文化建设示范单位"评选活动，仅第二批入选名单中就有近 60 家单位。

（三）文化场所与展览

文化场所和文化展览对中医药文化传播具有重要的推动作用。比如，四川举办了全国首个中医药文物展"发现中医之美——中国传统医药文物特展"，殷墟甲骨、马王堆帛书、天回医简、何家村窖藏、敦煌遗书等 300 多件珍贵展品，向世界展示了中医之美。

黄河流域中医药文物类目繁多，各地区积极组织人员对其进行整理，并根据本地区中医药文化的特点建立博物馆，使之更有系统、更好地服务于黄河流域中医药文化的研究和推广。已成立的黄河流域中医药文化博物馆见表 5。

表5 黄河流域中医药文化博物馆

省区	名称
青 海	青海藏医药文化博物馆、青海新千国际冬虫夏草文化博物馆
甘 肃	庆阳岐黄中医药文化博物馆、甘肃简牍博物馆、甘肃中医药大学博物馆、敦煌市博物馆、敦煌研究院
四 川	成都中药博物馆、成都中医药大学博物馆、西南医科大学附属中医医院中医药文化博物馆、民间医药博物馆
宁 夏	宁夏回医药文化博物馆、宁夏百瑞源枸杞博物馆、中宁县枸杞博物馆
内蒙古	内蒙古国际蒙医蒙药博物馆
陕 西	药王山博物馆(孙思邈纪念馆)、西安市临潼区扁鹊纪念馆
山 西	山西中医药博物馆
河 南	河南中医药博物馆、禹州市中医药文化博物馆、南阳市张仲景博物馆、开封大宋中医药文化博物馆
山 东	山东省中医药文化博物馆、济南宏济堂博物馆、济宁市广育堂中医药博物馆、济宁市润美中医药博物馆、青岛宗济堂中医药博物馆、青岛市崂山区周氏�声艾灸文化博物馆

资料来源：作者根据调研情况整理。

（四）文化产业与文化品牌

为更好地推广黄河流域中医药文化，各省区组织了形式多样的文化传播活动，这也是中医药文化建设发展中最有创意的部分。这些中医药文化创意和中医药文化品牌可以带来比较可观的经济效益和社会效益，对增强文化自信、推广中医药知识、提升人民中医药文化素养都有十分重要的作用。

目前，黄河流域中医药文化产业的主要形式有：一是依托各省区的中医药文化历史，以各省区主要的文物古迹开展的中医药文化旅游，包含观光、体验及传统仪式等人们喜闻乐见的方式；二是中医历史名家的理论研究及论坛；三是与各省区中医药院校共同开展的线上、线下中医药传播活动。

黄河流域中医药文化产业与文化品牌见表6。

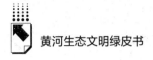
表6 黄河流域中医药文化产业与文化品牌

省区	文化产业与文化品牌
甘 肃	医源文化、医祖文化、针灸文化、中医药康养一条街、敦煌旅游养生基地、平凉旅游养生基地、天水旅游养生基地、皇甫谧文化园
四 川	养生文化、食疗文化、佛医道医文化
陕 西	药王文化、长安医学、秦药、2011年西安世博园药草文化展示区、以足浴为载体的中医保健文化
山 西	五寨中医药文化、傅山养生文化
河 南	河洛文化、新郑黄帝文化、新密岐黄文化、渑池仰韶酒文化、陶文化、河南中医药大学张仲景传承创新中心、中国南阳张仲景医药科技文化节、开封大宋中医药文化养生园
山 东	东阿阿胶滋补养生文化(东阿阿胶康养体验旅游综合体)、(长清)扁鹊中医药文化节、扁鹊文化与中医经典传承发展国际论坛、齐鲁中医药文化

资料来源：作者根据调研情况整理。

此外，各地中医药文化管理部门借助文化品牌，推动中医药文化发展。如河南南阳张仲景医药文化节和仲景论坛，已经分别成功举办了15届和9届，引进了大量资源和项目，创造了非常可观的经济效益和社会效益，为推动南阳中医药产业发展做出了重要贡献。山东省发挥文化优势，举办世界儒学大会——儒家思想与中医药文化论坛，为中医药文化内涵的深化和中医药文化的国际化贡献了力量。

四 黄河流域中医药文化发展的分析与建议

黄河流域的中医药文化建设是推动中医药复兴的重要方式，不断完善黄河流域中医药文化的挖掘保护与创新发展，是推进黄河流域精神文明建设，以及中医药产业继承和发展的主要内容。应不断总结经验，不断分析中医药文化建设及传播过程中出现的问题，使中医药文化建设更加有成效。

（一）加强中医药文化建设的顶层设计及统筹安排

黄河流域中医药文化历史悠久，内容丰富，目前主要是以省区为单位进行中医药文化的建设和传播，方式和内容相对丰富。但是，各省区中医药文化发展不平衡的现象还十分突出，可以在整体上对中医药文化建设进行顶层设计和统筹安排，使得中医药文化建设更有结构性，这有利于省区之间文化建设的连接及互补。

（二）加强中医药文化建设所需的多元人才培养和团队建设

中医药文化的母体是中华文化，其内容博大精深，中医药文化的建设和推广需要多层次的人才队伍。黄河流域各省区中医院及基层诊疗机构网络已有一定的基础，可依托已有的网络系统开展中医药文化实践活动，摸索出适合本地区的中医药文化推广措施，同时培训一批传播中医药文化的专门人才。各中医药院校也可在人才培养、校园文化建设中对中医药文化进行继承发扬和改革创新。培养懂中医、信中医、用中医、爱中医的多层次、多技能人才队伍，对于中医药文化发展具有至关重要的作用。

（三）促进中医药文化的国际交流和对外传播

目前，黄河流域各省区在对外交流上已有一定的基础，各省区均有以中医历史名家为主题开展的理论研究以及国内外论坛，如山东的扁鹊文化、河南的张仲景文化、陕西的药王孙思邈文化。可在此基础上对所侧重的中医药文化资源进行整理，并统一设计安排，举办形式多样的国际学术交流活动，或借助孔子学院，加大中医药文化的传播力度，来提高国际中医药文化传播的效果。各中医药企业，尤其是知名跨国企业，也可以在对外交流中起到形象代言的作用。

（四）推进中医药文化旅游产业的发展

首先，充分发挥中医药文化宣传教育基地（如中医药文化博物馆等）的作用，进一步开展形式内容多样的、具有地方特色的中医药文化旅游活动，内容可包括中医药文物古迹、传统文化、中医养生、中医美容、科教等。

其次，推广以中医药养生知识普及、中医药养生体验、健康娱乐等为重

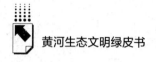

点的中医药大健康类的旅游产品，使人们对中医药文化有切身的体会和感受。

最后，开展旅游节等节事活动，利用当地的中医药自然景观、中医药人文景观、中医药文化历史演变、现当代中医药实践文化品牌等资源，推动中医药文化旅游产业的发展。

（五）推进中医药文化信息平台的建设

中医药文化信息繁多，可充分利用数字化、网络化、信息化等技术，多层次、多角度、多形式地推广中医药文化。除利用传统的网站平台、微信公众号、App 外，还可创新性地结合移动互联网、新媒体、人工智能、VR/AR 等技术，如已经出现的采用网络游戏、网络小说、网络直播和网剧等方法推动中医药文化传播的模式，其形式活泼多样，更令人喜闻乐见，深入人心。

G.14
黄河流域人居文化发展报告

刘志成　姚　朋　徐　桐　马　嘉*

摘　要： 黄河流域人类定居活动及其建构的人居文化历史绵延数千年，是黄河流域文化的重要构成，是人类能动地适应黄河流域自然地理条件的结果。本报告依空间尺度对黄河流域人居文化的历史动态建构过程及其总体特征，从流域总体文化地理特征、流域分段区域特征及人居环境特征角度进行关系耦合与解耦。历史上的黄河流域人居文化，依托丰富的、与人类定居活动直接相关的物质载体得以呈现，如历史性城镇和乡村、风景名胜及历史名园等。当代黄河流域人居文化的核心以承载"人民群众对美好生活的向往"为主基调与大方向，并集中体现在文明、绿色、宜居等维度的总体文明建设成果之中。

关键词： 人居文化　历史文化名城　历史名园　黄河流域

一　黄河流域人居文化概述

（一）黄河流域人居文化地理特征

黄河流域人居文化的兴起是多源头的，且以黄河流域中下游平原的传统

* 刘志成，博士，北京林业大学园林学院副院长、教授，博士生导师，研究方向为风景园林规划与设计；姚朋，博士，北京林业大学园林学院教授，博士生导师，研究方向为风景园林规划、设计与理论；徐桐，博士，北京林业大学园林学院讲师，硕士生导师，研究方向为文化景观与遗产保护；马嘉，博士，北京林业大学园林学院讲师，硕士生导师，研究方向为风景园林规划与设计。园林学院的研究生李梦雨、阚佳莹、刘煜、康文馨、王雅欣、赵卓琦等参加了本报告的资料收集、图表分析绘制，以及部分内容的撰写。

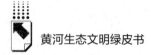

北方旱作农业基础上的农耕文明为中心，黄河流域人居文化与水系构成密切的耦合关系。

通过黄河及其水系提供的农业灌溉、定居用水等功能，我国发展出了早期以血缘群体为基本生产单位的农业社会结构。此外，黄河的泛滥与治理也推动了黄河流域人居文化的快速发展，黄河流域在治水的过程中，形成以群体性合作为主的社会组织结构，最终以黄河流域的汾涑、济泗、泾渭农区为依托产生了夏商周三代的国家形态和文明中心。

此外，黄河流域水系网络的存在，也推动了各民族及各地区文明的交融与传播，河洛地区文明中心建构的家国一体礼制思想，通过黄河流域水系网络，传播至整个流域，和与黄河流域水系关系密切的人居环境构成了具有共性文化要素的人居文化网络。

（二）黄河流域人类定居与人居文化建构历史

黄河流域地理环境构成了区域人类定居活动的自然本底，黄河流域哺育了中华五千年文明中最光辉灿烂的黄河文化圈。黄河流域人居文化核心对象由人类早期定居遗址、农耕社会时期的原始聚落，转变为文明时代后的城市和乡村聚落。

在黄河流域环境要素中，水资源在人居文化建构过程中起到基本支撑和积极塑造的作用。首先，水资源为人类定居活动提供生产、生活的基本保障，因而在农业社会中，城乡聚落的选址、兴衰均与之密不可分；其次，黄河流域人类定居活动始终受黄河泛滥、断流等的影响，城乡聚落的具体形态是积极适应黄河流域环境影响的结果。

原始社会时期，以逐水而居为基本特征的人类活动在黄河流域留下了诸多原始遗迹。黄河流域炎帝部落以神农氏为名，代表黄土高原出现了固定的以农业为主的居民点，中华文明初现曙光。进入国家文明时代，黄河流域中下游的渭河平原、河洛地区成为黄河文化圈的核心区域，夏商周三代王朝的国都建构了中华文化中最核心的古都文化。至迟在西周时期，以渭河平原和河洛地区王城为中心，我国建构起天下一体的"天下九服"空间划分格局，此时期总结的《周礼·考工记·匠人营国》既规定了周王城的规划布局，又规定了分封制度下三级城镇体系的建设等级，出现了完整的"王城—诸侯城—邑城"城镇体系，将社会礼制体系与城镇聚落等级相统一。

经历春秋战国时期生产力大发展之后，进入秦汉时期的黄河流域，郡县制体制下的城乡人居体系走向成熟。经过西汉武帝和东汉明帝两次大规模黄河治理，黄河水患得到一定控制，汉明帝治理后，黄河800多年未改道。黄河流域水系的稳定促进了中下游区域城市建设的快速发展，汉代全国置县1000余处，黄河中下游区域县城建制基本完备，并且很多被保留至今，黄河流域已经完成网状结构城镇体系的空间布局。

魏晋南北朝时期，北方战乱在一定程度上阻碍了黄河流域城乡聚落的发展，但隋唐一统之后，中国的政治文化中心重新回到黄河流域的长安、洛阳地区。直至宋金以后，黄河改道和政治中心转移，洛阳、开封等传统政治中心及其周边城乡聚落才出现衰落。

明清时期，黄河流域虽不再是政治中心，但其城市的功能更加丰富，有以太原、兰州为代表的中心城市，以大同、榆林为代表的军事防卫城市，以安阳、天水、平凉为代表的一般府州县，以平遥、太谷为代表的工商业城市和以张秋镇、周口镇为代表的市镇。

总体而言，黄河流域人居文化的建构依托于黄河流域水系的哺育，同时也同黄河的泛滥、治理密切交织。黄河中下游区域中心城市作为唐宋之前的中国政治文化中心，是中国传统人居文化的历史渊源与精神内核所在，并持续影响当代黄河流域人居文化的传承与发展。

（三）当代人居文化的保护、传承与营建

当今，黄河流域范围内已经建构起完整的城镇体系，省会（首府）城市9个，地级市35个，县和县级市351个，乡镇及自然村均匀分布在黄河流域之中。黄河流域当代人居文化既是历史的继承，又是新时代精神的反映。

作为历史上中华文明的中心，黄河流域深厚的历史与人文积淀也体现在

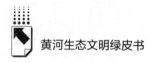
多层次的城镇体系之中，流域内共有国家历史文化名城 16 处，历史文化名镇名村 113 处，传统村落 683 处。丰富的文化遗产是构成当代人居文化的历史本底，也是继续营建当代人居文化的精神之源。黄河流域当代人居文化是在新型城镇化体系、新的城镇及乡村生活需求下建构起来的，并反映在多层次的城镇及乡村文明建设体系之中。

总体而言，黄河流域当代人居文化继承了传统人居文化的成果，并以之为文明基底和基本气质，融合新时代精神，将"人民群众对美好生活的向往"作为其建设的方向，构建起了追求生活富足、环境宜居、文化和谐的综合性人居文化。

二 黄河流域人居文化的特征与载体

（一）黄河流域人居文化的区域性特征

黄河上游两岸多系山岭及高原草地，人居文化以高原游牧文化、宁夏及河套平原的游牧农耕交叠带文化为主。黄河流域上游地区自兰州始，经中卫、吴中、乌海、巴彦淖尔、包头等城市，中心城市呈现紧临黄河选址的特征。黄河流域上游城镇聚落多选址于多山围合的河谷、平原、盆地等地带，早期建筑多采用游牧帐篷或土木结构，形制简单。

黄河中游地区以黄土高原农耕文化为主。黄河中游城镇聚落选址结合黄土高原丘陵地形，并作为传统农耕文化社会组织的网络节点，分布较为均匀。建筑以窑洞、土木、砖木结构为主。

黄河下游是在清咸丰五年（1855 年）改道后的黄泛区基础上形成的，流域范围狭窄，两侧城镇多为改道后的农业性聚落，建筑以土木、砖木结构为主。

（二）黄河流域人居与环境耦合的文化禀赋

1.黄河流域逐水而居、伴水而盛的人居文化

黄河流域人居文化逐水而居、伴水而盛，水系对城乡聚落的支撑作用，

体现在其农业灌溉、生活及景观用水以及漕粮及物资运输等功能之中。

农业灌溉是黄河流域水系的基本功能。黄河流域旱作农业的劳动密集性特征，决定了城乡聚落选址及规模同农业耕作产出密切相关，黄河流域水系成为古代人民逐水而居的先天性条件。

城乡聚落生活及景观用水是黄河流域水系的另一重要功能。水系能够调节城市生态环境，发挥着美化环境、维持生物多样性的重要作用。

漕粮及物资运输也是黄河流域水系的重要功能。秦汉以来，渭河运输起到促进长安乃至渭河平原经济发展的作用。黄河运输对于流域内其他城乡聚落的繁荣也同样具有重要意义，如作为水陆两用转运码头的山西碛口古镇，因水而兴、因商而盛。

2. 黄河流域典型城乡聚落选址与外部环境特征

黄河流域地形地貌丰富，在这些不同地形地貌中，黄河滋养了不同的城乡聚落。选址在丘陵地带、河谷地区、高原上平坦地区的聚落呈现不同的形态。

青藏高原东部边缘地带，四面环山，山谷相间。此区域黄河水流平缓稳定，聚落多利用黄河及其支流建渠引水，供农耕灌溉用水，故此聚落多选择环山抱水的自然空间格局。

宁夏平原地势平坦，黄河穿越宁夏中北部地区向北流淌，在此区域内黄河水流平缓、水量充沛。聚落多在依山傍河处，利用黄河冲刷出的肥沃滩地，充分发展灌溉农业。

河套平原地势平坦，黄河在此区域形成"几"字形的大弯。聚落选择在黄河沿岸的冲积平原，周围是大片的农田，是典型的农耕聚落。

黄土高原山地众多，黄河也因此夹带大量泥沙。聚落多选择在背山面水、河流交汇之处。此类型的聚落，最典型的如山西省吕梁碛口古镇，其背依山地，面朝黄河与湫水河交汇河口。

3. 黄河流域典型城乡聚落内部格局与自然肌理

黄河流域城乡聚落总体呈复合式、卫星组团式、集中式、分散式和带式布局（见图1），布局模式受自然地形、交通发展、宗教等因素的影响。

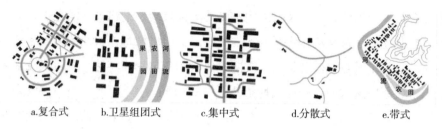

| a.复合式 | b.卫星组团式 | c.集中式 | d.分散式 | e.带式 |

图1 聚落布局模式

资料来源：笔者自绘。

　　复合式布局聚落一般以某些特定标志性建筑为核心，在保留圆形结构形态的同时，受交通影响呈线性发展，形成四通八达的道路网络体系以及蜿蜒曲折的水系和沿水系形成的林网。卫星组团式布局聚落多在河谷阶地，沿阶地布置城乡聚落的不同功能。集中式布局聚落分布在黄河流域大部分区域，聚落以纵横的街巷为基本骨架，呈现出聚集的团块状布局特征，聚落中的民居与内部的道路交通都紧密相连，道路垂直分布，周围是农田，整个聚落高度聚集。分散式布局聚落主要分布在青藏高原、内蒙古高原等地广人稀之处，聚落的规模一般都相对较小，民居建筑的分布处于高度分散的状态，因此聚落的整体布局较为凌乱。带式布局聚落多分布在黄河与其支流的交汇处，聚落沿河流呈带状分布。从空间布局上看，聚落建筑顺山势营建，布局于山的脊背处，呈现出特色带状景观效果。

（三）人居文化的物质载体（资源）

1.人居文化资源空间分布

（1）黄河流域风景名胜资源的空间分布

　　黄河流域范围内风景名胜区共95处，其中，国家级风景名胜区21处，省级风景名胜区74处，主要集中分布在山西省和陕西省，各占总数的27.4%和24.2%，并沿黄河上游湟水、洮河，中游渭河、汾河，下游伊河集中分布（见表1）。其中，风景名胜区资源类型以自然景观居多，共58处（61.1%），在整个流域呈聚集型分布；人文景观37处（38.9%），在流域呈分散型分布。两类型之中又以山地型自然景观和历史古迹型人文景观为代表，分别为 30 处和 19 处（见表 2）。

表 1　黄河流域风景名胜区分布情况

单位：处

类别	山西	内蒙古	山东	河南	四川	陕西	甘肃	青海	宁夏	总计
国家级	4	0	1	5	0	6	3	0	2	21
省级	22	0	1	9	0	17	13	10	2	74
总计	26	0	2	14	0	23	16	10	4	95

资料来源：笔者自绘。

表 2　黄河流域风景名胜区资源类型情况

单位：处

类别	自然景观					人文景观					总计
	山地型	河流型	湖泊型	海滨型	其他自然型	文化胜迹型	历史古迹型	历史城镇型	田园乡村型	其他人文型	
国家级	4	4	1	0	0	6	5	1	0	0	21
省级	26	6	8	0	9	8	14	3	0	0	74
总计	30	10	9	0	9	14	19	4	0	0	95

资料来源：笔者自绘。

（2）黄河流域名胜古迹资源的空间分布

黄河流域范围内现存与人类聚居相关且代表性强的名胜古迹共 349 处，包括 11 处古城、282 处古城遗址和 56 处陵寝，主要集中分布在青海、宁夏、陕西、河南等省区。

目前，现存先秦时期的古城和古城遗址共 73 处，主要集中分布在黄河中下游的伊洛河河谷平原、汾河流域、关中平原三地，沿黄河干流和主要支流两岸呈带状分布。秦汉时期，古城和古城遗址共 74 处，从黄河的中游、下游延伸发展到黄河上游。三国两晋南北朝时期，古城和古城遗址仅 36 处，数量明显减少且分布较为分散。隋唐、宋元时期分别增加至 56 处、86 处，开始在上游地区呈面状聚集。明清时期的古城和古城遗址有 78 处，分布上明显形成了黄河青海段、黄河宁夏段、黄河陕西段三个集聚区。另外，目前已知的黄河流域古代皇家陵寝主要集中分布在山西、河南、陕西三省，先秦至隋唐时期数量较多，宋元与明清时期逐渐减少（见表3）。

表3　黄河流域名胜古迹分时期统计情况

单位：处

类别		先秦时期	秦汉时期	三国两晋南北朝时期	隋唐时期	宋元时期	明清时期	近现代
古城/古城遗址	国家级	33	30	13	14	21	17	0
	省级	40	44	23	42	65	61	3
	总计	73	74	36	56	86	78	3
皇家陵寝	国家级	4	9	5	10	5	2	1
	省级	10	3	4	1	2	2	0
	总计	14	12	9	11	7	4	1

资料来源：笔者自绘。

（3）黄河流域名园资源的空间分布

先秦时期至明清时期，黄河流域内曾存在名园 155 处，其主要分布于黄河中下游地区，且集中分布在西安、洛阳两大古都及其周边。洛阳 61 处、西安 42 处，两地总和占总数的 66.5%，以皇家园林和私家园林为主。时至今日，大多数名园已消失在历史长河中，仅 57 处以遗址或古建筑的形式留存下来，其中包括国家级文保单位 41 处，省级文保单位 8 处。

先秦时期曾存在名园 7 处，沿黄河下游及渭河沿岸分布，均为皇家苑囿。秦汉时期有名园 48 处，主要分布于洛阳及西安一带，多集中于古都城内。魏晋南北朝时期，因社会动乱，中原人口大举南迁，名园数量较秦汉时期有所下降，共 18 处，主要集中在洛阳。隋唐时期，古典园林发展进入全盛时期，共有名园 55 处，开始以都城为中心，沿渭河、洛河、汾河向四周扩散。宋元时期共统计名园 38 处，主要分布于洛阳和开封两地。明清时期共有名园 11 处，沿汾河、沁河、洛河及渭河分散分布。

（4）黄河流域国家历史文化名城资源的空间分布

黄河流域城市的兴盛时期贯穿了夏商周至明清的整个封建社会历史。黄河流域内共有国家历史文化名城 16 个，其中，省会（首府）城市 5 个，地级市 6 个，县和县级市 5 个。这些城市里，小型城市 5 个，占 31%；中型城市 3 个，占 19%；大型城市 7 个，占 44%；特大型城市 1 个，占 6%。

（5）黄河流域国家历史文化名镇名村及传统村落资源的空间分布

黄河流域 113 个国家历史文化名镇名村中，位于上游的有 17 个，位于中游的有 93 个，位于下游的仅有 3 个；黄河流域 683 个传统村落中，位于上游的有 155 个，位于中游的有 514 个，位于下游的有 14 个。113 个国家历史文化名镇名村中，位于黄河一级水系 5 公里内的有 11 个，二级水系 5 公里内的有 21 个，三级水系 5 公里内的有 22 个。683 个传统村落中，位于黄河一级水系 5 公里内的有 95 个，二级水系 5 公里内的有 82 个，三级水系 5 公里内的有 178 个。

2. 人居文化资源代表性

（1）黄河流域风景名胜资源的代表性

黄河流域的风景名胜资源作为我国传统人居文化的重要载体，动态展示着华夏民族原始崇拜、封禅祭祀、诗意栖居、山水园林等生态人居思想，以传统"天人合一"的自然哲学为根基，展现着人与自然和谐共生的历史文脉。

黄河流域的风景名胜资源分布受流域、地貌、植被、气候等自然因素的影响。黄河以水为脉塑造了流域内如壶口瀑布、泾河源、黄河三峡等风景胜地，黄河流域 10 公里缓冲区内风景名胜区共 68 处，占比高达总数的71.6%。同时，丰富的地貌类型是黄河流域自然景观的形成基础，也是多元化文化景观的载体，[①] 主要依托于祁连山、秦岭、六盘山、吕梁山、太行山等重要山脉，形成的天台山、麦积山、五老峰等 30 处山地型风景名胜区，是我国古代山岳崇拜、历代帝王祭祀的文化源头。

---

① 吴佳雨：《国家级风景名胜区空间分布特征》，《地理研究》2014 年第 9 期。

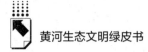

黄河流域人文景观型风景名胜区在长安、洛阳、太原等古代重要城市附近聚集，在当时交通水平较低的情况下，便于祭祀和游赏。受区域文化特征的影响，黄河流域内风景名胜区呈现多样的空间分布特征。多数分布在东部农业文化区，少数分布在西部游牧文化区，与当地的宗教信仰结合成为宗教圣地。

（2）黄河流域名园资源的代表性

黄河流域是我国古代园林文化和自然山水观的发源地，孕育了从敬畏自然、崇拜自然到隐于山水、融于自然的传统生态哲学和人居思想。

黄河流域的大小水系影响着园林的发展和营建，155处名园中有93%位于黄河流域10公里缓冲区内。先秦大型园林围绕黄河流域水系及湿地选址，秦汉时期都城内的皇家园林建设，通过引水体系取黄河支流河水作为一池三山的水源。隋唐时期，都城水网体系得到进一步完善，引水扩建的曲江池成为游赏胜地。良好的供水条件丰富了皇家园林的景观类型，而私家园林也开始以水景取胜。往后宋代造园对水的运用更为娴熟，出现了飞瀑、喷泉、池沼等多种形式，并在西京洛阳出现了湖园、环溪、董氏西园等以水为主题的私家园林。

（3）黄河流域国家历史文化名城名镇名村的代表性

①国家历史文化名城

黄河流域内国家历史文化名城的民族构成以汉族为主，其他数量较多的少数民族有回族、蒙古族、彝族，只有青海以藏族为主，占到总人口的72.52%。名城类型以历史遗迹型（7个，44%）为主，其他类型有商贸文化型（3个，19%），民族文化型（2个，13%），军事型（2个，13%），交通枢纽型（1个，6%）和革命历史型（1个，6%）。

黄河流域内国家历史文化名城的地形以山地、平原组合为主（6个，38%），另外有山地（3个，19%），盆地（2个，13%），丘陵（2个，13%），平原（1个，6%），山地、丘陵组合（1个，6%），平原、丘陵组合（1个，6%）；气候类型大部分为温带季风气候（13个，81%），此外还有温带大陆性气候（2个，13%），高原高山气候（1个，6%）；干湿区上，大部分城市位于半湿润区（12个，75%），其他有半干旱区（3个，19%），干旱区（1个，6%）；建筑气候类型中大部分为寒冷（13个，81%），小部分为严寒（3个，19%）。其中，高原高山气候、干旱区和建筑气候严寒区等较为严苛的环境主要属于黄河上游的城市。黄河中下游区域的城市比较适宜居住，这些城市大都背山面水（8个，50%）或择水而居（7个，44%），体现了古人在城市选址上的智慧。

②国家历史文化名镇名村

黄河流域113个国家历史文化名镇名村所属地区有西北、华北、华中和华东4个地区，4个地区国家历史文化名镇名村数量及占比为：西北（20个，18%），华北（89个，79%），华中（3个，3%），华东（1个，1%）。华北地区，尤其是山西省的国家历史文化名镇名村丰富度高，华中和华东地区的国家历史文化名镇名村具有稀缺性。国家历史文化名镇名村的民族构成以汉族为主，少量村镇存在蒙古族、回族、撒拉族和藏族。

根据村镇功能的不同，国家历史文化名镇名村所属类型分为历史遗迹型、宗教文化型、农耕文化型、革命历史型、交通枢纽型、商贸文化型、特色建筑型、民族文化型和军事型9种，9种类型的数量及占比为：历史遗迹型（45个，40%），宗教文化型（7个，6%），农耕文化型（4个，4%），革命历史型（9个，8%），交通枢纽型（3个，3%），商贸文化型（26个，23%），特色建筑型（1个，1%），民族文化型（5个，4%），军事型（13个，12%）（见图2）。以山西窑洞为代表的历史遗迹型村镇具有很高的丰富度，受明清时期晋商文化的影响，部分村镇多存有晋商豪宅大院，使得商贸文化型村镇具有较高的丰富度。

③黄河流域国家历史文化名镇名村宜居度

黄河流域国家历史文化名镇名村所处的地形分为高原、山地、丘陵、平原和盆地5种，5种地形数量及占比为：高原（2个，2%），山地（49个，43%），山地中有37个为山谷，丘陵（22个，19%），平原（27个，24%），盆地（13个，12%）。其中，丰富度最高的是山地，稀缺性最高的是高原。位于平原或者盆地，处于半湿润区的名村名镇宜居度较高，而位于高原或者山地，处于半干旱以及干旱区的名镇名村宜居度较低。

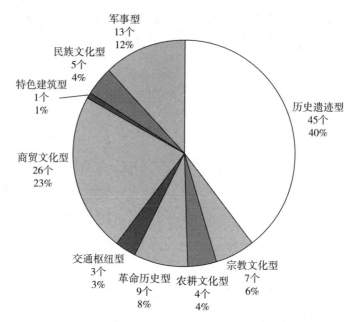

图2　黄河流域国家历史文化名镇名村所属类型统计情况

说明：因四舍五入，各分项相加不等于100%。
资料来源：笔者自绘。

④黄河流域国家历史文化名镇名村选址及建筑形制

受"天人合一"等自然观以及"负阴包阳"的风水观的影响，黄河流域国家历史文化名镇名村选址类型分为背山面田、背山面水和择水而居3种，3种选址类型的聚落数量及占比为：背山面田（53个，47%），背山面水（31个，27%），择水而居（29个，26%）（见图3）。国家历史文化名镇名村的整体布局以背山面田、背山面水为主，多表现为聚落建筑与自然地形相契合，以及人们生产生活与黄河流域自然环境间的耦合良性发展。

受"聚族而居"的居住文化、地形、周围环境等因素的影响，黄河流域国家历史文化名镇名村聚落形态分为块状、带状、放射状、片状集中和片状分散5种，5种形态的聚落数量及占比为：块状（29个，26%），带状（22个，19%），放射状（1个，1%），片状集中（42个，37%），片状分散（19个，17%）（见图4）。其中，村镇聚落形态以片状集中为主，具有较高的丰富度。

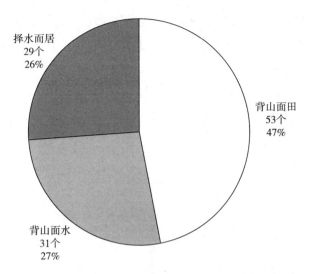

图3 黄河流域国家历史文化名镇名村选址类型统计情况

资料来源：笔者自绘。

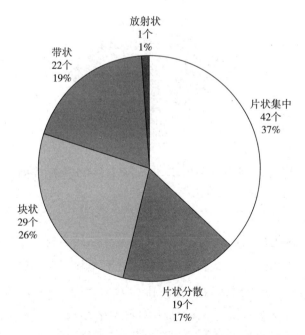

图4 黄河流域国家历史文化名镇名村聚落形态类型统计情况

资料来源：笔者自绘。

黄河流域国家历史文化名镇名村的建筑类型分为窑洞、堡寨聚落、民居院落和篱笆楼4种，4种建筑类型的聚落数量及占比为：窑洞（42个，37%），堡寨聚落（30个，27%），民居院落（40个，35%），篱笆楼（1个，1%）（见图5）。受地形、土壤特性、"因地就势"的观念影响，建筑类型以山西省的窑洞为主，丰富度较高；此外，堡寨聚落也具有较高的丰富度。

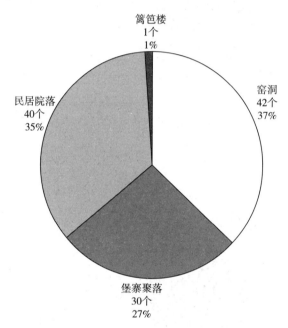

图5　黄河流域国家历史文化名镇名村建筑类型统计情况

资料来源：笔者自绘。

受建筑多因地取材的影响，国家历史文化名镇名村建筑结构分为木构架、土结构、土木结构、土木砖石结构、土石结构、砖木结构和砖土结构7种，7种建筑结构的聚落数量及占比为：木结构（5个，4%），土结构（2个，2%），土木结构（1个，1%），土木砖石结构（11个，10%），土石结构（1个，1%），砖木结构（91个，81%），砖土结构（2个，2%）（见图6）。

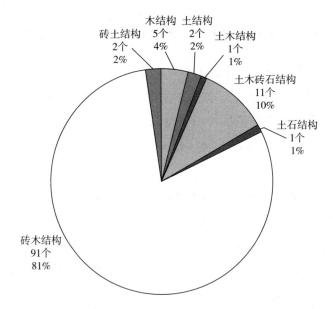

图6 黄河流域国家历史文化名镇名村建筑结构类型统计情况

说明：因四舍五入，各分项相加不等于100%。

资料来源：笔者自绘。

3. 人居文化资源影响因素

在自然和人为多种因素的影响下，黄河流域113个国家历史文化名镇名村根据受保护程度的不同分为衰落型、受保护型、发展协同保护型3种类型。

衰落型名镇名村的影响因素分为自然因素和人为因素两类。自然因素，一是村镇宜居度差；二是村镇土质差，不利于农业的发展；三是村镇地形差，交通不便。人为因素，一是城市化导致的村庄空心化和青壮年流失严重；二是社会对文化及文物资源保护的重视程度低；三是资金的缺失。

受保护型和发展协同保护型名镇名村的影响因素分为自然因素和人为因素两类。自然因素，一是村镇地形平坦，利于交通；二是村镇土质高，利于农业的发展；三是村镇具有优厚的物质与非物质资源以待保护和开发。人为因素，一是村镇规模在中型以上，常住人口多；二是村民与领导层对村镇经济发展的需求高；三是领导层对村镇文化与文物资源的重视程度高。

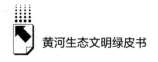

（四）黄河流域人居文化的当代传承

1. 黄河流域当代城镇体系及地域文化

黄河流域范围内有省会（首府）城市9个，地级市35个，县和县级市351个，其中，位于黄河流域一、二级水系50公里内的省会（首府）城市9个，地级市31个，县和县级市318个，约有91%的城市位于一、二级水系50公里内。

黄河流域国家历史文化名城的文明、宜居、绿色、旅游（由于均为历史文化名城，此处不计入旅游维度）4个维度的达标城市数量均过半，特别是文明和旅游维度，都达到了11个城市，占到了城市总数的69%；4个维度全部达标的城市有7个，占到了城市总数的44%（见图7）。这说明黄河流域国家历史文化名城的现代人居文化建设处于较高水平。

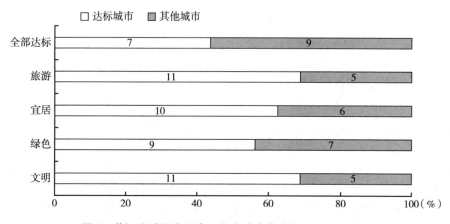

图7 黄河流域国家历史文化名城当代人居文化建设情况

资料来源：笔者自绘。

2. 黄河流域当代城镇人居文化建设工作

黄河流域范围内省会（首府）城市9个，地级市35个，分属于9个省区，通过统计分析城市荣誉称号，以文明、绿色、宜居和旅游4个维度为标准来分析黄河流域当代城镇人居文化建设工作。

　　文明维度中，共有29个城市获得了1个或以上的荣誉称号。其中，"全国文明城市"是我国城市的最高荣誉，反映一个城市的整体文明水平和市民素质，创建难度较大，仅有13个城市获得此荣誉称号。

　　绿色维度中，共有27个城市获得了1个或以上的荣誉称号。其中，获得"国家园林城市"荣誉称号的城市最多，有23个。

　　宜居维度中，共有19个城市获得了1个或以上的荣誉称号。获得"国家卫生城市"荣誉称号的城市最多，有18个，该称号可以较为综合地反映城市在环境保护、饮水及食品安全、传染病防治等方面的成就。

　　旅游维度中，共有22个城市获得了1个或两个荣誉称号，其中，"中国优秀旅游城市"荣誉称号20个，"国家历史文化名城"荣誉称号11个。

　　总体来说，共有13个城市在文明、绿色、宜居和旅游维度都获得了荣誉称号（见图8），分别为西宁、银川、包头、鄂尔多斯、太原、晋城、西安、延安、宝鸡、郑州、洛阳、东营、泰安。这些城市主要集中在黄河流域中下游，青海、甘肃、宁夏3个位于上游的省区在当代人居文化建设工作方面尚待加强。

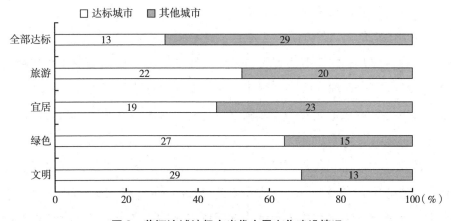

图8　黄河流域地级市当代人居文化建设情况

资料来源：笔者自绘。

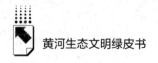

（五）黄河流域人居文化的保护与发展政策

1. 黄河流域人居文化资源保护政策

新中国成立后，已经陆续建立和完善了人居文化资源保护方面的国家级、省级法规条例、政策文件、标准。截至 2019 年，围绕风景名胜、历史文化名城名镇名村、历史文化资源等方面形成了政策及管理制度体系，包括管理办法、条例、审批程序或办法等，用于指导全国包括黄河流域范围在内的各级政府开展人居文化资源保护相关工作。

在风景名胜方面，已制定《风景名胜区条例》《国家级风景名胜区规划编制审批办法》《四川省风景名胜区管理条例》等国家级和省级政策文件，在风景名胜区选址、管理、评估、审批、检查工作方面形成了较为完善的政策体系。

在历史文化名城名镇名村方面，已制定《历史文化名城名镇名村保护条例》《历史文化名城名镇名村街区保护规划编制审批办法》《河南省历史文化名城保护条例》等法规和政策，在相关保护条例、实施方案、规划方面还需进一步形成完备的政策体系。

在历史文化资源等方面，已制定《中华人民共和国文物保护法》《文物保护工程管理办法》《山西省文物保护实施办法》等法律法规，在文物安全、保护利用、管理、认定、遗址考古工作方面形成了较为完善的政策体系。2019 年的政策制定集中在革命文物保护、考古、文化生态保护区、田野文物、文物安全等方面。

此外，在人居文化资源保护工作方面，黄河流域 9 省区还开展资源普查、调查研究、科技应用、评估认定、考古方面重点工作。2019 年，青海省已开展包括文化和旅游资源普查项目在内的资源普查工作，甘肃省组织编写《炳灵寺石窟大寺沟小流域综合治理咨询报告》等调查报告，2019~2021 年，河南省开展"河南省民间文化艺术之乡"评审命名等评估认定工作。

2.黄河流域人居文化发展建设相关政策

围绕流域、区域、城乡3个空间层面梳理1998~2019年黄河流域人居文化发展建设政策。截至2019年，流域与区域层面相关政策较少，城乡层面开展了大量工作，包括制定管理办法、条例、审批程序或办法等，以指导各级政府开展人居文化发展建设工作。

在流域层面，各省区响应习近平总书记的指示，于2019年分头同步推进《黄河流域生态保护和高质量发展规划纲要》《黄河文化保护传承弘扬专项规划》的编制工作。

在区域层面，制定文化旅游带、沿黄产业协作示范带、晋陕豫黄河金三角区域等区域发展政策，2019年公布的《晋陕豫黄河金三角区域合作规划》提出培育壮大区域中心城市带动次区域合作圈发展。

在城乡层面，2019年黄河流域人居文化发展建设政策主要体现在海绵城市建设、城乡环境综合治理、村镇建设、传统村落、城市称号、旅游、生态等方面。如村镇建设方面，2019年《济南市推进美丽村居建设实施方案》提出2025年形成鲁派民居建筑群落。山西省、四川省、陕西省、青海省推动特色小镇的认定、评选、创建方案、管理办法的相关政策制定，如青海《全省特色小镇和特色小城镇创建工作实施意见》等。

此外，黄河流域9省区还开展包括调查研究、科技应用、项目、活动在内的人居文化资源保护方面的重点工作。截至2020年4月，郑州市建立总投资超2万亿元的重大项目储备库，甘肃省开展黄河文化保护传承弘扬研究等调查研究工作，青海省开展"亲近母亲河"等包括相关会议、主题活动、博览会等在内的人居文化活动。科技应用方面，首座省级文旅数字化综合体验馆——山西文旅数字体验馆开馆。

三　黄河流域人居文化未来展望

（一）实现黄河流域生态人居文化的保护传承与当代弘扬

自古以来，黄河流域就拥有丰富的地形地貌、自然资源和历史人文资源，孕育了丰富的中华民族人居文化。从逐水而居、依水而生的人地耦合关系，到融于自然、隐于山水的生态人居哲学，无一不阐述着人与自然和谐共生形成的传统人居文化。这些发源于黄河流域的生态人居文化、自然山水观和传统生态智慧延绵发展到整个华夏大地，并深刻影响着当代人居文化的发展。因此，在实现中华民族伟大复兴、推动黄河流域高质量发展的时代发展要求下，需要严格保护黄河流域宝贵的人居文化资源，挖掘提炼传统生态智慧和自然哲学，实现传统生态人居文化的保护传承和当代弘扬，从而在黄河流域人居文化的动态发展进程中，为营造城乡居民的美好生活和建设现代人居文化提供经得起时代变迁和历史考验的方法途径。

（二）构建流域统筹、区域协同、资源融合的人居文化管理体系

目前，沿黄9省区已在风景名胜、历史文化、城乡建设等方面形成了较为完善的政策制度，并响应黄河流域生态保护和高质量发展的国家战略，同步推进区域发展战略和专项规划编制工作。但是这些工作仍处于起步阶段，区域协调发展机制尚未成形，政策制定侧重生态建设、产业发展、文化旅游，对于人居文化保护和建设重视不足。因此，黄河流域亟须对属于林草部门、文保部门、城建部门等不同单位分管的风景名胜、名胜古迹、名城名镇名村、当代城乡建设等方面工作进行统筹协调，加强不同资源之间的统筹整合。构建流域—区域—省域—城乡联动协同机制，优化现有管理制度体系，形成黄河流域人居文化的闭环管理体系。

（三）推进多元化、多时态的人居文化高质量保护发展体系

黄河流域人居文化的高质量保护发展既需要加强对历史文化资源的保护传承，又需要在科学技术有力支撑下实现中华民族人居文化的当代复兴。然而目前，在黄河流域人居文化方面尚未形成完善的建设和保护发展体系，人居文化资源保护与当代城乡人居环境建设分而为之，项目规划建设缺乏与文化层面的有机联系。因此，需要在建立人居文化分类研究体系的基础上，依

托大数据、可视化、物联网、人工智能等先进技术，建立资源共享平台，进行资源、政策、项目的标准化、精细化、智慧化、全时化管控，从而实现人居文化相关科学研究、政策战略、保护传承、发展建设、动态管理的精准联动，构建多元化、多时态的黄河流域人居文化高质量保护发展体系，为创造黄河流域美好人居环境、实现中华民族文化自信做出贡献。

G.15
黄河流域木结构建筑文化发展报告

高　颖　孟鑫淼　王　宁　梅诗意　褟示青*

摘　要： 黄河流域木结构建筑的发展历史源远流长，其建筑类型丰富、结构体系复杂，是黄河文化的投影之一。传统木结构建筑作为黄河文化的载体之一，对其历史发展、文化内涵进行系统总结，并结合新型技术对其进行修缮和保护，对于黄河文化的传承和弘扬具有重要意义。现代木结构建筑的发展应汲取黄河流域传统木结构建筑的文化内涵和优势，并对其进行继承、弘扬，以形成具有黄河流域文化特色的现代木结构建筑体系。同时，应充分关注和挖掘木结构建筑在近零能耗和近零排放领域的潜力，在推进我国生态文明建设的同时，助力建筑行业实现碳中和目标。

关键词： 木结构　建筑保护　文化传承

一　黄河流域木结构建筑文化起源与发展

（一）黄河流域木结构建筑的发展历史

黄河流域是中华文明的发祥地，作为中国最早的农业经济开发区域之一，几千年来形成了独特的木结构建筑发展体系。《礼记·礼运》中记载，

---

* 高颖，博士，北京林业大学材料科学与技术学院教授，研究方向为木结构材料与工程；孟鑫淼，博士，北京林业大学水土保持学院土木系讲师，研究方向为复材增强竹木结构；王宁、梅诗意、褟示青，北京林业大学材料科学与技术学院硕士研究生。

从原始社会开始，祖先以天然的窟窖或柴木构成的圈巢为居住之所。新石器时代，水源充足、地势平坦的黄河中游形成了仰韶文化。在位于陕西省西安市的半坡遗址中，出现了用木板、木椽和草泥建造的半穴式或地面式木骨泥墙建筑。这种木结构建筑结构整齐，是我国传统木结构建筑的源头，在后世得以发展成熟。

夏商时期，开始出现大型院落建筑，各建筑相对封闭并形成一个整体。西周时期，黄河流域在发展木结构建筑技术的同时，更着重发展土木混合结构建筑技术。该时期的大型夯土建筑，在满足实际生活需求的同时，也映射了当时成熟的礼制思想。利用轴线建造的大型宫殿建筑，展现出宏大磅礴的特点。春秋战国时期台榭建筑盛行，人们善于通过简易技术手段建造大体量建筑。同时，夯土技术已经达到成熟阶段，建筑以夯土台为中心，环抱空间较小的木构架，上下通常 2~3 层。到了秦汉时期，木结构建筑不仅保留了建筑体量宏大的特点，其装饰精致程度也有了较大的发展，出现了阿房宫、未央宫等著名宫殿建筑。该时期的黄河流域木结构建筑已经具备了我国传统木结构建筑的基本特征。

秦汉之后，政治经济逐渐稳定，木结构建筑设计日趋成熟，黄河流域主要木结构形式——抬梁式已经形成，多层木结构建筑已较为普遍。从东汉到唐初，黄河流域的绿色生态状况有所改善，出现了黄河的安流时期，多层重楼兴起并盛行，房屋建筑组群规模庞大。三国两晋南北朝时期，佛教传入中国，对当时人民的思想文化、民俗意识产生了深远的影响。此外，随着北方十六国少数民族的涌入，黄河流域居民的生活方式改变，传统的汉代家具变高，建筑物也开始朝追求高大的内部空间方向发展，但原有建筑的结构方法和分配规律没有改变。隋唐时期，政治经济进一步稳定，建筑技艺得到了进一步发展，达到了我国历史上建筑发展的高潮。由于统治阶级大力推行佛教和道教等宗教文化，宗教建筑兴起，建筑风格向多元化发展，建筑水平也进一步提高，诸如斗拱、梁柱等木结构建筑构件的形式及用料已经规范化，木结构建筑逐步向高层建筑发展。同时，随着多元外来文化的融入，还修建了许多样式独特的建筑。该时期对建筑的追

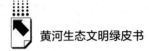
求从空间高度向平面广度转变，形成大面积、大体量，气势恢宏、高大雄伟的建筑设计风格，体现了盛唐风范。

从唐代后期开始，黄河进入泛滥时期，地方政权割据，中国又陷入分裂战乱局面，建筑发展有所停滞。随着经济重心逐渐向南方转移，黄河流域的木结构建筑发展缓慢，但宋代的建筑水平进一步提高，《营造法式》成为中国古代最完整的建筑技术书籍。受到宋明理学的影响，建筑加强了进深方向的空间层次，体现伦理纲常，同时装饰细密华丽，造型冗杂。元代在建筑体量和品质上都对两宋建筑进行了简化。明清时期的建筑形成了新的规范化和格式化的木构架体系，清工部颁布了《工程做法则例》，斗拱的结构作用降低，梁柱构架的整体性加强。从明清开始，黄河流域的生态恶化问题日益严重，整个黄河流域的森林面积迅速减少，一些房屋建筑受到损毁。

近代以来，中国传统的木结构柱架体系被外来输入的砖墙支撑木桁架体系代替，存在于工业建筑、公共建筑等中，但在广大的农村、集镇、中小城市，仍然以旧的建筑体系为主。新中国成立以来，砖木结构有了较大的发展，其主要特点是外部为砖石墙承重，内部为木柱承重，采用木架楼板、双坡顶木屋架，并使用拱券，与传统木构架相比有很大的优越性。之后，由于盲目建设过程中的滥砍滥伐，我国森林资源锐减，建筑用木材出现短缺。结构用木材资源的消耗殆尽，使木材在工程中的应用遭到进一步限制。直至21世纪，随着国内外木结构建筑领域合作交流的不断加强，现代木结构建筑技术在中国的应用范围逐渐扩大。木结构建筑可于工厂预制构件，现场干作业施工，具有节能、低碳、环保等多项优点。在国家大力推动装配式建筑发展等政策的支持下，现代木结构建筑进入新一轮的发展阶段。目前，通过相关标准规范的不断颁布，市场运行机制的不断完善，将科学研究与工程应用相结合，未来我国木结构建筑将具有广阔的发展空间。①

①　谌晓梦：《我国木结构建筑的起源与发展》，《城市住宅》2020年第2期。

（二）黄河流域木结构建筑类型

1. 建筑类型

黄河流域木结构建筑可简单分为传统木结构建筑和现代木结构建筑。传统木结构建筑依据建筑功能可划分为宫殿建筑、宗教建筑、教育建筑、园林建筑、市政建筑、传统民居、陵墓建筑、防御工程和其他建筑，典型建筑有陕西省昭仁寺大殿，山西省平遥古城、王家大院，河南省白马寺等；现代木结构建筑依据建筑功能可划分为公共建筑、工业建筑、农业建筑和居住建筑等，典型建筑有山西省太原植物园，山东省万科青岛小镇游客中心，河南省洛阳河洛书苑等。多种类型的木结构建筑展现了黄河流域多元的文明景观，也促进了古今木结构建筑文化的集成和融合。

2. 结构体系

黄河流域传统木结构建筑主要结构体系为抬梁式，部分建筑也采用穿斗式。抬梁式结构体系的特点是在柱顶或柱网上的水平铺作层上，沿房屋进深方向架数层叠架的梁，梁逐层缩短，层间垫短柱或木块，最上层梁中间立小柱或三角撑，形成三角形屋架。相邻屋架间，在各层梁的两端和最上层梁中间小柱上架檩，檩间架椽，构成双坡顶房屋的空间骨架。房屋的屋面重量通过椽、檩、梁、柱传到基础（见图1）。该结构室内少柱或无柱，可提供宽敞的室内空间和磅礴大气的外观，多应用于古代的宫殿和庙堂建筑，以及北方民居建筑中。穿斗式结构体系的特点是沿房屋的进深方向按檩数立一排柱，每柱上架一檩，檩上布椽，屋面荷载直接由檩传至柱，不用梁。每排柱子靠穿透柱身的穿枋横向贯穿起来，成一榀构架。每两榀构架之间使用斗枋和纤子连接起来，形成一间房间的空间构架（见图2）。

根据主要承重构件选用的结构、材料的不同，黄河流域现代木结构体系可分为轻型木结构、胶合木结构、方木原木结构以及木混合结构等。轻型木结构是指主要由采用规格材及木基结构板材或石膏板制作的木构架墙体，木楼盖和木屋盖系统构成的单层或多层建筑结构。轻型木结构施工简便，可实现较高的预制率和装配率，具有低碳节能、抗震性能好等优点。

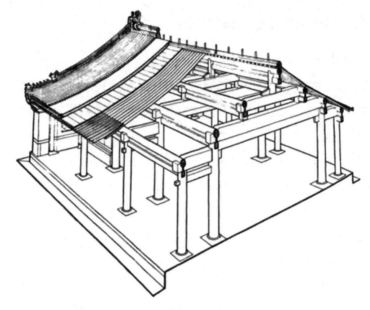

图1 抬梁式木结构

资料来源：中国科普博览网。

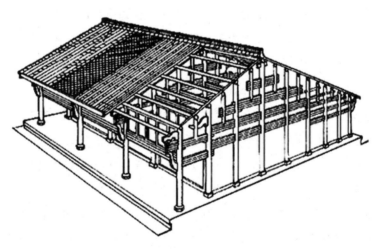

图2 穿斗式木结构

资料来源：中国科普博览网。

胶合木结构可分为层板胶合木和正交胶合木两种形式。层板胶合木由 20～50 毫米厚的木板经干燥、表面处理、拼接和顺纹胶合等工艺制作而成，可应用于单层、多高层以及大跨度的空间木结构建筑。正交胶合木是由厚度为 15～45 毫米的木质层板相互叠层正交组胚胶合而成的木制品，多应用于多高层木结构建筑的墙体、楼面板和屋面板等。胶合木结构作为应用较广的结构形式，具有尺寸稳定性好、生产效率高和绿色可循环利用等优点。方木原木结构是指承重构件主要采用方木或原木制作的单层或多层建筑结构，包括井干式结构、木框架剪力墙结构和传统梁柱式结构。木混合结构是木结构构件与钢结构构件、混凝土结构构件等其他材料构件组合而成的混合承重结构，适用于所受载荷较大的多高层木结构建筑。现代木结构采用经科学技术处理的工程木材，利用金属部件进行连接，具有良好的防火、保温、隔热性能。

（三）黄河流域木结构建筑的文化内涵

建筑在满足人类的正常生活需求的同时，还发挥着文化传承的作用，是人类文明发展的重要组成部分。在建筑发展的不同时期，各时代经济结构、政治制度、思想意识和宗教哲学的变化均对建筑产生了不同程度的影响，赋予了黄河流域木结构建筑独特的文化内涵。

社会的经济结构和政治制度深刻影响着黄河流域木结构建筑的发展。中国古代经济模式是自给自足的小农经济，在生态环境良好、森林资源丰富的黄河流域，建筑形式与自然环境有着紧密的联系。人们依靠当地环境条件，用木和土建造房屋，将农耕文化赋予建筑。在黄河流域封建政权集中的西周、秦代等时期，为彰显帝王的政治威严，盛行宏大精美的高台建筑。《尔雅·释宫》中记载："宫门双阙，旧章悬焉。"这些高大的宫阙建筑庄严雄伟、整齐对称，拥有明显的中轴线，中轴线两旁的建筑物作陪衬，主次分明、左右对称，彰显着封建帝王至高无上的皇权，体现了权力高度集中的政治制度。在宋代的《营造法式》和清代的《工程做法则例》中，对木构件的尺寸设计应用了模数化的思想，表现出森严的等级制度。建筑中房屋的进

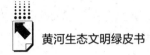

深、台基以及装饰图案的用量均以"数"的等差变化来表现和谐与秩序，如"城方九里；诸侯城按七、五、三里递减"，将建筑中的"数"赋予了礼的内容。①

社会文化中，易学、儒学、佛教和道教等文化也对建筑形式产生了巨大影响。《周易》强调"唯变所适"。万事万物都是随时随地不断变化的，黄河流域木结构建筑也正体现这一思想，其布局不断变化，形式灵活多样。②"罢黜百家，尊崇儒术"政策的推行使得儒学对于人伦活动的规范和社会生活秩序的划分深入影响木结构建筑的发展。木结构建筑通过与院落组合展现了空间的层次感，体现了儒学思想中的伦理纲常。道教宣扬"天人合一"的思想，指天人相合相应，强调人是自然的一部分，不能丧失人的自然本性，提倡人与社会、人与自然的和谐统一。在传统木结构建筑设计中，注重人与自然的和谐统一，根据自然环境选择建筑形式，充分利用自然资源，尊重自然规律，让建筑按照自身逻辑自由发挥其功能，充分尊重建筑自身的发展规律。受"无为而治""道法自然"思想影响的建筑依山川形势、地理环境和自然条件布局，在园林建筑、民居房舍以及山村水镇中常见。③ 传统的木建筑在布局形式上遵循道教的五行学说理论，并用"青龙""朱雀"等多种形象指代不同方位格局。④ 佛家禅宗思想体现为一股清、净、朴、拙的自然之风，打造清幽宁静、简约质朴的建筑风格。佛教建筑以塔为中心，四周建有殿堂，庄严浑厚，整体具有流畅的线条以及丰富的色彩，与山林相得益彰，和谐、宁静又富有韵味。佛教建筑中生动的壁画、精美的雕塑等文物反映了中国古代的宗教文化以及艺术造诣。

---

① 齐伟民、崔杨光辉：《试析中西传统建筑和谐美的文化内涵》，《美与时代》（城市版）2020年第2期。

② 施阳：《中国古代建筑发展的文化要素探析》，《时代报告（奔流）》2021年第2期。

③ 李卫东：《中国传统文化在建筑规划设计中的体现》，《住宅与房地产》2020年第18期。

④ 杨元高：《刍议中国传统木建筑文化内涵及艺术美感》，《现代装饰（理论）》2015年第12期。

二 黄河流域木结构建筑文化保护与传承

（一）黄河流域传统木结构建筑文化的保护

1.黄河流域传统木结构建筑保护现状

中国传统木结构建筑是中国历史文化的载体，它包含着中国古代社会制度、人民的宗教信仰、民俗民风等丰厚底蕴，在建造设计中展现了高超的制作技艺与营造智慧，对参悟古代的等级制度、建筑表现等起着至关重要的作用。在我国城市化建设步伐加快的过程中，应重视对拥有深厚文化底蕴的传统木结构建筑的保护，使更多人了解城市的变迁过程及其独特的建筑文化。

根据国家文物局公开的全国重点文物保护单位明细，按黄河流域实际流经的地区面积统计可得，目前黄河流域入选国家重点文物保护单位的古建筑共519处，其中木结构建筑（包括砖木结构、土木结构和纯木结构）共385处，占古建筑总量的74.18%；砖石结构建筑为128处，占古建筑总量的24.66%；其他结构建筑仅有6处，占古建筑总量的1.16%（见图3）。对古建筑中的木结构建筑按照建筑功能进行分类，各建筑类型占比如图4所示，宫殿建筑共3处，宗教建筑共314处，防御建筑共9处，教育建筑共1处，园林建筑共0处，市政建筑共18处，传统民居共28处，陵墓建筑共4处，其他建筑共8处。

2.黄河流域传统木结构建筑保护技术与措施

古建筑本体中蕴含了大量传统技艺和文化，具有极高的文物保护价值和需求。传统木结构建筑经过千百年的自然灾害和人为破坏，难免出现损伤。通过运用三维激光扫描技术和非触摸式测量方法，绘制古建筑现状图纸，对古建筑的内部破损情况有初步了解。此外，采用无损检测方法可对无法目测的承重结构残缺程度进行勘查。通过阻抗仪法、应力波法、皮罗钉法、微钻阻力、超声波检测等方法可以有效获取木构件的病害特征；通过温湿度传感器、亮度传感器及风荷载传感器等可得到建筑环境信息；通过裂缝计可得到墙体裂缝宽度及深度等信息，进而确定木结构建筑的破坏残损程度。随后根

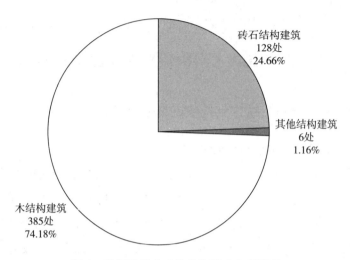

图3 黄河流域古建筑结构形式分类情况

资料来源：笔者自制。

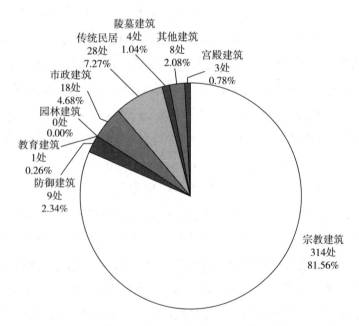

图4 黄河流域古建筑木结构建筑类型情况

资料来源：笔者自制。

据相关规范标准，实施不同的维护与加固工程对症下药、修缮施工。

《古建筑木结构维护与加固技术标准》[①] 把传统木结构维护与加固工程分为三类。一是保养维护工程，即日常性、周期性地对古建筑进行简单的修整养护。经常性的保养维护可让古建筑得到事半功倍的保护效果，不仅维护了古建筑原有的整体形貌，也维护了其结构体系、材料质地等。二是修缮加固工程，由于现存古建筑均存在一定材料糟朽、构件破坏等问题，需对其进行必要的修缮或加固，包括因整体结构损伤而进行的局部复原。遵循修缮加固工程的一系列原则，针对木构架的整体维修，根据残损程度的不同分别实施修整加固、打牮拨正、落架大修等修缮工程。尽可能避免采用落架大修的修缮方式，以免在重新安装时无法复原。三是抢险加固工程，即由于所处地理环境变化或整体残损严重，古建筑突发严重危险又无法进行彻底修缮，则须根据不同损毁程度，对其采取可逆的临时抢险加固措施。

（二）黄河流域现代木结构建筑的发展现状

中国传统木结构建筑延续到近代，其发展一度停滞。20 世纪 70 年代后，国家提出了"以钢代木""以塑代木"等方针，[②] 木结构建筑逐渐被排除于主流建筑之外。直至 20 世纪末，随着人工林成材、西方现代木结构技术引入我国，国家越发重视低碳环保材料的应用，木结构建筑的研究与应用逐步恢复。

现代木结构建筑是装配式建筑的类型之一。根据《木结构设计标准》[③]，现代木结构主要包括轻型木结构、胶合木结构、方木原木结构等结构形式。根据相关数据，2019 年全国装配式建筑新开工建筑面积约 4.2 亿平方米。各结构形式的装配式建筑所占比例如图 5 所示，其中新开工的木结构建筑面积为 242 万平方米，仅占装配式建筑总开工面积的 0.6%。[④] 截至 2017 年，我国现代木结构

---

① 《古建筑木结构维护与加固技术标准》（GB/T 50165—2020），中国建筑工业出版社，2020。
② 何敏娟等：《中国木结构近 20 年发展历程》，《建筑结构》2019 年第 19 期。
③ 住房和城乡建设部主编《木结构设计标准》（GB 50005—2017），中国建筑工业出版社，2018。
④ 住房和城乡建设部科技与产业化发展中心编《2019 年装配式建筑发展概况》，2020 年 4 月 19 日。

建筑面积1200万~1500万平方米。不同类型的现代木结构所占比例如图6所示，其中，轻型木结构为主要结构形式，占总建筑面积的67%，重型木结构（包括

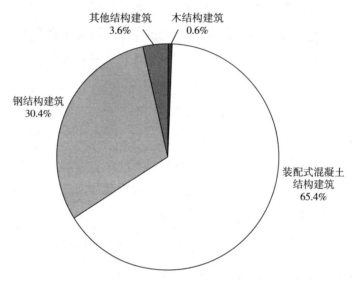

图5　2019年全国新开工装配式建筑结构形式分布情况

资料来源：笔者自制。

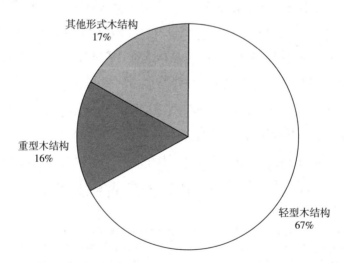

图6　现代木结构建筑类型分布情况

资料来源：笔者自制。

胶合木结构和部分方木原木结构等）占16%，其他形式木结构（包括钢木、木—混凝土等木混合结构）占17%。① 在《国务院办公厅关于大力发展装配式建筑的指导意见》（国办发〔2016〕71号）文件指导下，虽然目前木结构建筑所占比例较小，但在国家大力发展装配式建筑的形势下，作为装配式建筑形式之一的木结构建筑未来发展空间巨大。

截至2018年底，我国木结构企业数量已达2738家，其工作领域涵盖了木结构建筑的研发、设计、咨询、生产制作、施工等各个方面。2017～2018年黄河流域各省区的木结构企业新增情况如图7所示，② 其中，四川省42家、山东省33家、陕西省27家、河南省10家、内蒙古自治区8家、山西省5家、青海省3家、甘肃省2家、宁夏回族自治区1家。根据相关研究数据，使用国产木材建造的木结构建筑单位建筑面积造价参考值为2714元/米^2，使用进口木材建造的木结构建筑单位建筑面积造价参考值为3415元/米^2。③ 由于国内木材资源短缺，木结构建筑用材多依赖于国外进口木材，使得木结构建筑的整体造价偏高，一定程度上限制了其作为装配式建筑的推广应用。

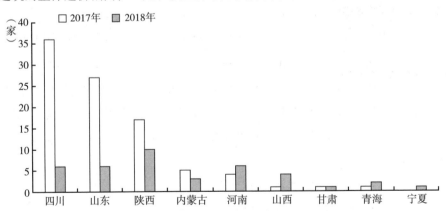

图7　2017年、2018年黄河流域各省区木结构相关企业新增情况

资料来源：笔者自制。

① 何敏娟等：《中国木结构近20年发展历程》，《建筑结构》2019年第19期。
② 同济大学国家土建结构预制装配化工程技术研究中心编《2018中国建筑工业化发展报告》，中国建筑工业出版社，2019。
③ 郭苏夷、陈溪、刘恺：《新型多层木结构经济性分析》，《住宅科技》2017年第7期。

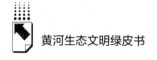
（三）黄河流域传统到现代木结构建筑文化的继承和演绎

作为世界上最古老的建筑材料之一，木材具有众多优势：取材方便且自重轻，相同体积下质量仅为混凝土的 1/5~1/4，具有相对高的强度和承载能力，屹立太行山地震带千年不倒的山西应县木塔证明了木结构优良的耐久性能和抗震性能。此外，木材作为天然可再生材料，用其建造房屋可节省能源、降低成本，并为减少碳排放做出重大贡献。因此，传承黄河流域木结构建筑文化不仅需要保护古代建筑，也要汲取其中精华为现代城市建设所用。①

由于传统木结构建筑形式具有木材综合利用率低、防火防腐性能差、建造技艺复杂等问题，难以在现代木结构建筑中直接应用。然而，基于艺术形态化的传统木结构建筑在外部形态、色彩装饰、建筑构件、屋顶造型等方面对现代木结构建筑，特别是木结构与其他结构类型混合的建筑有重要的借鉴意义。如传统木结构建筑中硬山、悬山、庑殿等屋顶形式，常在以木混结构为主要建筑形式的公共建筑中大量应用。斗拱作为中国木结构中特有的建筑构件，在历史进程中从受力构件逐渐演变成装饰构件，运用于现代建筑角隅装饰中，不仅能展现传统建筑风格，还可揭示我国古代的审美情趣及文脉传承。又如象征着室内的"天"的藻井，其承载着古建筑对穹窿状天花的独特技艺。在大型公共建筑的室内装饰中，结合现代审美和工艺技术对藻井修饰加工，可促进传统木结构建筑文化与时俱进。

此外，借鉴传统木结构建筑中"小材大用"的营造智慧，"虹桥""彻上明造"等特殊设计，通过现代设计理念的解读，吸收传统建筑技艺的精髓，结合新型工程木质材料、新型节点连接方式、新型建筑结构形式等技术手段构建现代木结构建筑，可使黄河流域传统木结构的形象特征、内涵神韵得以继承和发展。

---

① 边辑：《用古建精髓演绎现代精品》，《中华建筑报》2006 年 12 月 23 日。

三　黄河流域木结构建筑文化未来展望

（一）保护建筑文化遗产，坚定文化自信，构建黄河流域特色木结构建筑体系

建筑是文化的载体，传统木结构建筑作为黄河流域历史文化遗产之一，见证着黄河流域源远流长的发展史，是黄河流域文化的重要表现形式。习近平总书记在十九大报告中提出："坚定文化自信，推动社会主义文化繁荣兴盛。"① 保护黄河流域建筑文化遗产，吸收黄河流域传统木结构建筑中的文化内涵，在继承和发扬传统木结构建筑文化特色的过程中坚定文化自信。在此基础上，结合黄河流域自然环境和社会条件，在黄河流域现代木结构建筑的发展过程中融入传统木结构建筑文化符号，传承传统木结构建筑建造技艺，构建黄河流域特色木结构建筑体系。

（二）发挥木结构低碳节能优势，应用前沿科技，助力建筑业碳中和目标

近年来，我国社会碳排放总量位居全球第一，其中，建筑行业碳排放量约占社会总排放量的40%。为实现"2030年前碳达峰，2060年前碳中和"的目标，建筑行业的节能减排工作任重道远。木材作为主要传统建材中唯一天然可再生的建筑材料，具有良好的固碳特性。森林是陆地生态系统中最重要的贮碳库，树木的碳循环周期主要取决于树木自然生长的寿命。将树加工为木材并应用在木结构建筑中，使碳库从森林扩展至城市，同时木材中碳固存的时间得以维持至木结构建筑全生命周期的结束，有利于碳循环周期的延长、自然资源的可持续利用和对自然环境的高效保护。基于木结构建筑的负碳特

---

① 文玉忠：《坚定文化自信　推动社会主义文化繁荣兴盛》，《菏泽日报》2018年11月23日，http：//epaper.hezeribao.com/shtml/hzrb/20181123/432256.shtml。

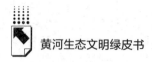

性，应用低碳节能的建筑技术，进行科学合理的建筑设计，推动黄河流域现代木结构建筑向近零能耗和近零排放建筑发展，助力建筑行业实现碳中和目标。

（三）发挥木结构环保健康优势，加快绿色发展，促进黄河流域乡村振兴和新型城镇化建设

我国坚持农业农村优先发展，全面实施乡村振兴战略。我国坚持走以人为核心，以城乡统筹、城乡一体、产业互动、节约集约、生态宜居、和谐发展为基本特征的中国特色新型城镇化道路。乡村振兴和新型城镇化的建设理念与绿色建筑和健康建筑的发展理念契合，双方之间存在辩证统一的关系。由于木结构建筑在建造施工阶段具有可预制装配、施工快速高效、现场干作业、扬尘少、对周边环境影响小等优势，在建筑运行阶段具有低碳节能和优良的保温、隔热性能等优势，更容易满足绿色建筑设计要求。此外，木结构建筑具有温暖和谐的视觉特性，能够对室内环境起到调温调湿的作用，有益于居住者的身心健康，对健康建筑要求的适应性较高。发挥木结构建筑绿色健康优势，根据黄河流域发展条件和要求，在城乡推广建设木结构建筑，有助于促进黄河流域乡村振兴和新型城镇化建设。

（四）加大地区政策扶持力度，汲取产学研多方智慧，促进黄河流域特色木结构建筑发展

近年来，国家出台了关于木结构建筑发展的若干政策，对中国木结构建筑的发展起了导向作用。例如，《国务院办公厅关于大力发展装配式建筑的指导意见》提出了因地制宜发展装配式混凝土结构、钢结构和现代木结构等装配式建筑。黄河流域各省区也制定了相应的装配式建筑发展规划和政策等，其中对现代木结构建筑的发展均给予了鼓励和支持。例如，《山东省装配式建筑发展规划（2018—2025）》提到鼓励具备条件的地区应用现代木结构建筑，促进木结构建筑在底层新建公共建筑以及平改坡、老旧小区加层改造工程等项目中的应用。然而，木结构建筑在中国的推广应用仍然存在项

目招投标政策法规不完善，相关质量监控和检测认证制度缺乏等障碍，黄河流域各省区对木结构建筑的扶持力度有待加大，政策导向根据各地区实际发展情况仍须完善。此外，高校、研究所、产业联盟、行业协会和企业等应当加强交流与合作，推动健全黄河流域木结构建筑标准规范体系，加强木结构建筑技术创新，扩大木结构建筑示范项目的影响力，从产学研等各个角度，全面推广黄河流域特色木结构建筑及其文化。

G.16
黄河流域石窟艺术发展报告

兰超 高阳 萧睿 史钟颖*

摘 要: 黄河流域是佛教初传中国最早发展起来的地区,从甘肃河西走廊向东,中国的四大石窟及诸多重要石窟遗迹几乎都集中在黄河流域,黄河流域成为中国佛教石窟艺术的中心地带。本报告描述了黄河流域石窟遗迹的分布、艺术特色及价值,分析了石窟艺术多民族文化融合的历史渊源以及自然生态与人文生态互生的关系,并针对石窟面临的生态威胁、人为破坏和研究不足等问题提出了对策建议。

关键词: 石窟艺术 遗产保护 黄河流域

一 黄河流域石窟艺术的历史和文化渊源

佛教石窟艺术起源于佛教的发源地——古印度迦毗罗卫国(今尼泊尔境内)。公元1世纪,佛教传入中国,黄河流域成为佛教初传中国最早发展起来的地区。著名考古学家宿白先生认为"文献记载黄河流域最早出现佛

---

* 兰超,北京林业大学艺术设计学院副院长、教授,硕士生导师,研究方向为综合材料绘画与公共艺术;高阳,北京林业大学艺术设计学院副教授,硕士生导师,研究方向为中国传统装饰艺术;萧睿,北京林业大学艺术设计学院副教授,硕士生导师,研究方向为中国传统文化艺术与当代油画;史钟颖,北京林业大学艺术设计学院副教授,硕士生导师,研究方向为生态雕塑与公共艺术。

像的时间是 1 世纪中期",①随着佛教的东传,石窟艺术在中西方交通要道丝绸之路上逐渐传播开来。石窟艺术首先在古代西域地区,即今天我国新疆地区发展,沿着中西方交通要道丝绸之路,进入河西走廊。魏晋南北朝的北朝时期,在古代河西走廊的四郡,即今天甘肃的敦煌、酒泉、张掖、武威一带,大量开凿石窟,这一地区成为中国佛教石窟艺术的中心地带。从甘肃河西走廊继续向东,沿黄河流域,石窟的开凿和分布非常广泛,重要的石窟艺术遗迹几乎都集中在黄河流域北方中原地区。以石窟艺术为一个切入点,从黄河流域可以寻找到研究石窟艺术史、中国文化史、社会经济史、民族史、中西交流史等重要课题的丰富资料。

石窟寺是佛教建筑的一种形式。最早的"石窟"是"禅窟",又叫"僧房窟",供早期小乘佛教信徒打坐修行,即坐禅"禅定"所用。打坐修行之前也要观看、礼拜佛像,这就有了供奉着佛像的"塔庙窟""佛殿窟"的石窟样式。后来随着佛教传播力度的加大,为了更好地普及佛经教义,高僧要广收弟子,并向民众讲经说法,就又发展出既可礼佛观像,又能聚集讲经的"讲堂窟"。各种不同形制的石窟伴随着佛教在中国的发展程度,在各个历史时期出现、流行、发展、演变。不同形制的石窟组合起来,发挥佛教功能,就成为佛教石窟寺。

黄河流域是中国最早开凿石窟和兴建石窟寺的地区。"大约在 4 世纪中后期,北方地区出现了最早的石窟。其中两处最早的石窟,一处是公元 366 年乐尊和尚在敦煌莫高窟修造的石窟,一处是公元 397~433 年北凉王沮渠蒙逊在凉州南山修建的凉州石窟。"②黄河流域石窟艺术发展肇兴于此,大致经历了 5 个历史阶段。第一阶段是公元 5 世纪后半期到 6 世纪初期,这一时期黄河流域石窟寺开始兴建与发展,其中,敦煌莫高窟、云冈"昙曜五窟",都在这一时期兴建。石窟建筑与佛像在兴建之初,就明显融入了汉化风格,具有中国民族文化气派。第二阶段是公元 6 世纪前期,这一时期中国

---

① 宿白:《中国佛教石窟寺遗迹——3 至 8 世纪中国佛教考古学》,文物出版社,2010,第 12 页。
② 宿白:《中国佛教石窟寺遗迹——3 至 8 世纪中国佛教考古学》,文物出版社,2010,第 16 页。

石窟艺术愈加脱离了外来因素的影响，西域风格的禅窟和塔庙窟减少，中国气派的佛殿窟增加。佛教造像的风格也从犍陀罗式的宏伟雄健，转向受南朝文化影响的"秀骨清像"，例如，将北魏王朝迁都洛阳以后的龙门石窟造像所呈现出的样式与第一阶段北魏平城时期云冈"昙曜五窟"造像风格对比，能清楚地看出两个不同历史时期的变化。第三阶段是公元6世纪中晚期，这一时期石窟形式变化不大，题材内容上有关《无量寿经变》、西方净土的内容明显增多。这与佛教在中国传播的深度与广度、百姓信仰接受的侧重点有直接关系。第四阶段是公元7世纪到8世纪中期，这是北方黄河流域石窟艺术发展最为繁荣的时期。新式窟形的出现，佛教造像与壁画主题内容的极大丰富，佛教艺术造型的人间化、世俗化、精细化，都是在这一时期。这说明了佛教在中国的普及，也说明了在社会安定富足背景下，艺术的发展、文化的融合进入了更高层次。第五阶段是公元8世纪中期及以后，这一时期北方黄河流域地区的石窟艺术逐渐走向衰落，大多数地点不再继续开窟，少数继续开窟的地点，其艺术水准也不可与盛期同日而语。

综上所述，石窟艺术是中华民族重要的文化组成部分。黄河流域石窟艺术的历史发展，从一个侧面记载了中国对外来文化、宗教艺术的融合与民族化的过程。北方黄河流域佛教传播和石窟寺兴建的时期，也是北方多民族交融的时期。石窟艺术对历史、社会生活、政治、经济、民族文化等重大问题的反映，使之成为中华民族不可磨灭的宝贵文化艺术遗产之一。

二　黄河流域重要石窟遗迹分布及艺术特色与价值

阎文儒先生在《中国石窟艺术总论》中，详细介绍了中国石窟分布的地区："中国石窟主要分布在西北——古代的西域、河西四郡、黄河流域，以及长江流域的上游。"[①] 宿白先生把中国石窟遗迹分布概括为三大地区，即新疆地区、北方地区和南方地区。其中，北方地区就是指以黄河流域

---

① 阎文儒：《中国石窟艺术总论》，广西师范大学出版社，2003，第15页。

为中心的中原地带。黄河流域的石窟开凿数量之多、分布之集中、历史跨度之长、艺术和文化价值之高、内容和形式之丰富多样，都超过另外两个分布地区。

黄河流域的甘肃、陕西、宁夏、山西、河南、河北、山东各省区都有众多重要的石窟遗迹，其中尤以甘肃省石窟分布数量最多。以"中国佛教壁画艺术宝库"著称的敦煌莫高窟、以"中国佛教雕塑博物馆"著称的天水麦积山石窟（见图1），更是其中的翘楚，这两处石窟与山西大同的云冈石窟、河南洛阳的龙门石窟，并称为中国四大石窟。此外，甘肃的安西榆林窟、庆阳北石窟寺、泾川南石窟寺、武威天梯山石窟、张掖金塔寺石窟、永靖炳灵寺石窟，陕西的彬县大佛寺石窟、麟游慈善寺石窟、富县石泓寺石窟，宁夏的固原须弥山石窟，山西的天龙山石窟，河南的巩县（今巩义市）石窟，山东的驼山石窟等，共同构成了中国黄河流域广泛的石窟艺术分布体系。这些石窟各具艺术特色，体现了重要的社会历史人文价值和艺术价值。

图1　天水麦积山石窟雕塑（兰超摄）

综观黄河流域的石窟艺术，其艺术特色与价值主要有以下几个方面。

第一，石窟艺术所表现的题材虽是佛教主题，但在创作中反映了丰富的社会生活、自然对象和创作者情感。因此，中国化的佛教艺术不是僵化的程式化艺术，而是既具有精神境界又与社会现实生活相关联的艺术。这种创作

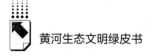

主题与现实和情感的结合、表达艺术思想的崇高，为今天的艺术创作提供了借鉴。

第二，石窟艺术的组成包括石窟建筑、石窟造像、石窟壁画三大主要部分。黄河流域不同地区、不同历史时代的石窟艺术构成了中国传统建筑、雕塑、绘画的生动发展史。在风格演变上既有历史发展的清晰脉络，又有地域性、民族性的多样化呈现。石窟艺术的图像资料和遗迹考察研究，为研究中国古代建筑史、雕塑史、绘画史提供了不可或缺的宝贵依据。

第三，石窟艺术体现了民间工匠的精妙技艺。石窟艺术的创作者是不知名的古代工匠，其营建、绘画、雕刻技艺的精湛，造就了伟大的佛教石窟艺术瑰宝，这些佛教石窟艺术是中国古代工艺成就的体现。对于石窟艺术，可以从工艺角度，研究、传承和弘扬其古代的工艺技术。

第四，石窟艺术具有丰富的文化内涵，其包含的历史、社会、经济、政治、民族、宗教、文化交流融合等内容，是众多人文学科的交叉。研究石窟艺术，对深入了解中国传统文化乃至世界文化交流具有重要的价值。

三　黄河流域石窟艺术与"一带一路"

"一带一路"是"丝绸之路经济带"和"21世纪海上丝绸之路"的简称。2013年9月和10月，中国国家主席习近平分别提出建设"新丝绸之路经济带"和"21世纪海上丝绸之路"的合作倡议。依靠中国与有关国家既有的双多边机制，借助行之有效的区域合作平台，"一带一路"旨在借用古代丝绸之路的历史符号，高举和平发展的旗帜，积极发展经济合作伙伴关系，共同打造政治互信、经济融合、文化包容的利益共同体、命运共同体和责任共同体。

新时代中国的和平发展和对外交流，以具有深刻历史文化内涵的"丝绸之路"作为象征，更好地展现出其作为中西方政治、经济、文化、宗教的桥梁与纽带作用。黄河流域的石窟艺术正是古代丝绸之路上最珍贵的历史文化遗存，见证了中国古代社会的对外交流与发展。北方黄河流域石窟寺

"开凿时无一不在丝路畅通之后，佛教文化在中国大发展的魏晋南北朝和隋唐时期；没有一个石窟和外来文化没有联系；没有一个石窟不在丝绸之路附近。因而'丝路'和石窟艺术存在着密切关系"。①

2019 年 8 月 19 日，习近平总书记到敦煌莫高窟和敦煌研究院考察时指出，"推动敦煌文化研究服务共建'一带一路'""加强文明对话，倡导'和平合作、开放包容、互学互鉴、互利共赢'的丝路精神，就是在新的历史条件下加强同世界各国的合作交流、促进各国文明对话和文化交流的重要举措"。② 2020 年 5 月 11 日，习近平总书记到大同云冈石窟考察时说："云冈石窟体现了中华文化的特色和中外文化交流的历史。这是人类文明的瑰宝，要坚持保护第一，在保护的基础上研究利用好。"③ 由此可见，保护、研究黄河流域石窟艺术对于共建"一带一路"和促进文明交流互鉴都具有极其重要的意义与作用。

近几年，随着"'一带一路'沿线国家文化遗产保护交流合作论坛""复旦大学文化遗产保护高峰论坛暨'一带一路'背景下的中国石窟寺保护论坛""麦积山国际雕塑论坛"等的召开，黄河流域石窟寺的文化内涵和艺术价值，愈加充分地被中国和世界人民所认识。通过对古老文化遗产的研究、保护、宣传、弘扬，石窟艺术兼收并蓄、博采众长的文化特质可转化为当代中国人民的文化自信，与世界文化进行主动友好的交流、融合。对石窟艺术的合理开发、利用，也可以将其转化为文化旅游经济，让古老的文物"活"起来，在当代生活中继续被传承应用，并通过文化交流、经济发展促进石窟所在区域经济水平的提高和人民生活的富裕，服务共建"一带一路"，传播中国文化艺术之声。

---

① 陈良：《丝路史话》，甘肃人民出版社，1983，第 106~107 页。
② 《习近平：在敦煌研究院座谈时的讲话》，中共中央党校（国家行政学院）网站，2020 年 1 月 31 日，https：//www.ccps.gov.cn/xxsxk/zyls/202001/t20200131_137742.shtml。
③ 《习近平谈云冈石窟：这是人类文明的瑰宝，要坚持保护第一》，新华网，2020 年 5 月 12 日，http：//www.xinhuanet.com/politics/leaders/2020-05/12/c_1125972560.htm。

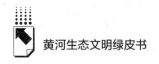
四 黄河流域石窟艺术保护与传承面临的问题与应对策略

（一）生态环境的恶化及其治理

由于佛教石窟在最初产生时，是为了满足佛教徒避世修行的需要，因此石窟的开凿往往选择在远离喧嚣闹市的偏僻山林和人迹罕至之处。深山藏古寺，禅房花木深，佛教石窟依山而建，与自然山水融为一体，人造的石窟与天造地设的自然环境息息相关。中国石窟的修造，受中国传统哲学思想的影响，更注重天人合一，强调人的精神活动与自然相融合。但古代营建于山明水秀、藏风纳气的风水宝地的石窟，经过历史变迁，已发生了沧海桑田的巨变。尤其是现代城市的扩张、工业化进程的加速、人口的增长、环境的污染等问题，使得石窟周边所处的生态环境不断恶化，加之地震、洪水等自然灾害及各种病害的影响，石窟文物受到了不可逆的破坏（见图2）。

图2 天水麦积山石窟因各种病害而形成的表皮脱落
及墙体断裂等破损情况（兰超摄）

因此，对石窟文化遗产的保护，要与生态环境的保护紧密结合起来，尽力减少工业化对石窟周边环境的污染和破坏。在自然生态方面，防止自然环境的恶化，如西北地区的生态治理工程，防风固沙、防止水土流失、避免岩壁崩塌等自然破坏，有效地保护了如敦煌莫高窟这样的伟大佛教艺术宝库；又如针对龙门石窟长期存在的渗漏水问题，龙门石窟研究院与多所高校合作，研发了新材料，为石窟渗漏水综合治理提供了"龙门经验"。

（二）经济开发、旅游业发展造成的人为破坏与解决思路

目前，位于黄河流域的中国四大石窟均已成为中国文化旅游的胜地，每年接待来自世界各地的不计其数的游客。近年来，每逢旅游旺季，游客人数屡创新高，给景区的石窟保护工作带来了不小的压力。另外，随着国家推进城镇化建设和大力发展乡村旅游产业，地处村镇一级相对偏远的中小型石窟寺，面临在项目开发过程中因受经济利益驱动，发展各具特色专业村镇，而被肆意开发或盲目修复改造的问题，造成不可逆的人为破坏的局面。

针对国家重点保护的著名石窟景点，要处理好发展旅游经济与保护文物两者之间的矛盾。如云冈石窟所做的景区环境治理改造工程，敦煌、云冈、龙门、麦积山等热点旅游胜地在旺季严格限制客流量，并加强石窟寺数字化保护利用，以文创产品研发实现石窟艺术的经济价值转化，从而实现可持续发展，做到对珍贵石窟文物的严格保护。2021 年 9 月，在故宫博物院举办的"敦行故远——故宫敦煌特展"中，整窟原大临摹复原的敦煌 285 窟（西魏）、220 窟（初唐）（见图 3）、320 窟（盛唐）极受欢迎，网上预约的参观券到展览后期已是一"券"难求。

图 3　"敦行故远——故宫敦煌特展"中整窟原大临摹复原的
敦煌 220 窟（兰超摄）

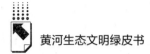
对于地处村镇一级、相对偏远的中小型石窟寺的保护发展，地方政府还须加强与高校、科研院所的合作，对旅游开发和乡村振兴建设都应充分调研，做好顶层设计与规划。注重石窟艺术文化价值的发掘并加大对其的宣传力度，充分利用新媒体环境下丰富多样的传播形式，以文创产品（见图4）研发带动经济旅游发展，提升中小型石窟寺可持续发展水平。

图4　北京林业大学艺术设计学院高阳团队设计的敦煌文创产品（高阳摄）

（三）专业保护人才及相关学术研究不足与相应对策

目前，黄河流域还有部分石窟遗迹处于年久失修的状态，尤其是中小型石窟寺亟须进行抢救性保护。但因石窟寺数量多，而专业保护修复人才相对匮乏，保护工作推进受限。另外，黄河流域石窟寺研究主要集中于敦煌莫高窟、龙门石窟、云冈石窟和麦积山石窟这四大石窟，一些规模较小、地理位置偏僻，但具有很高艺术价值的石窟寺，在学术研究与价值挖掘上明显存在不足，文献数据如表1所示。如甘肃永靖的炳灵寺石窟，其于2014年作为中国、哈萨克斯坦和吉尔吉斯斯坦三国联合申遗的"丝绸之路：长安—天山廊道的路网"中的一处遗址点，与麦积山石窟一起成功被列入《世界遗产名录》，① 但在知网搜索到的与其有关的中文文献仅262篇（外文文献仅1

---

① 《丝路申遗成功，甘肃文化迈向世界》，《兰州晨报》2014年6月28日，https://4g. dahe. cn/mip/edu/20140628103068113。

篇），与麦积山石窟相关中文文献 838 篇（外文文献 13 篇）和敦煌莫高窟相关中文文献 1679 篇（外文文献 59 篇）相比，其在学术研究与价值挖掘方面还有待深化。再如河南巩县石窟，其北魏时期的石窟造像及装饰纹样具有极高的艺术价值，北魏之后直至宋代均有异彩纷呈的艺术精品，但对其学术研究（中文文献 82 篇，无外文文献）的重要性相较于龙门石窟（中文文献 2184 篇，外文文献 17 篇）也明显被低估了。

表 1　黄河流域石窟遗迹相关文献情况（截至 2021 年 12 月）

单位：篇

省区	石窟名称	开凿年代	百度相关论文数	知网文献数中文（外文）
甘肃省	敦煌莫高窟	始建于公元 366 年,至元代开凿结束	8209	1679(59)
	敦煌西千佛洞	现存窟龛始建于北魏,止于宋代	321	25(0)
	安西榆林窟	始建于北魏,五代、宋、西夏、元均有开凿	195	34(0)
	酒泉文殊山石窟	始建于十六国北凉时期,元、明两朝仍有修建	10	2(0)
	张掖石窟群（马蹄寺、金塔寺）	马蹄寺开凿于西夏、元、明,金塔寺开凿于十六国晚期	109	21(0)
	永靖炳灵寺石窟	西晋初年开凿,唐、宋、元、明朝均有修建	74	262(1)
	天水麦积山石窟	始建于后秦,兴盛于北魏。北朝、隋、唐、五代、宋、元、明、清历代不断开凿修建	797	838(13)
	天梯山石窟群	始建于十六国时期的北凉,北朝、隋唐、西夏、明、清历代均有营建	153	136(3)
	庆阳北石窟寺	始建于北魏永平二年（公元 509 年）,北朝、隋唐、宋均有修建	75	32(0)
	泾川南石窟寺	始建于公元 510 年	27	12(0)

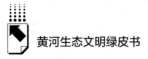
续表

省区	石窟名称	开凿年代	百度相关论文数	知网文献数中文(外文)
陕西省	郴州大佛寺	始建于公元628年	1	0(0)
	耀县(今耀州区)药王山石窟	为摩崖石刻造像,建于北周、唐、宋、明、清	11	5(0)
	富县石泓寺石窟	始建于公元605~618年(隋大业年间),唐、宋、金、明各代都有雕凿	4	3(0)
	麟游慈善寺石窟	始建于公元593~600年(隋开皇年间),唐太宗到武则天统治时期有扩建	13	16(0)
	延安清凉山万佛洞石窟	开凿于隋唐时期,宋、金、元、明历代继续营建	6	4(0)
宁夏回族自治区	固原须弥山石窟	始建于公元477~499年,西魏、北周、隋唐时期有大规模营造,宋、元、明、清历代继续修建	149	44(0)
山西省	大同云冈石窟	开凿于北魏文成帝和平初年(公元460年),止于公元524年	2488	2014(41)
	太原天龙山石窟	始建于公元534~550年,之后隋唐亦有修造	85	157(0)
河南省	洛阳龙门石窟	始建于公元471~477年(北魏孝文帝统治时期),营造鼎盛时期为唐代,到清代终止	2747	2180(17)
	巩县石窟	始建于北魏熙平二年(公元517年),东魏、西魏、北齐、隋、唐、宋历代继续修建	154	82(0)
	安阳宝山石窟	始建于东魏武定四年(公元546年),兴盛于隋朝,唐、宋亦有修建	4	3(0)

省区	石窟名称	开凿年代	百度相关论文数	知网文献数中文（外文）
山东省	青州云门山石窟	始建于隋开皇十年（公元590年）之前，唐代有修造	10	2(0)
	青州驼山石窟	始建于北周末年，止于唐代	23	7(0)

资料来源：笔者整理所得。

推进黄河流域石窟艺术的研究工作，不断提高研究水平，还须加强国内外的学术交流，并依托高校与科研院所，加强考古、艺术、文物保护、材料科学、建筑、环境治理等多学科通力合作，跨学科培养石窟艺术创作、石窟寺考古、文物保护及数字化技术人才，为石窟寺保护修复、学术研究与文旅开发协调发展做好人才储备。如2018年中央美术学院雕塑系与麦积山石窟艺术研究所共同举办的麦积山雕塑研究与创作人才培养项目，学员通过现场对石窟寺造像临摹，完成了一批复制精品，这批复制精品在麦积山石窟造像临摹精品展览馆中被长期陈列，为石窟艺术保护传承的人才培养与弘扬传播提供了学习范例。

五 结语

当前，对石窟寺艺术的保护、传承与发展，已被列入重大国策。2020年11月4日《国务院办公厅关于加强石窟寺保护利用工作的指导意见》（以下简称《意见》）发布，将责任落实到相关地区与部门，并要求各地区各部门认真贯彻落实。《意见》的指导思想是：以习近平新时代中国特色社会主义思想为指导，坚持统筹规划，保护第一，广聚人才，传承创新，交流互鉴，服务"一带一路"建设，走出一条具有示范意义的石窟寺保护利用之路。《意见》的总体目标是：到2022年，石窟寺管理体制机制创新取得重大进展，石窟寺重大险情全面消除，重点石窟寺安防设施全覆盖；到"十四五"末，中央和地方协同推进、部门间密切合作、社会力量积极参与

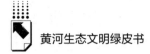

的石窟寺保护长效机制基本形成；人才培养体系基本完善，保护管理机构和队伍更加健全；保护传承、研究阐发、科技攻关、传播交流协同推进，石窟寺保护利用水平显著提升，石窟寺文化影响力日益增强。① 《意见》提出的十项主要任务涵盖了石窟寺保护利用工作的方方面面，并在领导组织、经费投入、落实管理方面提供了强有力的保障。

2020 年 10 月，国家文物局、文化和旅游部联合印发《关于加强石窟寺等文物开放管理和实行游客承载量公告制度有关工作的通知》，2021 年 10 月，中共中央、国务院印发的《黄河流域生态保护和高质量发展规划纲要》中提出，"加大石窟文化保护力度，打造中国特色历史文化标识和'中国石窟'文化品牌"。② 以此为契机，黄河流域各省区在"十四五"规划中都提到了发展文化旅游产业，尤以甘肃、陕西、山西为代表，要建设文化旅游强省，更为作为文明交流互鉴及文化旅游金名片的石窟艺术等文化遗迹的保护传承制定了相应规划框架。在这样的国家大政方针指导下，黄河流域石窟艺术的保护、研究、传承、发展，进入了新的历史时期。政府、文保、科研、教育、媒体、企业等不同领域人才，必将共同努力，形成合力，更好地将"黄河流域石窟艺术"这一中国优秀文化遗产传承发展，发扬光大。

参考文献

宿白：《中国佛教石窟寺遗迹——3 至 8 世纪中国佛教考古学》，文物出版社，2010。

阎文儒：《中国石窟艺术总论》，广西师范大学出版社，2003。

陈良：《丝路史话》，甘肃人民出版社，1983。

《习近平：在敦煌研究院座谈时的讲话》，中共中央党校（国家行政学院）网站，

---

① 《国务院办公厅关于加强石窟寺保护利用工作的指导意见》，中国政府网，2020 年 11 月 4 日，http://www.gov.cn/zhengce/content/2020-11/04/content_5557313.htm。

② 《中共中央 国务院印发〈黄河流域生态保护和高质量发展规划纲要〉》，"最高人民检察院"百家号，2021 年 10 月 8 日，https://baijiahao.baidu.com/s? id = 1713062421825008277&wfr=spider&for=pc。

2020 年 1 月 31 日，https：//www.ccps.gov.cn/xxsxk/zyls/202001/t20200131_ 137742.shtml。

《习近平谈云冈石窟：这是人类文明的瑰宝，要坚持保护第一》，新华网，2020 年 5 月 12 日，http：//www.xinhuanet.com/politics/leaders/2020-05/12/c_ 1125972560.htm。

《丝路申遗成功，甘肃文化迈向世界》，《兰州晨报》2014 年 6 月 28 日，https：//4g.dahe.cn/mip/edu/20140628103068113。

《国务院办公厅关于加强石窟寺保护利用工作的指导意见》，中国政府网，2020 年 11 月 4 日，http：//www.gov.cn/zhengce/content/2020-11/04/content_ 5557313.htm。

《中共中央　国务院印发〈黄河流域生态保护和高质量发展规划纲要〉》，"最高人民检察院"百家号，2021 年 10 月 8 日，https：//baijiahao.baidu.com/s？id＝171306 2421825008277&wfr＝spider&for＝pc。

G.17
黄河流域热贡艺术发展报告

兰超　萧睿　史钟颖*

摘　要： 黄河流域作为中华文明的重要发源地，是多民族、多宗教共存的
区域，也是最富中华民族文化艺术代表性的区域。在树立中国文
化自信的当下，保护、传承与发展黄河流域的文化艺术具有特殊
的意义。热贡艺术作为青藏高原的一朵奇葩，成为黄河流域各民
族相互交融所形成的最具代表性的艺术形式之一。本报告简述了
近年来黄河流域热贡艺术的发展状况，从自然生态与人文生态互
生的角度，分析其在新时代的文化传承与旅游开发相融合的发展
路径。

关键词： 热贡艺术　文化传承　黄河流域

一　黄河流域热贡艺术之乡概况

热贡艺术是中国藏传佛教艺术的重要流派，主要分布于安多涉藏地区，
其起源于青海省东南部、九曲黄河第一湾的隆务河谷（原黄南州同仁县），
藏语称为热贡，意为梦想成真的金色谷地，热贡因而得名。

同仁县是青海省黄南藏族自治州人民政府所在地，东邻甘肃省夏河县，

* 兰超，北京林业大学艺术设计学院副院长、教授，硕士生导师，研究方向为综合材料绘画与
公共艺术；萧睿，北京林业大学艺术设计学院副教授，硕士生导师，研究方向为中国传统文
化艺术与当代油画；史钟颖，北京林业大学艺术设计学院副教授，硕士生导师，研究方向为
生态雕塑与公共艺术。

西连青海省海南藏族自治州贵德县，南为黄南州泽库县，北接尖扎县和循化撒拉族自治县，迄今仍是由青海经甘南入川的一条捷径。[①] 因其地处黄河第一湾的隆务河谷，气候温暖湿润，宜农宜牧，历来为兵家必争之地。安史之乱爆发后，同仁县开始成为藏族聚居区。同仁县优渥的自然生态，使其在元明以前多次易主，逐渐形成了以藏族为主，汉族、土族、回族、撒拉族等多民族聚居的人文生态。

热贡艺术相较于其他藏传佛教艺术形成较晚，起源于 13 世纪元代初期，在 14 世纪隆务寺建成后至明洪武年间逐渐形成规模。明朝后期，随着隆务寺在整个藏传佛教界影响与声誉的进一步扩大，热贡地区的画师、艺人及各大村寨居民纷纷参与寺院修建，锻炼出一大批优秀的画家、雕塑家和建筑师。当时的艺术家群体除了藏族艺人外，还有汉族工匠，在汉藏艺术家共同参与建造的建筑、绘画、雕塑中，随处可见汉藏合璧的艺术杰作。新中国成立后，尤其是在改革开放后，随着国家政府对民间艺术的挖掘与保护，同仁县的民间艺人更加密集，各村几乎人人作画、家家堆绣，同仁县赢得了"热贡艺术之乡"的美誉。进入 21 世纪，在当地政府和艺人的共同努力下，"热贡艺术"于 2009 年 9 月被联合国教科文组织正式批准列入《人类非物质文化遗产代表作名录》，当年热贡文化产业实现销售收入 4415.31 万元，产业发展初具规模。[②] 近年来，热贡艺术更是在青海省同仁县脱贫攻坚战中发挥了重要作用，在精准脱贫之初，同仁县被确定为全省深度贫困地区之一，后经过对贫困户 5 年的"热贡艺术"技艺培训，热贡艺术品制作收入占全县农牧民人均纯收入逾 20.0%，贫困发生率从 20.0% 下降到 4.3%。[③] 2019 年，同仁县凭借热贡艺术入选 2018~2020 年度"中国民间文化艺术之乡"名单。2020 年 6 月，经国务院批准，民政部批复同意撤销黄南州同仁县，设立县级同仁市，这为热贡艺术的发展带来了新机遇。

---

① 马成俊：《热贡艺术》，文化艺术出版社，2012，第 5 页。
② 陈文仓：《热贡艺术 世界精品 一个梦想成真的地方》，玉树州新闻网，2010 年 8 月 20 日，http://www.yushunews.com/system/2010/08/20/010182577.shtml。
③ 万玛加：《青海同仁：热贡艺术铺就幸福路》，《光明日报》2020 年 10 月 19 日。

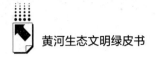

二 黄河流域热贡艺术的种类及特色

热贡艺术最为核心的是彩绘与雕塑，这也是热贡艺术名扬天下的主要载体。其次，还有热贡建筑、热贡舞蹈艺术等。

（一）彩绘艺术

热贡彩绘艺术主要分为壁画和唐卡两大类。

1. 壁画

热贡地区的壁画主要分布在藏传佛教寺院中，几乎所有寺院大殿内外的墙面上都有精美的壁画。壁画题材多以宗教内容为主，也有少量的历史题材和现实生活题材，主要留存于坐落在同仁地区隆务河畔，隶属于安多第三大寺——隆务寺的年都乎寺、吾屯下寺、郭麻日寺、尕沙日寺的寺院建筑中，其中以位于同仁县北2公里处的年都乎寺壁画最具代表性。

始建于康熙年间的年都乎寺主要建筑有弥勒殿、毛兰吉昂殿、大经堂、护法殿、度母殿和咒经院。其清代壁画创作与年都乎寺初建时同步，现存于毛兰吉昂殿和弥勒殿。据考证，毛兰吉昂殿壁画是于1732年在该殿建成之际由著名画师噶日班智达罗藏希饶所绘。大殿左右两壁为《释迦牟尼本生传》（见图1），后壁为《燃灯佛》和《宗喀巴传》。《释迦牟尼本生传》共分4个单元，均以释迦牟尼为主尊，分别描绘了佛陀前世身为国王、王子、婆罗门、商人、水牛、猴等所行善业功德的故事，构成连环式整体。壁画场景宏大，叙事情节复杂，色彩艳丽，佛祖多以青蓝色作底，融以绿色祥云或绿草青山，四周绘有亭台楼阁或众佛祖，均以朱砂朱膘为主色，并饰以金色，具有独特的装饰性。殿内后壁的《宗喀巴传》，背景以石绿为基调，衬以白色殿堂，点缀红色袈裟，使色彩雅致和谐，具有明代汉族园林和青绿山水及界画风格，完美体现了"画像学西藏、画景学汉地"的汉藏融合的热贡艺术特征。绘制于18世纪中叶的弥勒殿壁画《十六罗汉传》是热贡地区现存最大的壁画作品。壁画高3.8米，环壁长40米，占据殿堂的左、中、右三面墙壁。

壁画在构图上将故事的每个情节用绿树青山自然分隔，使画面张弛有度；在色彩运用上以青绿山水为基调，以红色袈裟为衬托点缀，使色调和谐质朴，极具装饰韵味。壁画中每尊罗汉都被刻画得个性鲜明，簇拥的众生千姿百态，画师们将佛画人物造型刻画到极致，该壁画堪称热贡艺术之经典。

图1　年都乎寺毛兰吉昂殿壁画《释迦牟尼本生传》（兰超摄）

2. 唐卡

唐卡是指绘制在能卷起的布上的彩绘画，也称卷轴画，多悬挂于寺院建筑中，也可挂置于藏族居舍的墙面上用以供奉。由于唐卡便于携带、交流，其成为热贡艺术中最主要的彩绘形式。热贡唐卡按使用的基本材料与制作方法主要分为6种：彩绘唐卡、堆绣唐卡、刺绣唐卡、织锦唐卡、珍珠唐卡、版印唐卡。其中，彩绘唐卡、堆绣唐卡最具特色。

彩绘唐卡是各种唐卡中应用最多、传播最广的一种。热贡艺人绘制唐卡时，多依据订货人的需要，按其尺幅及选择内容的要求设计小样，后将布绷于木框，用胶粉打底，再由有经验的画师参照《绘画量度经》等经典程式规范起稿，佛像尺寸比例具有严格要求，不能随意更改。热贡艺人所使用的颜料都是不透明的矿物和植物颜色，以保持色彩艳丽、经久不衰。因其用料的考究、制作工艺的严谨及画师技艺的高超，热贡彩绘唐卡也以色彩清秀、

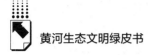

线条流畅闻名遐迩。

热贡的堆绣唐卡分为堆绣悬挂唐卡、巨幅堆绣唐卡两类，多为宗教生活服务。堆绣唐卡制作工艺复杂，先在底布上设计好图样，再选用不同色彩图案的锦缎，剪成脸面、手足、衣服、饰物及花卉配景等，填充丝绵，堆贴到底布上，呈现出一种柔软的类似浮雕的立体效果（见图2）。由于堆绣唐卡制作工艺的特点，其更适宜制作巨幅唐卡，巨幅唐卡可达几十米，主要供每年举行的大法会展出使用，俗称"晒大佛"。巨幅唐卡铺设于广场、山体之上，在自然环境中呈现出色彩艳丽、层次分明、立体感强、震撼人心的艺术效果。

图2　年都乎村村民所作堆绣悬挂唐卡（兰超摄）

刺绣唐卡起源于中原地区，以各色丝线在绣布上刺绣而制成；织锦唐卡则用缎纹为底，各色丝线作纬，间错提花而制成；珍珠唐卡是以彩色图纹为底，用珍珠、珊瑚或金银箔片串缀其上；版印唐卡则先将画好的图样刻成印版，用墨印于绢布上，是集绘画、雕刻、印刷于一体的综合艺术。

（二）雕塑艺术

雕塑艺术在热贡艺术中具有重要地位，寺院殿堂内的佛像、法王像或高僧大德身像，都是热贡雕塑艺术的结晶。热贡雕塑主要分为雕刻类和铸塑类。

1. 雕刻艺术

从热贡地区寺院、民居建筑到各类佛教造像，再从形形色色的嘛呢石经到各种饰物宝石，无不闪烁着热贡雕刻艺术的光芒。热贡地区的雕刻艺术主要分为木雕、石雕、砖雕、宝石雕。

随着藏传佛教在热贡地区形成中心，木雕、木刻在热贡寺院建筑、陈设、供奉及民居中被普遍应用。寺院、民居中的佛像、龛饰、神座、供案及廊柱、梁架、门窗、斗拱等，无不显示出热贡艺人木雕技艺的高超（见图3）。其中，五屯村民间雕塑艺人成就最为卓越，在民间流传着"年都乎画匠，五屯雕塑匠"的美誉。

图3　年都乎寺建筑装饰中的木雕、砖雕（兰超摄）

热贡地区的石雕主要有佛像、诸神的圆雕、浮雕等形式，石刻主要有经文刻制和嘛呢石刻。寺院里的石佛、金刚、经文石刻，大门两侧的石狮，山崖上的浮雕、嘛呢石刻随处可见，最为经典的当属和日寺附近的石经墙。

热贡砖雕主要作为建筑装饰，大量运用于寺院和神庙建筑中（见图3）。多数砖雕为本色，有些砖雕被雕成后会根据内容对其进行彩绘，内容主要有佛宗、罗汉、八仙、花卉、藏八宝等吉祥图案。

宝石雕主要应用于热贡地区藏族、土族人民的配饰中。

2. 铸塑艺术

热贡地区的铸塑艺术主要有：大部分用于佛教和神庙供奉造型的泥塑，用酥油塑造的艺术品"酥油花"，用于宗教仪式供物的面塑"朵尔玛"，用作佛像造型的石膏塑，大量用于建筑、装饰、配饰物、法器、日常生活用具等的锻造工艺"锻铸"。

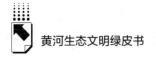
（三）热贡建筑艺术

热贡地区的建筑艺术内容丰富，几乎涵盖了藏族建筑艺术的各种形式，在历史发展过程中，其特殊的地理位置和多民族共同居住的格局，与中原汉族建筑技巧结合，形成了特色鲜明的建筑风格。从建筑功能角度，可将热贡建筑分为宗教建筑和民居建筑两类。

1. 宗教建筑

热贡地区厚重的宗教文化积淀使得宗教建筑在数量、规模及地理位置上都格外突出。其中，隆务寺作为热贡地区最重要的宗教中心及规模最大的寺院，气势宏伟，规模惊人，自成体系，属寺众多，在同仁地区的藏传佛教寺院中具有宗主的地位。同仁地区以隆务寺为核心，几乎每个村庄都有自己的藏传佛教寺院。寺院建筑多为一个建筑群，包括了大殿、佛殿、活佛府邸、下设分属学院、僧舍及转经廊、藏经楼、晒佛台等其他附属建筑。

在建筑类型上有：第一，汉歇山式斗拱飞檐建筑，以隆务寺的和郭麻日寺的弥勒殿最具代表性，属于汉式建筑；第二，汉藏合璧式，以夏日仓宫殿最为典型，底部二层为藏式，有鞭马女儿墙，并饰以六字真言铜镜和藏式盲窗，上两层为汉宫殿式，黄琉璃瓦屋顶，为八脊飞檐，集汉族建筑的精巧华丽与藏族建筑的肃穆威严于一体；第三，土木结构的平顶房，多为喇嘛住所，用夯土围圈，内有佛堂起居室形成的四合院，与民居建筑几近相同。

2. 民居建筑与古城堡寨

同仁作为一座历史名城，除了有规模宏大的寺院之外，在隆务河两岸分布的年都乎村、郭麻日村等五个自然村寨，还保留了众多独具魅力的民居建筑与古城堡寨。这些村寨在明清时期均是为巩固西陲而设立的屯田寨堡，初期屯民皆从内地拨来，为驻防提供兵源、粮饷，战时为军事要地，因此在此建堡设防。这些寨堡都筑有四面合围的寨墙与城门，城墙均为夯土筑成，高大而厚实，被称为"土城"。寨堡中的民居庭院多以四合院式为主，但与中原汉族房屋不同，多为土木结构的平顶房，也有少量民居为起脊式，体现出汉族、藏族、土族民居建筑风格相融合的特征。民居装饰以飞檐（见图4）、木雕花藻之类为主，使建筑显得大方美观。年都乎村、郭麻日村的古城堡寨整体保存完好，均为夯土版筑，寨内保存了许多相互贯通的古老巷道，每一处寨门门顶上都设置了嘛呢经轮，这是这些古城堡寨建筑的独特之处。①

图4 年都乎寺建筑中的飞檐（兰超摄）

（四）热贡舞蹈艺术

1973 年在青海省大通县上孙家寨出土的舞蹈纹彩陶盆距今已有 5000 余年的历史，可见青藏高原藏族先民自古以来就创造了丰富多彩的舞蹈艺术。根据舞蹈内容可将热贡地区的舞蹈分为寺院羌姆舞、神舞、龙舞、军舞和於菟舞。其中於菟舞是年都乎村特有的民间舞蹈。

三 黄河流域热贡艺术的原生态性及发展现状

热贡地区自古以来是东出河州、天水，北上祁连、敦煌，南下阿坝、康

---

① 马成俊：《热贡艺术》，文化艺术出版社，2012，第 183~207 页。

定，西进玉树、拉萨的必经之地，处于西藏文化、中原文化、西域文化与康巴文化交和融汇的部位。① 元末明初，随着隆务寺进一步扩大规模及其佛事活动的兴盛，南来北往的各族工艺匠人汇集于此，汇综百家，逐渐形成融建筑、绘画、雕塑等为一体的藏传佛教艺术流派。据《隆务寺志》记载，在隆务寺扩建时，因缺乏佛像画师，特从西藏请来技艺高超的艾巴画师进入热贡，16世纪，热贡艺术有了较大发展。17世纪，西藏著名画师才培在甘肃夏河修建拉卜楞寺后也来到热贡，大力培育当地青年画师。在以后的岁月里，随着世事变迁，王朝更替，各种流派相继传播于热贡，使得热贡艺术海纳百川、融会贯通，形成了自己的艺术风格。新中国成立后，尤其在改革开放后的近30年，热贡艺术得到了保护及大力发展。时至今日，热贡地区藏族和土族等民间艺人世代相传的手工艺术，遍及热贡地区十几个村庄，其中，吾屯上庄、下庄、年都乎、郭麻日、尕沙日5个村寨最负盛名，几乎家家是画坊，人人是画匠（见图5）。热贡地区从艺人员之多、从艺人员技艺之精湛，在其他涉藏地区很少见，赢得了"热贡艺术之乡"的美誉。

图5　年都乎村各家各户都有制作唐卡的工匠（兰超摄）

　　近年来，热贡艺术作为独特的民俗资源受到国内外的广泛关注，仅存的热贡老艺人们也先后获得了相应的荣誉。随着政府的大力扶持，社会经济转型、民族宗教政策的落实，信息传播便捷和教育的普及，年轻一代的热贡艺人较前辈拓宽了眼界，有了更多发展途径，使热贡艺术掀起了一个新的高潮。据统计，同仁县旅游总收入从2011年的3.89亿元增长到2018年的19.52亿

---

① 佐良：《热贡艺术的源流与现状》，《美术观察》2003年第1期。

元，文化产业收入也从 2011 年的 2.40 亿元增长到 2018 年的 7.80 亿元（见图 6），[1] 热贡艺术已成为黄南州实现绿色发展的重要经济支柱之一。

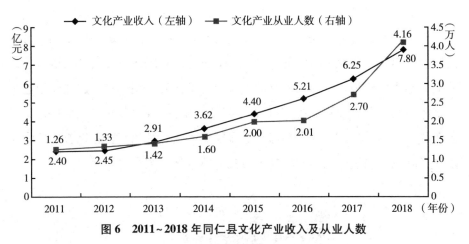

图 6　2011~2018 年同仁县文化产业收入及从业人数

资料来源：作者根据《热贡唐卡文化产业发展研究》（张明艳著，经济管理出版社，2019）和相关统计资料制作。

四　热贡艺术在开发保护中面临的问题与应对策略

2009 年青海热贡艺术"申遗"成功，让历史悠久的热贡艺术得以在国际舞台展现其魅力并上升到国际保护的平台，成为全世界人民共享和共同保护的非物质文化遗产。热贡艺术作为热贡文化的核心和精髓，在大力发展生态文明建设的当下，无疑是一种独特的文化资源、经济资源和旅游资源。作为区域实现绿色发展的重要经济支柱之一，热贡艺术在近十几年的开发保护过程中也面临着诸多挑战。

（一）热贡艺术在开发保护中面临的问题

首先是热贡艺术研究工作相对滞后，缺乏人才支撑而盲目开发。目前对

---

[1]　杨阳、杨玥：《青海同仁：传承热贡艺术　走文化脱贫之路》，中国西藏网，2019 年 9 月 20日，http://www.tibet.cn/cn/news/zcdt/201909/t20190920_6684526.html。

热贡艺术的研究工作多以其文化资源转化为主，对其艺术价值研究及传承保护研究的文献很少，使其在传承发展过程中缺乏人才支撑。对热贡艺术中文物古迹的抢救保护与开发多处于被动状态，极易受经济浪潮裹挟，在热贡艺术品作为旅游纪念品的需求与日俱增之时，难免受到急功近利的影响，被过度开发利用。在寺院建筑维修保护、村落进行新民居建设和发展旅游时缺少专业的空间建筑规划，导致原有的寺院、村落布局受到影响，加之新型建筑材料的使用与原有建筑风貌不协调，难以传承并呈现热贡建筑艺术特色。如图7所示年都乎寺中一处正在修复的建筑墙体，传统的夯土版筑着色的墙面换成了亮色外墙瓷砖，使建筑完全丧失了热贡建筑艺术的美感。

图7　年都乎寺中一处正在修复的建筑墙体（兰超摄）

其次是保护需求与资金投入矛盾突出。黄河流域热贡艺术遗存众多，有许多历史遗迹亟待修复，其中部分是具有很高艺术价值的建筑、壁画等古迹，因资金缺乏未能得到妥善的保护与修复。还有一些难以产生经济效益的非遗项目，也因缺乏资金支持而濒临消失。

最后是生态环境退化问题亟须遏制。如隆务镇东西山体滑坡危害严重，土地供给紧张；吾屯上下庄因旅游业的发展而产生的生活垃圾，因被不合理堆放影响了水体环境，对周围用作雕塑原料的红胶泥的过度开发，也导致了自然生态环境受损。

（二）问题的应对策略

黄河流域热贡艺术作为独特而稀缺的民俗、文化资源，在未来的文化保护传承与开发利用中还有很长的路要走。目前面临的这些问题还需要各级政府，高校、科研院所，民间团体，公共文化机构等通力合作，发挥各自作用。

首先是政府层面，要加大财政支持力度，增强全民保护意识并积极与联合国教科文组织、国内科研院所、高校交流合作，做好学术研究及顶层设计，抢救并保护遗迹、做好数字化记录与展示，合理开发利用传统技艺。

其次是社会层面，要充分发挥公共文化机构的作用，加大宣传力度，做好对热贡艺术的保护，培养和吸收在消费心理、艺术知识、法律意识等方面具有专业素质的文化经纪人，使唐卡及其他热贡艺术品在生产过程中保持相应的文化内涵及艺术水准。

最后是教育层面，要加强国民文化保护传承的基本素质教育，让工艺美术大师进校园，为热贡艺术培养高精尖的专业人才，并在部分高校组成跨学科研究团队，结合自然生态与人文生态对推进热贡艺术保护开发进行对策研究。

五 热贡艺术文化传承与旅游开发相融合的发展路径

热贡唐卡随着文化旅游产业的融合已经呈现良好的发展新格局，但部分偏远地区热贡文化遗址的保护工作还需持续推进。近年来，青海省政府努力将世界级"非遗"热贡艺术所在地黄南州打造成文旅融合发展示范区，推出了一系列举措并取得了良好成效，为热贡艺术提供了文旅融合的发展路径。

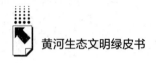

（一）加强国内外艺术交流，弘扬热贡艺术

在国内外加强文化艺术交流，弘扬热贡艺术。如 2019 年先后在葡萄牙里斯本、秘鲁库斯科举办了 2019 "感知中国·大美青海" 民族文化艺术展，在黄南州建立青海首家 "中国华侨国际文化交流基地"，在台湾举办 "青海热贡唐卡艺术展"，在新加坡中国文化中心举行 "唐卡艺术精品展"，举办 "相约北京" 首届国际唐卡艺术展暨世界唐卡艺术大会等，让更多人了解热贡艺术并热心于热贡艺术的传播与弘扬。

（二）深入推进国家级热贡文化生态保护实验区的建设

争取国家政策保障及资金支持，深入推进国家级热贡文化生态保护实验区的建设，建成了 71 个 "非遗" 传习中心、挂牌 158 户 "非遗" 示范户，与青港青年交流促进会等多家单位共同提出并实施了 "2019 年 '唐卡工坊' ——唐卡画师内地实习计划"，举办 "非遗购物节" 等，随着传承基地的增多，传承渠道更趋多元化，扩大了传承区域，使热贡艺术从家族封闭式传承走向开放式传承。

（三）大力开发文化和旅游产品

不断提升文创产品竞争力，大力开发文化和旅游产品。如邀请中外游客开启 "世界唐卡艺术之都探秘之旅"，举行 "青晋一家亲·大美青海情" 文化旅游推介会，青海—热贡文化旅游节，在上海举行 "大美青海·神韵黄南" 文化旅游资源专场推介会等，打造出热贡艺术 "青藏高原的一朵奇葩" 的响亮品牌。

由此可见，只有将热贡艺术的文化传承与旅游发展紧密相连，让旅游基于文化发展，文化依托旅游传播，才能使热贡艺术的文化传承与价值融入旅游市场，焕发出新的生机。

六 结语

2021 年 6 月，习近平总书记在青海考察时指出"青海要立足高原特有资源禀赋""打造国际生态旅游目的地"，[①] 这为青海省打造好"热贡艺术"等重点品牌，以及特色鲜明的文旅新产品和新业态，推动形成文旅融合发展新格局指明了方向。作为多民族交融的区域，"青海是稳疆固藏的战略要地"，以融合多民族文化而形成的热贡艺术，能更好地体现党领导下多民族团结、凝心聚力的成果，在当下对其保护传承与弘扬发展具有重要的意义。青海省在"十四五"规划中提出全面推进乡村振兴，其中"保护历史文化名村、传统村落和乡村历史风貌，推动地方优秀传统文化、传统工艺振兴"建议的提出，为今后热贡艺术的传承保护与发展提供了政策保障。2021 年12 月，青海省人民政府办公厅印发了《青海省"十四五"文化和旅游发展规划》，其中，计划通过非遗就业工坊项目投资 2 亿元新建依托唐卡等非遗资源及传统技艺就业工坊 50 个，投资 1 亿元续建国家级热贡文化生态保护实验区提升工程，这为今后热贡艺术的传承保护与发展提供了资金保障。[②]相信在不远的将来，热贡艺术这朵青藏高原的奇葩会展现出更加绚丽夺目的风采。

参考文献

陈文仓：《热贡艺术 世界精品 一个梦想成真的地方》，玉树州新闻网，2010 年 8

---

① 《习近平在青海考察时强调 坚持以人民为中心深化改革开放 深入推进青藏高原生态保护和高质量发展》，新华网，2021 年 6 月 9 日，http：//www.xinhuanet.com/2021-06/09/c_1127546612.htm。
② 《青海省人民政府办公厅关于印发青海省"十四五"文化和旅游发展规划的通知》，青海省文化和旅游厅网站，2021 年 12 月 22 日，http：//whlyt.qinghai.gov.cn/zwgk/gknr/ghjh/14904.html。

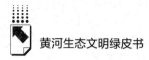

月 20 日，http：//www.yushunews.com/system/2010/08/20/010182577.shtml。

万玛加：《青海同仁：热贡艺术铺就幸福路》，《光明日报》2020 年 10 月 19 日。

马成俊：《热贡艺术》，文化艺术出版社，2012。

佐良：《热贡艺术的源流与现状》，《美术观察》2003 年第 1 期。

杨阳、杨玥：《青海同仁：传承热贡艺术　走文化脱贫之路》，中国西藏网，2019 年 9 月 20 日，http：//www.tibet.cn/cn/news/zcdt/201909/t20190920_6684526.html。

《习近平在青海考察时强调　坚持以人民为中心深化改革开放　深入推进青藏高原生态保护和高质量发展》，新华网，2021 年 6 月 9 日，http：//www.xinhuanet.com/2021-06/09/c_1127546612.htm。

《青海省人民政府办公厅关于印发青海省"十四五"文化和旅游发展规划的通知》，青海省文化和旅游厅网站，2021 年 12 月 22 日，http：//whlyt.qinghai.gov.cn/zwgk/gknr/ghjh/14904.html。

G.18
古代诗歌中的黄河文化发展报告

刘雪梅　李媛辉*

摘　要： 古代黄河诗歌是中华文明的宝藏，蕴含着丰富的生态文化、社
会文化、军事文化和水利文化等，对建设新时代中国特色的社
会主义物质与精神文明，具有多方面的启发和借鉴价值。黄河
诗歌具有生态文明素质教育价值、黄河文化和优秀传统文化教
育价值、文学艺术审美教育价值等，所以应给予重视并加强对
其的挖掘与研究。

关键词： 中华文明　生态文化　黄河文化　传统文化　高雅文化

黄河，中华民族的摇篮。她用乳汁哺育华夏儿女，她用气吞山河的气
势、博大而坚韧的胸怀，涵养了中华民族的高尚情操，铸造了中华民族天人
合一、坚强不屈、生生不息、薪火相传的精神，孕育出博大辉煌的中华文
明。中国古代文学中有关黄河的诗文不胜枚举，它是一座宝库，是中国传统
文化的重要组成部分，其中蕴含的丰富文化内涵，对建设新时代的黄河生态
文化、生态文明社会以及弘扬优秀传统文化等，都有着多方面的价值。中国
古代黄河诗歌文化内涵丰富，主要包括生态文化、社会文化、军事文化以及
水利文化等。

* 刘雪梅，博士，北京林业大学马克思主义学院副教授，研究方向为生态文化；李媛辉，博
士，北京林业大学人文社会科学学院副院长、教授，博士生导师，研究方向为生态保护法学。

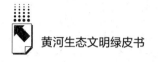

一 生态文化——黄河自然风光及其流域的生态

黄河发源于青藏高原，蜿蜒千万里，九曲十八弯，穿越雪域高原、黄土高原、沙漠、草原以及平原和沼泽，东流入海，其流经地域的地质地貌复杂多样，因而形成丰富而独特的自然景观。有惊涛拍岸、奔腾滚滚，也有潺湲静流、波澜不惊；有飞帘瀑布、雷霆轰鸣，也有湍流漩涡、激射震荡。同时，黄河还随着四季的更替而变化多姿，因此历代不乏描绘黄河沿路多姿多彩山水美景和生态状况的诗文。

"单车欲问边，属国过居延。征蓬出汉塞，归雁入胡天。大漠孤烟直，长河落日圆。萧关逢候骑，都护在燕然。"〔（唐）王维《使至塞上》〕居延，即今甘肃省张掖市，此处泛指西北边疆一带。这是一首家喻户晓的边塞诗，其中"大漠孤烟直，长河落日圆"一联备受人们的喜爱并传诵至今，该句也被王国维称为"千古壮观"。这句诗描绘了黄河流经大漠戈壁时奇特而壮丽的景象——边疆沙漠一望无垠，景物单调，除了烽火台上燃起的一股挺拔坚毅、直冲天空的狼烟格外引人注目外，便是一条横贯其间、绵长而看不到尽头的大河，在夕阳西下时分，在戈壁滩上静静地蜿蜒流淌……画面开阔，意境雄浑苍凉而又有一丝亲切和温暖，耐人寻味。同时，这句诗也多少反映了当时居延地区的自然生态状况：没有什么林木，主要是荒漠戈壁类型的地质与地貌，显得比较荒凉。

"神河浩浩来天际，别络分流号汉渠。万顷腴田凭灌溉，千家禾黍足耕锄。三春雪水桃花泛，二月和风柳眼舒。追忆前人疏凿后，于今利泽福吾居。"〔（明）朱梅《汉渠春涨》〕汉渠，一称汉伯渠，相传开凿于汉代，与北面的秦渠相通。汉渠是宁夏黄河东岸的灌溉渠道，在青铜峡北、吴忠市南，引黄河水向东北流入巴浪湖。该诗描写了黄河灌溉区宛如"塞上江南"的风光及自然生态——发源于遥远的青藏高原的神河（黄河）之水，来到了广袤的黄土高原，缓缓流入波光粼粼的汉渠。只见两岸腴田万顷，禾黍碧绿，一望无际。早春三月盛开的桃花，与冰雪相映成趣；二月初生的柳叶，似人的睡眼初开。真可谓如诗如画，生机勃勃。朱栴的《月湖夕照》一诗，又为人们描绘了一道不是江南胜似江南的旖旎景色。"万顷清波映夕阳，晚风时骤漾晴光。暝烟低接渔村近，远水高连碧汉长。两两忘机鸥戏浴，双双照水鹭游翔。比来南客添乡思，仿佛江南水国乡。"月湖，即宁夏吴忠市和青铜峡附近的巴浪湖，湖水系汉渠与秦渠分别从南、北引来的黄河水汇集而成，在今青铜峡水库附近。诗句描绘了巴浪湖在日落时分旖旎的景色——清澈万顷的巴浪湖湖水与天上美丽的晚霞交相辉映，忽然而起的急风吹过湖面，使倒映水中的晴朗天光为之荡漾不已。傍晚湖水上的雾气迷蒙散漫，渐渐把近处的渔村笼罩了起来，远望湖水似乎与天河浑接。一双双的鸥鸟尽情戏水，一对对的鹭鸶自由自在地回旋飞翔。

黄河中游的一大著名景观当属龙门瀑布。"苍崖出双阙，群山俯首尊。阴风起晴雷，摩荡昼日昏。铁峡拥逼仄，百川为之奔。疑下有龙湫，逗怪蹲天门。潆兮出肤寸，顷刻黄流浑。侧径出石壁，巨浸存遗痕。缅昔设天险，事久难穷论。征衣袭轻雨，神君俨云根。"［（元）袁桷《龙门》］龙门，在今天的山西省河津市与陕西省韩城市之间，又称禹门，因两岸峭壁千仞，对峙如门，故称龙门。龙门处在黄河中游地段，龙门瀑布是此段黄河的一大景观，流传下很多著名的诗篇，如明薛瑄《禹门》、清魏源《龙门》、清顾炎武《龙门》等。该诗生动形象地刻画了龙门巨瀑的壮观景象——黄河盘束于山峡间千数百里，连绵的群山为之俯首帖耳，至龙门山忽然中断，山开峰阔，豁然奔放，百川汇聚，怒气喷发，形成瀑布，冲击震荡，声如万雷，激起的巨大水雾弥漫四散，遮天蔽日，使得日光昏暗。龙门瀑布场面雄浑，气势逼人，令人震撼。此外，诗人还通过想象和比喻描绘了浑浊的黄河水、河中如蹲伏的怪兽一般的嶙峋巨石以及河水冲刷龙门石壁后留下的深深印痕等，这些景象都令人感受到黄河之水强劲的生命张力。

黄河四季的景象迥然有别，各具风采。唐代诗人李贺用联想想象和夸张手法，描绘了北方黄河在严冬酷寒季节的生态情景。"一方黑照三方紫，黄河冰合鱼龙死。三尺木皮断文理，百石强车上河水。霜花草上大如钱，挥刀不入迷濛天。争潆海水飞凌喧，山瀑无声玉虹悬。"（《北中寒》）北方冬季

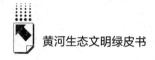

黄河中的鱼龙水族被严寒冻死，河面结了厚厚的冰层，重载之车碾过而不断裂塌陷。河岸枯草上结满霜花，大如铜钱。河面上的空气似乎也被冻结了，刀砍不入。河中巨大的冰凌相互冲撞，迅猛漂转回旋，发出浩荡声响。瀑布被冻成冰，不能流泄发声，如白玉之虹悬挂于山涧之中。

保德州天桥峡的黄河春汛则是黄河中游又一季节性胜景。保德州天桥在今天山西忻州市保德县西的黄河岸上。天桥峡两岸青山壁立，高耸险峻，峡口两侧相距不到十步之遥。"两崖逼侧无十步，万顷逡巡纳一杯。溅沫纷纷跳乱雹，怒涛殷殷转晴雷。曾闻电火鱼烧尾，会趁桃花涨水来。"［（金）萧贡《保德州天桥》］春汛时节，黄河汹涌澎湃地流过狭窄的峭壁间，形成水涡，万顷河水好似被注入酒杯中。迸溅的水珠浪花如冰雹般乱飞，声如雷鸣。据说鲂鱼会趁着春潮涨水这个时节，从海里来到黄河，逆流而上洄游产卵，鱼尾火红，好像被电火烧过似的。诗人提及的鲂鱼逆流洄游情景和现象，反映出当时黄河所具备的生态功能和良好的环境，这一点极具史料价值。

黄河诗篇也反映了黄河生态失衡的状况。"广武城边河水黄，沿河百里尽沙冈。麦苗短短榆钱小，愁听居人说岁荒。"［（明）杨慎《渡黄河（其二）》］广武城，在今河南省荥阳市东北广武山上，有东、西两城，黄河沿城边而过。该诗反映了当时当地的自然生态和农业生产情况。河水浑黄，表明含沙量很大，当地的水土流失严重，再加之河两岸上百里都是沙岗地，表明当地的生态遭到了比较严重的破坏，而这样的生态状况自然会对农业生产造成严重影响，导致粮食低产、仓廪不足而出现青黄不接的荒年，累及百姓民生。

二　社会文化——生产、生活及风土人情

黄河流域历史悠久，自古"物华天宝，人杰地灵"。黄河水源远流长，如乳汁般滋养了华夏民族。黄河流域尤其是中下游，会聚了众多民族，他们在黄河沿岸依水而居，繁衍生息和劳作生产，形成了与其他地方迥异的生活方式及风俗习惯；黄河流域地质和生态复杂多样，孕育了与之相适应的游牧、农耕、商贸等多种生产方式。这些最终合力创造出了绚丽多姿、博大精

深的黄河文明，历代诗人和士大夫为后世描绘了一幅幅人们在黄河边安居乐业的人文风情画卷。

"渺渺云沙散橐驼，西风黄叶渡黄河。羌人半醉葡萄熟，塞雁初肥苜蓿多。"〔（宋）严羽《塞下曲（其二）》〕羌人，是我国古代边疆少数民族之一，宋代时生活在今天的内蒙古鄂尔多斯市、巴彦淖尔市、阿拉善盟以及甘肃、青海、宁夏和陕西部分地区。这首诗展示了黄河中上游一带羌民游牧生活的风俗画卷——羌民以畜牧和种植为生，他们饲养的骆驼，既可以食用骆驼奶，又能以之为代步工具，用于沙漠迁徙。他们还种植葡萄以酿酒，种植苜蓿作为饲料。虽然羌民生活环境艰苦、条件恶劣，但他们的内心是快乐豪爽的。在雁肥草黄（苜蓿多）的时节，尽情品尝葡萄美酒，享受丰收的喜悦和生活的安定。

"匹马何时出帝关，今晨初见贺兰山。风沙近塞居人少，斥堠连云逻卒闲。白海堆盐封碛外，黄河引水注田间。边城安堵全无警，圣德于今遍百蛮。"〔（明）金幼孜《至宁夏望见贺兰山》〕贺兰山，在宁夏西北边境与内蒙古接壤处，东临银川市，南接长城。诗篇描写了河套地区、贺兰山东南一带的和平景象和农业生产情况——边塞安定无战事，负责侦察和巡逻警戒的士兵优哉游哉。边城的百姓在各自忙着晒盐和灌溉农田，放眼远望一派生产繁忙而祥和的景象。

"广武原西北，华夷此浩然。地盘山入海，河绕国连天。远树千门邑，高樯万里船。乡心日云暮，犹在楚城边。"〔（唐）张祜《登广武原》〕广武原地势山脉纵横相连，直通东海之滨，其北临黄河，河水绕郡国而过，一望无际，水天相连。广武原素来就是九州东西南北聚集之中心、华夏各族人民融合之地，自古繁华：郡邑千门，城市发达，人口众多，往来船只及商旅络绎不绝，可想见其经济和文化繁荣之状态。

"一水分南北，中原气自全。云山连晋壤，烟树入秦川。落日黄尘起，晴沙白鸟眠。挽输今正急，忙杀渡头船。"〔（金）赵子贞《题风陵渡》〕风陵渡，是黄河著名渡口，在山西省芮城县南60公里的黄河北岸，因风后（相传黄帝六相之一）得名。由此过河即进入陕西省界，因此风陵渡成为连

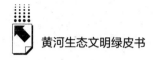
接秦晋大地的桥梁，故唐大历年间于此置风陵关。黄河在此中游路段水势较平缓，便于摆渡，所以风陵渡发挥着人们水路往来交通，以及物资转运的作用。从描写船工忙于撑船运输的诗句中，不难想象当时渡口熙熙攘攘、渡船往返繁忙的景象，以及商业运输业的发达程度。

"桃花春涨冲新渠，船船满载黄河鱼。大鱼恃强犹掉尾，小鱼力薄唯噉水。鱼多价贱不论斤，率以千头换斗米。"［（清）查慎行《黄河打鱼词》］桃花春涨指黄河春汛，在农历二三月桃花盛开时，由于冰消雨积，黄河水势猛涨。黄河盛产鱼虾，因此沿岸百姓多以打鱼为生，或在发生水患庄稼歉收时，捕鱼以交付欠赋以及换米补贴家用等。

"泛舟大河里，积水穷天涯。天波忽开拆，郡邑千万家。行复见城市，宛然有桑麻。回瞻旧乡国，淼漫连云霞。"［（唐）王维《渡河到清河作》］清河，即清河县，在今河北省。诗人描写了在乘船渡河时所见黄河下游两岸景色——长波连天，一望无际，两岸风光因时变化。忽睹城市，忽见村落，桑麻茂盛，郁郁葱葱，一派城郡繁多、人丁兴旺、乡村太平的田园牧歌风光，诗中有画，令人心旷神怡。

三　军事文化——边境战事与保家卫国

黄河绵延数千里，沿线有很多军事要塞，或与西北少数民族接壤，历史上时常遭到他们的侵袭和骚扰，所以经常发生战事，致使守边将士以及居住的百姓生命和生活受到极大威胁，有些地区的百姓要边生产边抵御外族入侵。

"昨夜蕃兵报国仇，沙州都护破凉州。黄河九曲今归汉，塞外纵横战血流。"［（唐）薛逢《杂曲歌辞·凉州词》］沙州，唐代边境的州郡，在今甘肃省敦煌市及其附近一带。凉州，今甘肃省黄河以西地区，治所在今甘肃省武威市。蕃兵，指唐代边疆军队。该诗描写了唐代凉州黄河上游一带频发民族战争，将士和百姓饱受战争灾难。明代一位无名氏在《过河曲》中，也反映了当地百姓频繁遭受西北少数民族瓦剌军事侵袭的生活境遇。"土屋不闻鸡犬叫，人家犹恐寇戎过。那堪回首寒天晚，又报烽烟起北河。"北河，指山西省河曲县西北的河套地区。"耕牧春仍废，台隍敌作邻。受降城不远，恢复是何人。"[（明）杨巍《偏关北望》] 偏头关，重要的军事关口，在今山西省偏关县，西接黄河，东连丫角山，北与河套仅隔一水，形势险要，是晋西北历史上抵御少数民族进攻的门户。诗篇描写了偏头关内的百姓及守军将士春耕时节不误农时，进行正常的耕牧生产，同时又因为守城距离瓦剌军队很近，所以又得保持高度的警惕，并时刻准备着抵御敌人的攻城，生活辛苦而紧张危险。

四　水利文化——黄河水害及其治理

（一）黄河水害

黄河素来被称为"悬河"，自古黄河中下游就经常发生大大小小的水害，对生产造成了严重的破坏，给流域的人们生活带来深重的灾难。很多有识之士真实地记载了这一持续几千年的史实，表达了对黎民的关心和悲悯，以及对江山社稷的忧患。

"二仪积风雨，百谷漏波涛。闻道洪河坼，遥连沧海高。职司忧悄悄，郡国诉嗷嗷。……白屋留孤树，青天失万艘。"[（唐）杜甫《临邑舍弟书至苦雨黄河泛溢堤防之患簿领所忧因寄此诗用宽其意》]。该诗记述了天宝年间山东省临邑县黄河泛滥，官民忧愁的惨状，表达了作者对受灾百姓的深切同情。

"带沙畎亩几经淤，半死黄桑绕故墟。未必邻封政如虎，自甘十室九为鱼。""莫问居人溺与逃，破篱敧屋宿渔舠。中庭老树秋风后，鹳鹤将雏夺鹊巢。"[（宋）贺铸《过澶魏被水民居二首》] 澶魏，在今河南省濮阳市一带。诗中所写水灾发生于北宋元丰四年（1081 年）四月，黄河澶州濮阳小吴埽决口。诗篇描写了澶州横被水祸，百姓遭难的惨状——土地淤满泥沙，不能耕种，桑枯屋塌，村落破败，水鸟成群，人们死的死、逃的逃，空

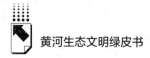
无人烟。诗人表达了对灾民深深的同情。

"河涨西来失旧额，孤城浑在水光中。忽然归壑无寻处，千里禾麻一半空。"［（宋）苏轼《登望额亭》］望额亭，在今江苏省徐州市黄河岸边。北宋熙宁十年（1077 年），黄河在澶渊决口，洪水灌入巨野、淮、泗，徐州城被水围困，城下水深二丈八尺。70 天后大水忽退，连其归路也寻不出，只看到水过之后，千里禾麻半数被席卷而去。可见大水的威势和遗患。

元代贡师泰的诗作《河决》详细真实地记录了黄河水害的情形："去年黄河决，高陆为平川。今年黄河决，长堤没深渊。浊浪近翻雪，洪涛远春天。滔滔浑疆界，浩浩襄市廛。初疑沧海变，久若银汉连。……人哭菰蒲里，舟行桑柘颠。岂惟屋庐毁，所伤坟墓穿。丁男望北走，老稚向南迁。"黄河频繁决口，而且一次比一次严重。肆虐的洪水浊浪滔天，淹到城市人家的房屋。初看洪水好像沧海，再看又像茫茫银河。房屋被毁，祖坟被淹。人在水草中哭泣，舟在桑树颠行驶。人们家破人亡，流离失所。"秋耕且未得，夏麦何由全。窗泥冷窥风，灶土湿生烟。顷筐摘余穗，小艇收枯莲。卖嫌鸡鸭瘦，食厌鱼虾鲜。榆膏绿皮滑，莼菹紫芽圆。"水灾过后，庄稼绝收，百姓只能以树皮、野菜为食，生活凄惨悲凉。

（二）黄河治理

治理黄河是千百年来中华民族的共同愿望，是历代有识之士和广大人民群众共同从事的伟大事业。饱受水害之苦的中华民族，自远古以来就为防治黄河水害和开发利用黄河水利，进行了长期的不屈不挠、艰苦卓绝的奋斗，并取得了辉煌的成就。古人治河的信念和功绩是一笔弥足珍贵的文化遗产，帮助今人在建设良好的黄河生态及绿水青山时树立了坚定的决心和信心。

1. 表现治理水害的愿望以及对民瘼的关心

"河势浩难测，禹功传所闻。今观一川破，复以二渠分。国论终将塞，民嗟亦已勤。无灾等难必，从众在吾君。"［（宋）王安石《河势》］黄河在北宋庆历年间在澶州商胡埽决口，改道北流，经过魏州、恩州、冀州等地入海。又于嘉祐五年（1060年）于大名第六埽决口，经魏州、德州等地向东北入海，是为东流。黄河多次决口泛滥给百姓生命和财产造成深重灾难，百姓嗟怨不已、呻吟载道。政治家王安石对治黄事业颇为重视，他认为要使黄河不发生灾害，只靠等待而不积极治理，是难以实现的。因此提出治河主张建议，积极参与治河方略的讨论，他主张彻底堵塞北流，使河水归于东流——"回河"。诗篇表现出王安石忧国忧民的家国情怀和关心国计民生的强烈责任感。

"黄河天上水，瓴建下惊涛。共举如云锸，分流作雨膏。观成思往事，虑始在吾曹。莫效潘怀县，悠悠叹二毛。"［（清）刘凡《元臣郭守敬规引黄河溉温孟田数万亩因同主簿王君西至野戍潘岳祠相势》］郭守敬，元代著名治水专家，曾任都水监，在治理豫北黄河上有重要贡献。温、孟，即温县、孟县（今孟州市），在河南省西北黄河岸边。野戍，又名野水渡，在今河南省济源、孟津二县之间的黄河上。该诗写的是作者到野戍视察治河工程时的所见所感。诗人看到眼前几百年前留下的伟大的治河工程，不禁浮想联翩。想象当年郭守敬带领民众修建引黄灌溉工程的宏大劳动场景，看到为民造福恩泽后世的景象，敬意油然而生。同时激起了自己要积极担当、为百姓谋福利的信念和决心，而不要学潘岳那样无所作为，徒然叹息年华消逝。一位封建社会的官员，能有这样的认识是难能可贵的。

2. 表现治理水害的方略、方法和功绩

"瓠子决兮将奈何，浩浩洋洋兮虑殚为河。殚为河兮地不得宁，功无已时兮吾山平。吾山平兮巨野溢，鱼弗郁兮柏冬日。正道驰兮离常流，蛟龙骋兮放远游。"［（汉）刘彻《瓠子歌（其一）》］"河汤汤兮激潎滆，北渡回兮汛流难。搴长筊兮湛美玉，河公许兮薪不属。薪不属兮卫人罪，烧萧条兮噫乎何以御水。颓林竹兮楗石菑，宣防塞兮万福来。"（《瓠子歌（其二）》）瓠子，在今河南省濮阳市南。据《史记·河渠书》记载，汉代元光三年（前132年），黄河在瓠子决口，东南注入巨野，入淮、泗，洪水如诗中所写浩浩瀚瀚。大水四处漫延，鱼鳖蛟龙到处游动。道路被冲坏，村庄被淹没，临近冬天犹泛滥不止，使十六郡百姓饱受灾难。元封二年（前109

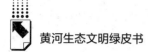
年），汉武帝派汲仁、郭昌征调民卒数万堵塞瓠子口，并亲临决口视察指挥，令群臣将军以下负薪填堵决口。但填塞工程进行艰难不畅，因为堵塞用的柴草被百姓作为薪柴烧尽，后继匮乏，不能保证供应。于是又插石立之为楗，然后砍伐竹木，用土木填塞其中。汉武帝还举行了沉白马玉璧的祭礼，并作《瓠子歌二首》。瓠子塞河工程竣工后，在堤堰上建宣防宫（亦称瓠子堰）以示纪念，祈求多福。

宋代徐积的《大河上天章公顾子敦》是一首叙述、论说治河方略的长诗。作者叙述评论了上至大禹治水、下至西汉、再到宋朝漫长的历史时期，治理黄河的方法、经验和教训。作者首先总结评说了大禹的治水方法——"万物皆有性，顺其性为大。顺之则无变，反之则有害。禹之治河也，浚川而掘地。水行乎地中，其性安而遂。……后代蒙其业，历世六七十。凡千有余年，而无所决溢。国君与世主，岂皆尽有德？盖由河未徙，一皆循禹迹。"大禹用顺水性以疏导的方法治水，使黄河千余年来没有泛滥，使后代蒙受其功业的恩惠。这并非后世的国君有德行，主要是黄河按照大禹治水的河道流动，没有改道的缘故。其次，总结评说了战国时期的治水方法和经验——"河既道一徙，下涉乎战国。水行平地上，乃堤防湮塞。其时两堤间，实容五十里。水既有游息，堤亦无所毁。"这个时期黄河第一次改道，主要采取的是筑堤堵塞的办法治水。由于两堤坝之间有五十里的距离，容水量大，所以未能造成水灾，而堤坝也完好。再次，叙说总结了西汉时期的方法和经验——"后世迫而坏，河设始烦促。伐尽魏国薪，下尽淇园竹。群官皆负薪，天子自临笃。其牲用白马，其璧用白玉。……其后复北决，分为屯氏河。遂不复堤塞，……有天时人事，可图不可图。有幸有不幸，数说不可诬。"武帝和元帝时根据天时地利人事等因素，采用因时制宜的方法治水。诗篇后半部分主要叙述评说宋朝关于治河方略的大讨论——"回河之争"。回河派主张治河要使河行唐故道、故堤，王安石支持此派。而反对者以顺水之性为由，不同意改行河道，司马光等人支持此派。作者评说"回河"有一定道理，但也不能完全防止水患，并指出其方法收效甚微。最后，作者向负责治河的友人建议，博采众家之长，采用"从便道穿渠（挖渠）、稍引河势披（分散）"的全面疏通办法，即分河势、分支流，而不必执着纠结于北流、东流之法。作者还提出治河有时不如先以治河费用赈济灾民，免除其负担，安置其生活，同时精选干吏，处置坏官，使人民安居乐业。"假如移所费，用以业贫民。偿其所亡失，救其所苦辛。独孤常有饩，使同室相亲。露尸与暴骸，收敛归诸坟。精选强明吏，处之使平均。乡官与胥徒，欺者以重论。如此庶几乎，可无愁怨人。"① 由诗篇可见作者是一位难能可贵、可敬的传统士大夫，他既有科学头脑和才学，富有求实问真精神，又有良知和仁爱，满怀黎民之叹、黍离之悲。

五 黄河诗歌的现代价值

古代黄河诗歌蕴含的丰富文化，对今天建设新时代中国特色社会主义的生态文化、优秀传统文化、先进文化和高雅艺术审美文化等，仍然具有一定的启迪和借鉴意义。

（一）生态文明素质教育价值

黄河诗歌中描写的优美的黄河风光和生态、人们依水而居的生产生活以及饱受水患灾难等情景，对涵养人们的生态意识、观念和情操，促进保护生态的自觉参与行为，以及提升对黄河及生态自然的审美水平、促进黄河生态建设和当今生态文明社会的建设等，都有较大作用。

培养人们崇尚自然、热爱生态的道德情操，增强人们敬畏自然、顺天应时的生态意识，树立天人合一的生态理念等，能促使人们养成与自然和谐相处的生产方式和生活方式，从而促进生态文明社会的建设。增强全民热爱黄河、保护黄河的道德义务感，即对黄河生态的忧患意识、保护黄河生态的责任意识和参与意识，促进人们自觉加入保护黄河的行动中，进而促进黄河生

---

① 黄河水利委员会黄河志总编辑室编《黄河志 卷十一 黄河人文志》，河南人民出版社，2017，第536~537、539~540页。

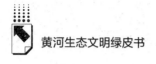

态的保护与建设。

提升人们对黄河及大自然的审美水平。黄河诗歌生动形象的描绘，不难使人想象和体会黄河那多姿多彩的外在美——"黄河之水天上来，奔流到海不复回"的雄浑气势、翻卷奔腾的波涛、咆哮飞溅的瀑布、在雪域高原和大漠与草原上绵延蜿蜒及静静流淌的秀美与灵动等。还可以使人感悟黄河内在的精神气质：一往无前、生生不息、不屈不挠、阔大包容、谦逊仁爱、滋养大地万物等美好品质。这些都会潜移默化地涵养人们的自然审美情怀。

（二）黄河文化和优秀传统文化教育价值

民族历史与文明教育。诗歌中那些对生产生活内容及情景的描写，诸如畜牧、农耕、灌溉、晒盐、摆渡、商贸运输、治水修河、边境战事等，能够加深人们对黄河历史与人文风俗及其知识的真切了解，增加人们对博大精深、源远流长的中华文明的具体认知，从而加强对优秀传统文化的理解与热爱，增强民族文化自信。

民族精神与情怀熏陶。诗歌中那些对黄河水害使百姓家破人亡、颠沛流离的描写，表现了诗人们对天下苍生的悲悯情怀；那些对士大夫们治河愿望及其治河功绩的描写，表现了中国传统知识分子的社稷责任感，以及为官一任、造福一方的担当情怀；那些对历代中华儿女前赴后继勠力治河的描写，表现了中国人不屈不挠、薪火相传、追求美好生活的民族精神与灵魂；那些对要塞军民不惧生死戍边打仗和边守城边劳动生产的描写，表现了中华民族保家卫国的献身精神，以及吃苦耐劳的坚韧美德。这些高尚的品质和情操，千百年来滋养了一代又一代中华儿女的情感和心灵。

（三）文学艺术审美教育价值

黄河诗歌是中国古代诗歌中一个独特而重要的门类，具有较高的文学审美价值。诗歌中运用了众多的文学表现手法（如联想想象、虚实结合等）、丰富恰当的修辞（如比喻、夸张、对比类比、用典等）和多种表现风格（如朴实平淡、华丽浪漫、含蓄委婉、率真天然等），反映了广泛的社会现实内容，抒发了复杂真挚的情感，富有艺术感染力，带给读者以美的享受和陶冶。这些无疑有助于涵养人们的艺术鉴赏修养。

"黄河九天上，人鬼瞰重关。长风怒卷高浪，飞洒日光寒。峻似吕梁千仞，壮似钱塘八月，直下洗尘寰。万象入横溃，依旧一峰闲。仰危巢，双鹄过，杳难攀。人间此险何用，万古秘神奸。不用燃犀下照，未必佽飞强射，有力障狂澜。唤取骑鲸客，挝鼓过银山。"这是金代诗人元好问咏赞三门峡黄河天险的著名词篇《水调歌头·赋三门津》。三门峡在今河南省三门峡市东三十里黄河上，是著名的黄河峡谷，水势湍急，乱石成滩，行船者多遭凶险。现在三门峡早已建成水利枢纽工程，黄河天堑变通途。诗篇主要描绘宛如从天而降的黄河水之高、寒、峻、壮，为此运用了巧妙形象的比喻、夸张和大量的对比类比等手法，还融入了视觉、听觉、触觉等感官的描写。比如"峻似吕梁千仞"，此句通过巧妙的比喻、夸张和视觉描写，将黄河水浪之高、峻十分形象直观地呈现在读者眼前，同时又暗把"山与水"相对比、虚与实相结合（虚写吕梁山、实写黄河水）。"壮似钱塘八月"，此句不仅通过形象的类比和视觉描写，描绘出黄河水的猛壮，还暗含听觉描写，含蓄地写出黄河水如钱塘江潮般的咆哮声响，又将黄河水之形与声、显与隐（形显、声隐）相互对比。词篇开篇高唱入云，豪迈率真，结句又以骑鲸游海的神话传说入词，用笔既雄奇豪阔有气势，又极富浪漫精神和艺术魅力，罕有所匹，堪称咏赞黄河之绝唱。

G·19
英国文学中的黄河文化书写发展报告

南宫梅芳　夏　璠　杜　敏　刘思岑　唐玉源*

摘　要： 英国文学中不乏有关黄河文化的书写，其不仅表现了西方认识黄河文化的过程，也反映了黄河文化对西方的影响。从 14 世纪黄河文化首现英国文学至今，英国作家对黄河文化的书写大体经历了一个"虚构—写实—多元"的过程。总体而言，19 世纪前对黄河文化多崇拜和褒扬，但表现出黄河文化在西方主体视角下被工具化的身份；19 世纪后在中外交流逐渐频繁的背景下，英国文学中的黄河文化书写呈现出在写实表象下的多元性。

关键词： 英国文学　黄河文化　黄河流域

最早出现"黄河"的西方文献是《中国印度见闻录》（又译为《苏莱曼东游记》）。这是 851 年阿拉伯人最早关于中国的著作，书中记载了中国皇帝、宗教信仰、婚姻风俗等方面的社会和自然概况，并提到"在这个国度（中国）里，有可供人们享乐的一切，有美丽的森林，有水量充足、长流不息的河川"。① 虽然人们无法知晓他提到的"河川"具体指的是哪条河流，但时值唐朝中晚期，中国的政治中心正是在黄河流域。13 世纪的《马

---

* 南宫梅芳，博士，北京林业大学外语学院教授、外国文学与生态文化研究中心主任，硕士生导师，研究方向为英美文学、生态批评；夏璠，北京林业大学 2017 级英语专业本科生，现为上海外国语大学在读研究生；杜敏，北京林业大学 2017 级英语专业本科生，现为北京理工大学在读研究生；刘思岑，北京林业大学 2017 级英语专业本科生，现为香港中文大学在读研究生；唐玉源，北京林业大学 2017 级英语专业本科生。

① 《中国印度见闻录》，穆根来、汶江、黄倬汉译，中华书局，1983，第 108 页。

可·波罗游记》中就清楚地提到了黄河："离开绛州要塞向西走二十英里，一条大河拦在了前方，这条河叫作黄河（Kara-moran），其河面之广，水势之深，根本无法架设坚固的跨河桥梁。"[①] 1601 年，意大利传教士罗明坚（Michele Ruggieri）绘制了第一部中国地图集，其中较准确地绘制了黄河的位置。此后，来华传教士在游记与见闻录中不断提及黄河，先对黄河的位置、水色、航运等信息进行了介绍，后来逐渐深入黄河文化。葡萄牙人曾德昭（Alvaro Semedo）于 1642 年出版的《大中国志》（*Historica Relatione del Gran Regno Della Cina Divisa in due Parti*）中提到尧帝时期是中国史书上可信时代的开始；意大利人卫匡国（Martinus Martini）在 1658 年出版的《中国上古史》（*Sinicae Historiae Decas Prima*）中介绍了中国的神话和中国人的世界起源观，即从盘古开天辟地到三皇五帝，至公元前 1 年西汉哀帝刘欣。1686 年，比利时人柏应理（Philippe Couple）的拉丁文著作《中国帝王年表》（*Tabula Chrbnologica TV Ionarochia Sinica 2952 B. C~1683 A. D.*）和被誉为"法国汉学三大奠基作之一"的 1735 年法国人杜赫德（Jean-Baptiste Du Halde）所编的《中华帝国及其所属鞑靼地区的地理、历史、编年纪、政治和博物》（*Description Geographique*，*Historique*，*Chronologique et*，*Plysique de L'Empire de La Chine et de La Tartarie Chinoise*）同样从伏羲开始，力图全面介绍以黄河文化为核心的中国历史。

14 世纪，英国文学文本中已经提到黄河或黄河文化，后来逐渐涉及中国和黄河地区的经济、政治、哲学、农业等领域。但是，由于当时交流有限，这些作家本人没有来中国进行实地考察，也没有认识到他们的书写实际上与中国的黄河文化相关，也没有更系统和深入的分析或评述。我国一些学者早在 20 世纪初就关注到了西方经典文本中的中国形象，如钱锺书先生曾著有《十八世纪英国文学里的中国》（博士学位论文）；郭文君结合史料着重分析了历史上中国形象在外国文学作品中的变迁；姜智芹关注到了外国作家提及中国时的目的。2019 年，黄河流域生态保护和高质量发展上升为重

---

① 《马可·波罗游记》，余前帆译注，中国书籍出版社，2009，第 308 页。

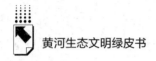

大国家战略。在此战略背景下，本报告对西方，尤其是英国文学书写中的黄河文化及其传播进行了有针对性的挖掘与梳理。

一 中世纪虚构中的黄河文化

在 16 世纪以前，东西方交流比较零星，从英国出发到达中国甚至黄河流域的人很少，大部分英国人和其他欧洲人一样，凭借文学中的零星书写，在《马可·波罗游记》等几部书籍基础上，将他们对中国和亚洲的认知构建在想象或理想之上，包括中国的政治、文化、农业、民风民俗等，塑造了一个欧洲人愿意接受、诞生于黄河流域、与西方迥异的政治经济存在。

在早期中国和黄河文化的相关虚构性书写中，比较有代表性的是《曼德维尔游记》。在游记中，曼德维尔将中国北部称为"契丹"（Cathay）。他说，契丹是一个伟大的国家，"美丽、高贵、富庶，商贾云集"。契丹的首领被称为"大汗"，与其亲族、诸侯、大臣等构成一个地位高低分明的等级秩序。契丹的首都是"大都"（Caydon），大都的宫殿雄伟华丽，"宫殿中和山上树木茂盛，硕果累累……宫殿的大厅有 24 根金柱，墙上均挂满名豹的红色毛皮……宝座由宝石和珍珠做成"。① 在曼德维尔的笔下，中国（契丹）是繁荣强盛的代言，是具有传奇色彩的"神秘、奇幻、瑰丽的乐土"。②

二 "中国热"时期的黄河文化书写

17~18 世纪，欧洲掀起了前所未有的"中国热"（China Vogue）。欧洲的文人学者对黄河流域的中国及其政治、文化、农业、艺术等表现出极度的崇拜。很多欧洲特别是英国的政治家一度将中国的政治和体制看作完美的典

---

① 《曼德维尔游记》，郭泽民、葛桂录译，上海书店出版社，2010。
② 葛桂录：《欧洲中世纪一部最流行的非宗教类作品——〈曼德维尔游记〉的文本生成、版本流传及中国形象综论》，《福建师范大学学报》（哲学社会科学版）2006 年第 4 期。

范，热切盼望借鉴中国政治制度对本国的政治和社会进行改革。比如，英国作家罗伯特·伯顿（Robert Burton）在《忧郁的解剖》（*The Anatomy of Melancholy*，1621）等作品中提到，黄河流域所诞生的中国社会政治制度和具有良好教化功能的儒家思想代表了一种完美的诗学观和生命观，值得英国借鉴。

威廉·坦普尔爵士（Sir William Temple）是 17 世纪英国的外交家和政治家，他在《论伊壁鸠鲁的园林》（*Upon the Gardens of Epicurus*，1685）中提到了更加具体的黄河文化意象——皇家园林。他认为中国的皇家园林具有特殊的美感，与法国园林追求比例和谐不同，中国的皇家园林具有一种不规则之美，他称之为"Sharawadgi"（有学者认为此词来自某个中文词语的发音）。在《论古今学问》（*On Ancient and Modern Learning*）中，他将美学上的赞誉又延伸到中国的政治制度上，认为中国园林不规则的设计是"哲学王统治的儒教中国的国家结构的象征"。中国的美学是完美的儒家思想的表现，中国的政治制度是"道德治国"的典范，与古希腊罗马的最典范的政治和美学思想相符，值得英国借鉴。

18 世纪逐渐在欧洲特别是英国兴起的报纸、杂志和书信集也见证了欧洲对中国和黄河文化的浓厚兴趣。《旁观者》（*Spectator*，1711）是当时最出名的杂志之一，在 18 世纪初期的多篇文章中，作者以对比中国的方式审视和批评英国当时的社会和政治。《书和信札》（1757）中赞美了中国温和的气候条件和中国温和人性的优越。在《世界公民》（*World Citizen*，1760~1761）中，一位来自中国河南的哲学家李安济·阿尔坦基（Lien Chi Al-tangi）号称是孔子之徒，他从中国人的视角对当时的英国社会现实进行评价，同时提出，中国政治开明，人民生活幸福，法律惩恶扬善，道德合乎情理，孔子和儒家的智慧是一切智慧的永恒源泉。[①] 这些发表在报纸、杂志或书信集中的散文以严谨的说理和逻辑对中国和黄河文化进行介绍和评述，有的书信以第一人称视

---

① Oliver Goldsmith, *The Citizen of the World or Letter from a Chinese Philosopher*, March 9, 2021, https：//ota. bodleian. ox. ac. uk/repository/xmlui/handle/20. 500. 12024/K113552. 002.

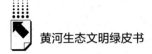

角讲述中国故事，读起来有身临其境般的感受。当然，对于这些作家和读者来说，黄河文化和中国文化就像一面镜子，可以提升本国美学品位和道德水平，甚至是反思欧洲政治和战乱的工具。①

除此之外，英国17世纪的史诗和戏剧中也出现对黄河农业文化的书写，尤其是代表着中国农业发达程度的"加帆车"。考古发现"加帆车"在中国秦始皇时期就被广泛使用，秦始皇兵马俑和山东汉代画像石上都有"加帆车"的相关痕迹，时至今日，在山东、河南有些地区仍有人使用"加帆车"。早在1620年，英国人彼得·黑林（Peter Heylyn）的《小宇宙志》（1621）和戏剧家本·琼森（Ben Jonson）的假面剧《新大陆新闻》（*News from the New World Discovered in the Moon*，1620）中就提及了这一来自中国的"带有风帆的小车"乃农业工具。② 17世纪，在琼森的这部讽刺喜剧中，一位信使编造说月球上发现了新大陆，那里有类似中国"加帆车"的交通工具：那里的小车像女人的天性一般随风而行/就像中国的小车。③ 在这里，"加帆车"是先进文明的象征。在大诗人约翰·弥尔顿（John Milton）的鸿篇巨制史诗《失乐园》（*Paradise Lost*，1667）中也有关于"加帆车"的描写：撒旦"降落在塞利卡那荒芜的原野上，在那里，有中国人依靠风帆驾驶着他们轻便的小车"。④ "加帆车"这一中国黄河流域重要的农业工具，"随着西欧各国国内资本主义的兴起而出现了海外探险的热潮"，在英国文人笔下，作为"外部世界闻所未闻的消息"进入欧洲人的视野。⑤ 作为中国黄河流域典型农业工具的"加帆车"是黄河文化区农业文明的象征，彰显了黄河文化和中国文化在17世纪的辉煌和高度，进入了欧洲人的认知范围。

虽然儒学对英国早期散文、戏剧产生了很深的影响，但戏剧中的儒家文化过于平面，几乎淹没在了全然西式的文本中；伯顿和坦普尔等作家虽对儒

---

① 范存忠：《中国文化在启蒙时期的英国》，译林出版社，2010。

② John Milton, *Paradise Lost* (Modern Library Classics, 2007).

③ Ben Jonson, *Delphi Complete Works of Ben Jonson* (Delphi Classics, 2013).

④ John Milton, *Paradise Lost* (Modern Library Classics, 2007).

⑤ 杨周翰：《弥尔顿〈失乐园〉中的加帆车——十七世纪英国作家与知识的涉猎》，《国外文学》1981年第4期。

家文化这一齐鲁文化的代表有了更深入的思考，但是他们的写作主要体现的是对一种"乌托邦"政治的理想和愿望，对黄河文化和中国文化的欣赏与崇拜是为了改良本国的政治。同时，他们对中国黄河流域的文化、政治、农业、科学技术的褒扬也是当时宣扬海外扩张、海外殖民的需要，对中国和黄河文化的书写是对英国统治阶层海外扩张政策的背书，也借助文学作品中的异域风情实现刺激普通读者向外探索的欲望。

三　殖民主义时期对黄河文化的贬抑

18 世纪末马戛尔尼使团访华成为西方世界中国印象的转折点。随着 19 世纪英国蓬勃发展的工业革命和资本扩张，帝国优越感不断膨胀，对黄河文化的书写开始趋于贬抑。

随马戛尔尼使团访华的约翰·巴罗（John Barrow）在其《中国游记》（*Travels in China*，1802）中介绍了黄河的地理环境——黄河宽而湍急、泥沙堆积严重，甚至还记载了黄河流域与农业有关的传说，提出黄河文化以农业文明为基础的文化性质。巴罗同时还提出黄河人民的朴实、真诚、热情也是黄河文明的精神内核。巴罗认为当时黄河流域的发展停滞不前。黄河上的航运业与欧洲想象中的样子相去甚远，由于航运业和造船业不受重视，中国的舰队水平落后，经验匮乏，不思革新，早已不如其他国家，令他大失所望。[①] 究其原因，一方面，黄河文化以农业文明为基础，勤劳质朴的中国人把更多的精力放在了维持日常生活的农业生产上，这也是黄河流域商业、渔业有所发展却不能主导经济的重要原因；另一方面，清政府骄傲自大，藐视他国的先进工艺，科技落后而不自知，以及法律残暴、皇帝专制独裁、社会化程度低、残害压迫女性。他既道出了部分现实，也折射出英国游记作家试图以自我为中心，对"他者"形象进行瓦解和再塑造的写作野心，维护自

---

① John Barrow, *Travels in China* (Cambridge University Press, 1804).

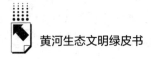
身的远东利益，为海外殖民扩张打下基础。①

受地理大发现的影响以及世界各地交流的需要，从 19 世纪中期开始，西方来华人数不断增加，大量英国来华游记涌现。但由于来华时间、目的、个人阅历、性别的不同，作者们写作侧重点、风格、目的各不相同，对中国社会与文化的看法也迥然不同。维多利亚时期曾有人评价中国是"一个衰落的国度"，到了 19 世纪末中国更是被描述成"一个被腐败、贫穷与落后笼罩的地方"。② 这些评价之所以与前人描述有巨大差异，与当时的中英国情、中英关系等都有密切联系。维多利亚时期中英关系发生转变，关于中国的"乌托邦"幻想破碎，浪漫主义时期对于中国理想化和美化的描述宣告破产。来华的英国旅人走进了内陆，得以体验殖民地和半殖民地（上海、广州等）之外的"真实的中国"。有些游记甚至意不在介绍中国，而是将其抹黑丑化，以衬托西方社会的文明与先进。比如，伊丽莎白·肯普（Elizabeth Kemp）的《中国精神》（*Chinese Mettle*）和康斯坦丝·戈登·库明（Constance Frederica Gordon Cumming）的《漂泊在中国》（*Wanderings in China*）极力美化西方在现代化、商业化和工业化上的优越性，将北京城脏乱的环境与西方各国使馆优越的环境作对比。③

四 当代书写中多元的黄河文化

20 世纪在一定程度上见证了英国部分作家对以儒家文化为代表的黄河流域哲学思想的重新关注。迪金森（Lowes Dickinson）就曾重拾"中国信札"写作传统，明确通过黄河文化的优越性指出西方文明的阴暗面。他依据自己的在山东曲阜、北京等地的经历写下了《约翰中国佬的来信》

---

① 李新德：《约翰·巴罗笔下的中国形象》，《温州大学学报》（社会科学版）2011 年第 5 期。

② Douglas Kerr, Julia Kuehn eds. , *A Century of Travels in China*: *Critical Essays on Travel Writing from the 1840s to the 1940s*（Hong Kong University Press, 2007）.

③ Elizabeth Kemp, *Chinese Mettle*（Hodder and Stoughton, 1921）; C. F. Gordon Cumming, *Wanderings in China*（William Blackwood and Sons, 1888）.

（*Letters from John Chinaman*）和《一个中国官员的来信》（*Letters from a Chinese Official*）等作品，从一个中国人的视角，将中国文明与西方文明进行比较，批评西方工业化和有损身心健康的财富积累手段，剖析所谓的西方文明中的集体感缺失、道德卑劣，向往中国的儒家中庸、天人合一的思想以及追求社会公平的理想，夸赞中国民主的选人制度和社会机制。① 这些先进的思想和社会制度自古流传于黄河流域并弘扬于全国，经久不衰，令西方文化在其面前黯然失色，可见黄河文化的源远流长和影响深远。在1913年写成的《论印度、中国与日本文明》（*An Essay on the Civilizations of India, China & Japan*）一书中，他更是赞美了热爱生活、乐观真诚、踏实认真、重视家庭等优秀的黄河精神。在北京，他看到了北京周边乡村的恬静古朴和自然之美，也在生机不再的寺庙看到了宗教的衰落。因为在这样特殊的时代背景下，佛教徒们并没有从自己的教义中获得能量或安宁。这里其实可以看出中国和西方的文化差异，西方渴求上帝给予他们保佑与指引，而中国人更相信以自己的双手改变现状。这些都是他来到中国后对黄河文化产生的真实感受。

对黄河岸边的风土人情、黄河人民的精神风貌描写较多的是英国作家威廉·萨默塞特·毛姆（William Somerset Maugham）。他曾亲自到黄河边感受黄河的恢宏壮美，并以此为基础，完成了《在中国屏风上》这一作品。在见证了中国下层的百姓即使身处贫困也在努力奋斗后，他认为这是一种"神奇的、不明出处、忽而消逝的浪漫"。② 这份特别的令人狂喜的浪漫来自这片土地独有的深厚敦实的文明，以及受黄河文明滋养的朴实、勤劳、坚韧的黄河人民，因而他在这样幽深沉寂的时刻感受到了这片土地的独特魅力。

20世纪中期，中国社会动荡不安、战火不断，抗战纪实成为此时黄河流域相关书写的另一个重要主题。詹姆斯·贝特兰作为首位在战时受邀访问延安等地的英国记者，曾深入华北前线，对抗战中黄河流域人民的精神风貌

---

① G. L. 狄更生：《中国佬信札》，卢彦名、王玉括译，南京出版社，2008；何辉：《中国佬狄更生的中国观》，《国际公关》2017年第2期。

② 萨默塞特·毛姆：《在中国屏风上》，唐建清译，江苏人民出版社，2006。

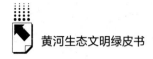

有着深刻的体会。他曾赴延安寻访"汉代古都长安的城墙的痕迹",回顾历史,点明正是"从这些西北高原,第一次的中国大移民,沿着黄河,南下入河南沃土,东越山西山地,传布了那在夏商萌发的中国文明"。作为曾经"防御北方异族入侵的要塞",延安这座山城如今成了"抗日的墓地",却依然充满了蓬勃的朝气。离开延安后,贝特兰又越过黄河,来到山西前线进行实地考察,深入华北晋军和群众组织,深感山西民众物质生活的艰苦和精神生活的充实。在他看来,华北有南方少见的"硬性",与苏杭"恬静的质素"形成了鲜明的对比。① 在《中国的新生》中,贝特兰也提及了黄河文化对于中华农业文明的巨大贡献。他写道:"(大禹)曾在河南实行治水,浚成黄河水道,使逃到山上的人民又能下山耕种平原的沃土。水道管制是'中国生产方式的主要特殊姿态之一',是'争取一个农业的亚细亚社会的生存的必要条件'。"②

新中国成立前后,随着更多英国作家来华访问、旅游或定居,黄河文化在文本中的体现更加立体、全面,许多鲜获关注的地区也走进了英国文本。虽然误解和忽视依然存在,比如,直到 20 世纪 30 年代也依然有英国作者在到访河南时因未深入了解中州文化而提出"那里缺乏文化底蕴",但总体来说,作家们对黄河文化的兴趣和关注都与日俱增,作品题材更加丰富多样,既有真实的历史考证,也有对这片文化沃土的热忱想象。

哈罗德·艾克敦(Harold Acton)来到北平,认为北平庭院和阁楼十分壮丽,世界上任何宫殿群都无法与之相比;③ 布莱恩·鲍尔(Brian Power)曾在天津生活数年,写下《租界生活——一个英国人在天津的童年》(The Ford of Heaven：A Childhood in Tianjin),指出地处燕赵文化区的天津是"海河多个支流与大运河的交汇处",有极高的农业价值;④ 爱德华·伯曼通过考证大量西方史料,梳理出欧洲探险家、研究者自明清以来对长安的认知。

---

① 詹姆斯·贝特兰:《华北前线》,林淡秋等译,新华出版社,2004。
② 詹姆斯·贝特兰:《中国的新生》,林淡秋等译,新华出版社,1986。
③ Harold Acton, *Memoirs of an Aesthete* (Methuen, 1948).
④ Brian Power, *The Ford of Heaven：A Childhood in Tianjin* (Talman Co., 1984).

在他看来，长安作为"古代丝绸之路最重要的贸易起点"，是"中国最伟大的城市之一"。优越的地理环境成就了其文化的繁荣：黄土高原适宜农业发展，且长安城"地跨渭河谷地，是通往外部世界的关键地带"。但也许是之后"大航海时代的到来"使西安"失去地缘优势"，以至于 18~20 世纪晚期，鲜有西方游客、作家来访。① 长安文化也实现了与外来宗教的融合。佛教经由丝绸之路传遍大汉帝国，在公元 3 世纪后期，于长安迅速传播开来。法显和玄奘也正是从长安出发西行，远赴印度以理解当地宗教。英国当代作家贾斯汀·希尔（Justin Hill）的"中国三部曲"中《黄河》（*A Bend in the Yellow River*）与《天堂过客》（*Passing Under Heaven*）两部作品都与黄河文化密不可分。希尔在访谈中将黄河之滨的山西称作"中国的文化腹地""中国古代文化的宝库"，每当他穿过这片文化热土，"一种中国文化忧郁感油然而生"。② 希尔笔下的长安不仅是中国古风的畅想，更被赋予了其生活过的现代大都市之充沛活力与多元主义，宛如一个"摔了一跤不小心跌入的天堂"，③ 能够看出希尔尽量摆脱了之前西方中心主义下狭隘的认知，黄河文化在他眼中更加鲜活而富有生机。

五 小结：外国文学中的黄河文化研究

从以上论述可见，外国文学领域对黄河文化的研究虽已开始，但是有大量空白亟须填补。在外国文学文本中有着非常多的对黄河文化的书写，由于散落在文学文本中，很长时间以来未能引起学者们的关注和重视。21 世纪以来，随着全球化的不断深入，尤其是中国在全球化过程中的崛起，中国文化，尤其是黄河文化对于西方的影响研究应当成为外国文学研究者的责任，

① 爱德华·伯曼：《长安向西 罗马向东——骏马、丝路与探索者》，纪永滨、齐渭波译，陕西人民出版社，2015。
② 贾斯汀·希尔：《大唐才女鱼玄机》，张喜华译，安徽文艺出版社，2013。
③ 张喜华、查尔斯·洛克：《贾斯汀·希尔〈黄河〉中的东方主义》，《外国文学研究》2008 年第 1 期。

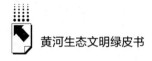

也为外国文学研究打开了一个新的窗口。在外国文学领域的研究中，有以下几点需要注意。

第一，作为政治理想象征的黄河文化书写。19世纪前，由于东西方交流有限，英国作家很少对黄河流域和黄河文化实地考察。"黄河"在大部分英语作品中仅为一个地理表述，而黄河文化也仅是一个非常模糊的概念。虽然如上文所述，有不少作家在其作品中褒扬了以黄河文化为代表的中国政治、哲学和农业的发展水平，但是他们的书写或是为了寄托自己的政治和经济理想，或是寄托了对异域风情和海外探索的向往。可以说，19世纪以前，英国人对黄河文化的书写仍建立在以西方为主体的叙事视角之上，主要目的是为其自身的政治、经济等提供某些依据。黄河文化的书写虽然比较正面，但中国文化和黄河文化很明显是与欧洲特别是英国文化相对比的他者，是被凝视和利用的对象，是英国政客满足其政治变革和海外扩张需要的文字支持。

第二，作为半殖民地的黄河文化书写。18世纪中叶开始，英国来华游记初具规模，其中的记叙具有更明显的写实性，且相比于政治、哲学思想等文化元素，也注重从不同的立场对黄河流域的地理人文特征进行描绘与评述，将黄河文化作为观察甚至比对的对象。这些对黄河文化的相关描述似乎具有了"真实性"的特征，但是在相关书写中，有些作家其殖民思维和欧洲优越性等思想意识形态渗透其中，将关注点主要集中在当时中国和黄河流域的落后和阴暗面上。

第三，多元黄河文化书写中的复杂性。20世纪以后，更多英国作家访华并对记录中国生活乐此不疲，从各异视角着手重构黄河文化形象。有的抒发对黄河流域儒道哲学的崇拜之情，有的致力于介绍黄河流域的人文风情，有的描述新时期黄河流域文化发展的新局面，这些书写无疑在深度和广度上拓展了对黄河文化的理解和介绍，但同时也应该注意，由于21世纪以来国际局势和形势的复杂变化，黄河文化书写也具有多视角、多元化的复杂性。

外国文学中对于黄河文化的书写从来都不是绝对客观的，哲学观点、思维方式、意识形态的不同导致产生了不同的视角、不同的描述。在对外国文学中的黄河文化书写进行研究的过程中，应当拨开文本表象，挖掘字面意义背后的东西，在分析西方对黄河文化的理解、接受的同时，也要发现其对黄河文化的误读和扭曲的现象及其背后的深刻含义。

G.20
黄河文化跨次元传播发展报告

杨易轩　林震*

摘　要： 黄河被尊为"四渎之宗""百泉之首"，黄河流域形成的黄河文化是
中华传统文化的瑰宝。黄河文化的跨次元传播为文化发展注入新能
量，借助二次元文化的艺术形式，在新生代圈层传递文化价值，实
现文化的跨次元传播。主流文化用非主流形式表现，将二次元文化
常见的创作手段融入黄河文化创作，构建黄河文化跨次元传播体系。
建设黄河文化遗产数字库，形成商业品牌 IP，借助文化旅游，加强
平台宣传，让次元文化融入传统文化基因，促进黄河文化发展。

关键词： 黄河文化　跨次元　二次元　文化传播

2019 年，习近平总书记在视察河南期间着重强调了保护、传承和弘扬
黄河文化。① 进一步推动黄河文化遗产保护，深入挖掘黄河文化的时代价
值，是历史文脉的延续。21 世纪以来，在互联网快速迭代发展的影响下，
中国二次元文化形式越来越多样、受众群体数量不断增加，二次元文化的内
涵与外延在多向度传播。在此发展趋势下，主流文化和传统文化逐渐理解、
接纳、借鉴、改造、吸收和融合二次元文化，实现主流文化和传统文化创造
性转化、创新性发展。黄河文化借力二次元文化，通过虚拟向现实转化，用

---

* 杨易轩，博士，北京林业大学艺术设计学院讲师，生态文明建设与管理交叉学科博士后，研
究方向为动画、数字艺术与交互新媒体；林震，博士，北京林业大学生态文明研究院院长、
马克思主义学院教授，博士生导师，研究方向为生态文明、生态文化等。
① 周小苑、岳小乔：《习近平的黄河足迹》，人民网，2019 年 9 月 19 日，http：//politics.
people.com.cn/n1/2019/0919/c1024-31363057.html。

新形式面向世界讲好"黄河故事",是黄河文化传播和发展的新的历史机遇。以跨次元的形式向中国青年群体传达正向的审美观、人生观和价值观,是实现中华民族伟大复兴的中国梦、凝聚精神力量的具体表现。

一 黄河文化跨次元文化发展现状

"二次元"日语翻译为"Nijigen",英语翻译为"Second Dimension"。现有研究中的"二次元"指可以用 X 轴和 Y 轴来定义的二维空间,二维空间在三维空间延伸出的各种衍生形态也属于二次元范畴。与二次元相对应的是"三次元",即处于三维空间的、真实的、物质的现实世界和日常生活。"跨次元"指的是二次元从平面向现实转化,突破二次元与三次元的壁垒,借助于二次元的形式,将平面形象转变为现实生活中的形象,实现从虚拟世界到现实世界的转换。

近年来,沿黄多省致力于弘扬和发展黄河文化,借力于二次元文化形式与新媒体手段,将黄河文化与二次元内容进行跨次元转换,形成以衍生力开发为拓展方向的黄河文化。2020 年 1 月,河南省召集相关学者齐聚黄河文化座谈会,共论黄河文化的传承与弘扬。就黄河文化跨次元发展问题,河南小樱桃动漫集团有限公司董事长、河南省动漫产业协会会长张国晓提出"在动漫领域,推动黄河文化向动漫创造性转化",通过"创造一个看得见摸得着的 IP 形象,尤其针对年轻人,类似于'熊本熊',用一个有趣的卡通形象带动一个区域"。河南省社科联党组书记李庚香建议"讲好黄河文明起源的故事、黄河精神的故事、黄河人物的故事、黄河文物或者中华文物的故事、黄河文化的故事、黄河旅游的故事,还要讲好黄河生态和黄河治理的故事及黄河城市的高质量发展故事"。同年 12 月,河南省举办了河南动漫大会暨黄河文化和科普论坛,促进黄河文化与动漫艺术结合。近年来,河南省动漫产业协会在黄河文化与动漫领域深耕,重点实施黄河文化动漫创作工程、中原精神动漫创作工程,组织制作并推广《愚公移山》《大禹治水》《红旗渠》等重点动漫作品,推进黄河标志和吉祥物普及应用。2020 年 12 月,河南省文旅厅联合腾

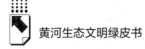

讯文旅推出首个河南非遗数字馆官方微信小程序"老家河南黄河之礼"（见图1），用户可通过小程序观看河南黄河流域1市8县的非遗资源详细信息，融合线上线下新场景，并可以通过线上方式购买河南特色文化产品。

图1 河南非遗数字馆官方微信小程序"老家河南黄河之礼"

资料来源：微信小程序。

2021年6月，中共陕西省委宣传部、省文物局等主办的"第三届陕西历史文化动漫游戏大赛"增加了黄河文化部分。沿黄多省通过动漫、新媒体和文创产品的形式，利用小程序、全息影像、VR影像、AR影像、摄影、舞剧、合唱等促进黄河文化的丰富与发展，阐扬中华文化精髓和时代价值。2021年7月，河南郑州举行黄河标志和吉祥物优秀作品发布会，六个吉祥物分别取名"黄小轩""河小洛""宁小陶""天小龙""夏小鲤""平小牛"（见图2），组成萌宠天团，融合了黄帝文化、河洛文化、仰韶文化、中华龙文化、鲤鱼吉祥文化以及镇河铁牛和三牛精神，黄河文化以生动的动漫形象传播黄河精神，让其"飞入寻常百姓家"。

黄河国家文化公园重点项目——26集电视动画片《焦裕禄》（见图3），在出版漫画《焦裕禄漫画读本》的基础上被改编成动画。2021年12月22日，

图 2　黄河标志和吉祥物优秀作品

该片在央视少儿频道首播。自 2022 年 1 月 4 日起，再次在央视综合频道黄金档高密度排播。《焦裕禄》由河南省纪委监委、中共河南省委宣传部、民建河南省委会、河南省广播电视局、河南省发展和改革委员会组织创作，由河南小樱桃动漫集团制作发行。故事讲述了焦裕禄同志带领人民战天斗地治理"三害"的感人事迹，是探索保护、传承和弘扬黄河文化的新路径。

图 3　电视动画片《焦裕禄》

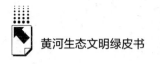

二　黄河文化跨次元传播动因与价值

黄河文化的跨次元传播，是文化与艺术、商业的融合，是历史文脉的延续。跨次元探索既满足文化发展要求，又符合当下青年群体收视和消费诉求。借力二次元文化，探求黄河文化可持续发展策略和文化传播路径，提升黄河文化的创作质量和文化价值。

（一）动因

黄河文化跨次元传播，是文化与艺术、商业的融合，是主流文化与二次元文化的融合，是黄河文化的品牌建设策略和文化传播路径，是黄河文化寻求发展的内在驱动力和实现商业化路径的内在需求。

首先，随着新媒体技术的迭代发展，时空不再是禁锢文化传播的枷锁，移动化、多元化的信息传播和接受方式成为主流，图文和视频传播呈现出主流传播的姿态。不同文化间的交流变得频繁，文化的展现样式趋于多样，跨次元形式重构了黄河文化的表现形式，用动漫、游戏等二次元文化形式丰富黄河文化的艺术创作实践并激发其市场潜能，挖掘其市场需求，实现黄河文化价值转化和创新发展。

其次，黄河文化跨次元传播是文化商业化路径的内在需求，进而中华主流文化、传统文化与二次元文化形成了聚合经济。二次元文化产品具有波普艺术属性和商品化属性——流行性、通俗性、商业性，这些特质有利于文化的传播与发展。① 二次元文化类型繁多，消费群体庞大，内容生产与消费的循环，产品与消费者的连接，易形成"粉丝"效应。黄河文化通过跨次元形式扩充了文化的受众群体，突破不同文化间的隔阂和壁垒，用青年人的喜好方式展示黄河文化，吸引青年受众，利于扩大黄河文化的影响力。

---

① 赵益：《试论二次元电影美学》，《当代电影》2016 年第 8 期。

（二）价值

黄河文化源远流长，博大精深，是中华文化的主体，是民族血液里流淌的 DNA。黄河文化孕育了中华民族的精神图谱，是中华传统文化创新创造的"思想芯片"。习近平总书记在黄河流域生态保护和高质量发展座谈会上提出"深入挖掘黄河文化蕴含的时代价值，讲好'黄河故事'"。[1] 在微观上，黄河文化通过跨次元的形式实现"另类"的媒体融合，丰富黄河文化的形式并提升其价值；在宏观上，黄河文化的跨次元传播利于中华民族文化的弘扬与传播，是民族精神阐扬的有效途径。

不同于斯图亚特·霍尔所说的独当一面"意识形态效果"的传统媒体主导时期，随着媒介传播的发展，数字技术的进步，黄河文化遇上二次元文化，呈现出新样态和新发展趋势，文化内涵与外延在不断地被重新编码与解码。这加速了黄河文化、红色文化、非遗文化、根亲文化与二次元文化的跨界融合，利用新科技，以数字化、艺术化和交互化的形式展示文化特色，以新形式促进文化新发展，以新业态刺激文化新消费，为黄河文化发展注入新的活力。

溯其本源，黄河文化贯穿了过去、现在与未来，构筑未来的想象空间，体现了文化发展多元、开放又一脉相承的肌理。在全球化语境下，黄河文化跨次元传播是时代发展的必然要求，既延承了传统文化的形式与内容，又实现了创新性的时代化、现代化改造，发掘了中华传统文化的新生命和新精神，书写了中华民族的心灵史诗。

三　黄河文化跨次元传播特点

基于当前跨界的热潮，对黄河文化的跨次元传播应该提出更高的要求——以国家文艺发展方向和精神为指引，为中国故事的讲述和东方美学体验提供新的学术思维和新的艺术传达方式。简单地以文化符号元素的呈现来

---

[1] 《讲好"黄河故事"（习近平讲故事）》，"人民网"百家号，2021 年 2 月 18 日，https：// baijiahao. baidu. com/s？id＝1691983655920665735&wfr＝spider&for＝pc。

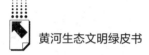
区别文化特质已经不再适用，创作者应该更多的下沉到思想认知、行为方式和审美诉求中去寻找创作表达新范式。

（一）经典情节选取与叙事改编

黄河文化孕育着大量的文化故事，上古神话中，黄帝打败炎帝和蚩尤，平定各部族战乱，实现中原统一的政治局面。大禹治理水患取得成功，并为夏王朝的建立奠定基础，大禹的儿子启最终建立夏朝，这是中国历史上第一个国家。秦始皇完成"吞二周而亡诸侯，履至尊而制六合"的统一大业，建立秦王朝。九曲黄河造就了中华民族独特的民族精神，黄河体现着民为邦本、天人合一、多元统一的中华文化思想，传递着自强不息、开拓进取、奋发图强、勤劳务实、兢兢业业、团结统一、无私奉献的民族精神。黄河文化跨次元传播内容选取自经典神话、文学作品、传说中的情节，对原文本进行改编时要注意充分关注其趣味性、时代性和生活性，表达东方的审美风格和故事意蕴。如动画电影《姜子牙》（见图4），改编自姜太公渭河垂钓终遇伯乐，成为周朝开国元勋的史实。渭河是黄河最大的支流，至今渭河沿岸还留有许多与姜子牙相关的地名，如太公庙、尚庄、子牙坡。动画电影《姜子牙》中将姜太公颠覆性地创作成一个帅气的叔叔形象，他年轻、有梦想、

图4　动画电影《姜子牙》

有对自我的要求和一颗赤诚之心，这是当代青年群体的审美映射。动画电影重构了历史故事，将其改编成姜子牙被贬下凡间失去神力后，不忘初心，找寻自我，不畏强权，找寻历史真相的故事。借二次元艺术隐喻青年群体与社会的契合方式，影片内容既生动精彩又符合当下主流文化的价值取向。

（二）国风角色形象设计与文化 IP 形成

黄河文化中角色的造型设计应符合当代主流意识形态并塑造正面的人物形象，具有符号性、标识性、民族性特点。结合角色所处的环境、时代、背景等特征设计与角色相匹配的外形、服装、表情等。角色形象设计应体现出中国美学特色，运用线条、色彩、明暗、透视，体现出中国文化特色和优势，具有张弛有度的节奏感、空灵虚实的意境感、独特民族性的美感，展现人文性的关怀、想象性的文化符码和宁静雅致的音律。正面角色并非是大善或大恶之人，其无所不能会给观众带来一种距离感，而有血有肉，有普通人的共性，同时被赋予独特的气质、性格、人格魅力，注重内在气质和人格魅力的熏陶，更符合时代审美观，更具性格魅力。

IP，全称是"Intellectual Property"，指的是"知识产权"。以黄河文化为核心开发一系列产品，形成商业 IP，将黄河文化衍生品开发纳入可持续发展的工业化全产业链流程，搭建黄河文化全产业链，培育核心竞争力。产业链的开发应深挖具有高质量的、大影响力的、有内涵的，可以被不断地再生产、再创造的创意性知识产权。更为重要的是，黄河文化跨次元形式决定了各种艺术要素和视听要素以幻想为"黏合剂"，通过想象、象征、隐喻、解构、重构搭建起一个超越文化的新世界，弱化文化元素的边界和来源，将文化符号改造为"普适化"的影像，遮蔽其文化身份与意识形态，形成超越文化的内容形态。例如，迪士尼"创造一种迪士尼的现实主义，一种自然界的乌托邦"，① 弱化内容的文化特征，强化跨文化虚拟性，使得文化传

---

① Henry A. Giroux，"Animating Youth: The Disnification of Children's Culture，" *Socialist Review* 3 (1995): 23–55.

播具有较强灵活性和普适性，更容易形成文化IP。2020年11月，黄河水利委员会新闻宣传出版中心、郑州旅游职业学院、河南小樱桃动漫集团三方举行了《黄河密码》科普动漫创作工程共建协议签约仪式（见图5），将创作以黄河文化为中心的系列作品，如漫画科普读本、文化旅游读本、《黄河故事》动画等，形成文化IP，扩大品牌传播力与影响力。

图5　《黄河密码》科普动漫创作工程共建协议签约仪式

（三）民族精神所向与文化认同

黄河文化的跨次元传播体现文化的民族性、认同性和人民性。民族性和认同性是"是谁"以及"归属于谁"的一种认知。① 这种文化的认同是化繁为简后契合事物最本质的原型，是黄河文化发展不可忽视的要点。民族认同感和文化认同感源于中华民族具有相同的文化背景、民族身份，是群体想象的共同体，具有人民性。中华文明源远流长，传统文化、经典文学、少数

---

① 斯图尔特·霍尔编《表征——文化表征与意指实践》，徐亮、陆兴华译，商务印书馆，2003。

民族文化、民间故事、神话传说、节日礼仪、现实生活等为黄河文化提供了丰富的素材、灵感的源泉和良好的文化环境。

在中华文化与美学中，首先，讲究主观感受的和谐，黄河文化创作中也有意或者无意表现出"适度"的美感。美学讲求"和谐""中和"之情、"含蓄"之美，主张以"和"为美和适度的原则。其次，黄河文化的创作离不开民族艺术、离不开民族风格，无论是民族题材的表现，还是传统美术风格，民族性为黄河文化带来特殊的视觉标签，是一种艺术语言身份的象征。例如，2021年4~5月，河南郑州举办的黄河文化月主题活动，由《唐宫夜宴》衍生出的知名文化 IP 形象乐舞俑造型的"唐宫小姐姐"，具有时代特征，其表现形式的背后是文化的认同。在展现形式上，用二次元动漫形象融入沉浸式演艺体验，典型的唐朝发髻，白面粉黛，丰腴的身形，三彩元素的襦裙，展现了东方审美，受到观众的喜爱。

四　黄河文化破次元传播体系建构

黄河文化破次元形式想要取得长足发展，必须要从横向、纵向构建起破次元传播体系，通过建设文化遗产数字库，形成 IP 品牌符号，借助文化旅游产业，构建多样化的传播平台，这是实现黄河故事价值转化和黄河文化创新发展的有效途径。

（一）深挖黄河文化，建设文化遗产数字库

随着时代的发展，黄河文化被赋予了新的时代内涵与价值，文化内容与形式在不断丰富与发展，深入挖掘黄河文化的丰富内涵和广阔外延，构建以黄河文化为中心的文化遗产数字库，形成以黄河文化为核心的价值体系。

首先，黄河所流经的地域形成了各具特色的地域文化和历史文化遗产，比如西北地区的民俗文化、黄河民居、黄河桥、羊皮筏子、黄河水车、黄河船等，每一件黄河文物，都是民族智慧的结晶，是民族文化的见证，都应受到充分的重视和保护。

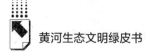
其次，系统梳理黄河文化资源，整理黄河文化遗产，建构数字化资源体系。将遗址遗迹、革命纪念地、古镇古村、文化文物等进行整体性整理和数字化展示。让收藏在博物馆里的静态的黄河文物、矗立在广阔大地上的遗址遗迹、书写在古籍里的治河图文都动起来、活起来。推动国家级黄河博物馆和地方级黄河博物馆建设，通过创新传播方式，以沉浸式的感官体验形式，如虚拟现实沉浸展、增强现实装置加以展示。例如，成立以仰韶文化遗址、龙门石窟、裴李岗文化遗址、隋唐洛阳城为代表的黄河文化虚拟现实体验区。

最后，打造黄河流域非遗数字化开放共享平台。将不同类型的文化遗产和非物质文化遗产以新媒体形式展现，通过三维建模、灯光、材质、渲染技术，建设黄河文化遗产三维模型素材库。搭建联通黄河全流域的非物质文化遗产资源、服务、开发、消费的一体化平台，增强黄河文化传播的整体吸引力和影响力。另外，可以在全国范围开展黄河文化动漫创意大赛，调动群众的参与性和积极性，帮助人们更加生动、深刻、全面地了解和认识黄河文化。

（二）形成 IP 品牌符号，突破商业维度的价值

历经历史与文化积淀的黄河文化具有强大的市场感召力，将黄河文化打造成 IP 品牌符号，通过形象塑造、叙事改编、二次元风格化等形式创新，黄河文化能够更贴合网生代观众的信息接收习惯，并有望形成 IP 联动效应从而实现商业维度的价值突破。

在数字媒体时代，传媒既是内容传播的载体，又是内容消费的渠道。黄河文化商品化的途径是通过符号的反复展示，让青年受众认识、熟悉、理解、喜欢、认同作品中的符号意义，逐渐形成对黄河文化符号元素的情感共鸣，促使其进一步消费，使符号有了商业价值。当黄河文化符号以商品形式投入市场后，得到消费群体的喜爱和社会的巨大反响，转而以更加多样的形式进行再开发，形成 IP 品牌产业链。黄河文化在创作时应多注意符号商品化设计，注重与商品消费者之间的联系与互动，注重"粉丝"的培养与其

消费习惯的培养，不断地刺激受众的消费需求并将其固化成一种时尚或者生活方式。

黄河文化在创作上，一方面融入本土化元素，考量中国青年群体的爱好与审美，形成中国式的文化消费模式。譬如，纳入中国元素——汉服、肚兜、布鞋、中山装、青瓦墙、斗拱飞檐的城门楼等文化符号。另一方面研究表明"萌元素"在消费模式上占有极大优势，因此创作上可以设计一些"萌拟人化"元素。① "萌拟人化"不同于普通的拟人化的创作方法，是一种拟人化的拟人化，是拟人化的平方。人物、动物、昆虫、交通工具、机器人都可以被"萌处理"，会更加打动消费群体。角色形象具有强大的自我扩张能力，"世界通用面孔"的角色将艺术性、技巧性有机融合在一起，不断给人以新鲜感，不论是社会影响力还是经济效益都是惊人的。黄河文化符号商品化消费促进了商业产业链的发展，突破单一符号价值，实现商业维度的价值的突破。

（三）联动线上线下，借助文化旅游产业

当前，文化旅游已成为人们日常休闲娱乐的一种重要方式，人们在旅游中可以了解当地的文化背景、特色及发展趋势。黄河文化可以借助文化旅游来拓展文化的传播渠道，要充分利用不同地缘文化特点，促进区域文旅资源整合、文物遗产保护、数字资源构建、文化旅游开发、文创产品研发等业务的深入开展。

第一，借助二次元文化形式展开线上和线下的联动。以黄河沿线节点城市为重点，打造并推广黄河生态旅游、古都旅游、丝路旅游、科普旅游、红色旅游等国家精品旅游线路。将实景用二次元形式展现，引发二次元文化受众到实地"圣地巡礼"。"圣地巡礼"指二次元受众观看二次元文化作品之后，出于对二次元文化作品的喜爱，亲身到现实取景地去寻找二次元文化作品里的故事背景区域。"圣地巡礼"不仅是对二次元文化作品的二次传播，

---

① 川口盛之助：《御宅创造的女性过度》，东京讲谈社，2007，第46页。

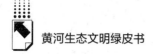

也发展了地方经济。例如，2018 年日本动画作品《青春猪头少年不会梦到兔女郎学姐》（以下简称《青猪》），取景于神奈川县的藤泽市，政府官方特意制作了《青猪》巡礼地图、巡礼打卡 App、印刷品和纸质印章，促进当地"圣地巡礼"的发展。动画《薄樱鬼真改》中的场景取材于日本各地，2018 年北海道的函馆市、福岛县会津若松市、东京都日野市、京都府京都市四城市联合举办了大型的动画巡礼，这次活动参与人数达到 1686 人。

第二，黄河沿岸的旅游景点开发和建设融入黄河文化元素，借助文化旅游产业的高渗透性和互联互通能力，推动黄河文化逐步建立起有高辨识度、有独立自主品牌、有高文化价值的文化景区。建设黄河文化公园先行示范区，结合不同地域、不同主题进行文化景观的打造，加强文化旅游中创新性文创产品的开发和加工。黄河文化可以以青年群体更喜欢的形式进行推广与传播，例如，通过盲盒的形式，黄河文化逐渐变成大众化艺术消费品。还可以针对文旅资源的文化价值打造沉浸体验式的旅游产品，以感官和精神体验为创新点，保持黄河文化对游人的吸引力，有效提升其影响力和传播力。以多元化、多维度、多形式的文化开发，实现黄河文化市场的有序扩张，文化产业的蓬勃发展。

（四）构建立体化宣传模式，跨文化传播

麦克卢汉说过："真正有意义、有价值的讯息，不是各个时代的传播内容，而是这个时代所使用的传播工具的性质及其所开创的可能性以及带来的社会变革。"随着数字化的发展，黄河文化借助于新媒体平台，进行宣传和推广，扩大其文化的影响力。

首先，新媒体技术的嬗变，使受众信息获取的时间和空间的灵活性增强。使用与满足理论认为，受众对媒介的选择蕴含着其对自身信息需求的准确认知。在当今高负荷、快节奏的生活方式下，受众获取信息的方式以"场景化、移动化"为主，青年群体更倾向于选择娱乐性较强、更符合自身审美兴趣的传播内容。黄河文化跨次元发展，以 ACGN（动画、漫画、游戏、轻小说）为主要艺术形式，通过微信小程序、公众号、微博、抖音、

小红书、火山小视频等新媒体平台，进行碎片化传播。其次，互联网将分散的受众再次部落化，使他们通过网络节点相连接。吸引力工具的主推与大数据精准算法的推送，会先吸引一部分受众的关注，每一个受众又是信息分发的核心，当对黄河文化内容产生共情效应时，受众的转发与分享，尤其是意见领袖的关注，能够扩大内容的影响力。最后，国家、政府推出相关政策，通过传统媒体，如报纸、杂志、书籍等多种宣传途径保护和宣传黄河文化，着力将黄河文化打造成展示中华文明、宣传中国形象、彰显文化自信的亮丽名片。

值得注意的是，二次元艺术形式更利于助推黄河文化的国际传播，二次元艺术因较强的符号表意性而具有独特的跨文化传播优势，运用二次元艺术形式阐释黄河文化内涵，有利于增进国际社会对中国成长历程的理解和对中国民族文化的认同，更能够在全球艺术传播过程中提升中国对外话语的创造力、感召力与公信力。随着信息新技术、新理念的推陈出新，黄河文化传播应以文化资源作为传播内容的基础，以融媒体的新技术应用作为传播载体，以创新性的传播模式为突破点，深入推进黄河文化的跨次元跨文化传播，形成文化宣传合力，向世界展示中华文化风貌。

五 结语

黄河文化跨次元传播不可能在短期内一蹴而就，需要被不断挖掘、不断发展、不断丰富。数字媒体技术的发展为黄河文化提供了更广阔的跨次元机遇，经由二次元文化向主流文化的融合，是黄河文化跨次元传播的有效路径。保护和传承黄河文化是时代赋予中华儿女的责任和使命，应当结合时代特点，用新技术、新形式、新方法讲好黄河故事，使黄河文化获得创新性发展，创造文化新价值，提升中华文化的国际影响力，有利于坚定中华民族的文化自信，为中华民族的伟大复兴凝聚精神力量。

G.21
黄河流域文化旅游发展报告

蔡 君　李光子[*]

摘　要： 黄河流域9省区旅游发展规模、接待能力和旅游经济贡献发展不平衡，呈现东—中—西空间分异特征，各省区旅游总收入对地区生产总值的贡献表现出中间高两端低的现象。黄河流域省区文化旅游发展存在旅游资源优势发挥不足、沿黄省区合作不足、文化遗产保护资金短缺等问题。因此提出建立跨区域联动机制、推动黄河文化带叠加丝绸之路经济带的文化遗产保护和活化等文旅融合发展对策及建议。

关键词： 黄河流域　文旅融合　区域合作

一　黄河流域文化旅游发展概况

（一）旅游发展规模和经济贡献

1.黄河流域省区旅游业发展概况

黄河流域包括青海、四川、甘肃、宁夏、内蒙古等9省区，总流域面积79.5万平方公里。中华文明孕育于黄河流域，沿流域分布着众多年代久远、类型丰富的历史文化遗产。黄河是中华民族的母亲之河、文化之河。黄河跨越多个地理单元，流经青藏高原、内蒙古高原、黄土高原和华北平原，沿线拥有高山大川、沙漠戈壁、草原湖泊等丰富的自然景观，旅游资源类型丰

---
* 蔡君，北京林业大学园林学院旅游管理系主任、教授，博士生导师，研究方向为旅游文化与旅游规划；李光子，北京林业大学园林学院博士研究生，研究方向为风景旅游规划与设计。

富、禀赋优良。

位于黄河流域的四川省、陕西省、内蒙古自治区、甘肃省、青海省、宁夏回族自治区等属于西部省区，占黄河流域省区的2/3。西部内陆省区生态脆弱，经济发展滞后，旅游业发展受到一定掣肘。

从全国旅游业发展情况来看，近10年我国旅游业仍然处于持续增长态势。[①] 2011年国内旅游人次为26.41亿人次，旅游收入为19305亿元，2018年国内旅游人次为55.39亿人次，旅游收入为51278亿元，旅游总收入年均增速为14.94%，但2015年以后增速呈现放缓态势（见表1、图1）。

表1　2011~2018年中国旅游收入情况

旅游收入	2011年	2012年	2013年	2014年	2015年	2016年	2017年	2018年	年均增长率（%）
国内旅游收入（亿元）	19305	22706	26276	30311	34195	39390	45661	51278	14.98
国际旅游收入（亿美元）	485	500	517	1054	1137	1200	1234	1271	14.76
旅游总收入（亿元）	22700	26206	29895	37689	42154	47790	54299	60175	14.94

图1　2011~2018年中国旅游总收入及其增长率

① 本报告资料来源于历年《中国统计年鉴》《中国旅游统计年鉴》《中国文化和旅游统计年鉴》。

黄河流域 9 省区旅游发展不平衡，2011~2019 年的旅游总收入统计数据（见图 2）表明，黄河上中游省区进入快速发展阶段。2016~2019 年黄河上游省区青海、甘肃、宁夏旅游总收入年均增长率分别为 21.86%、30.00%、17.89%。

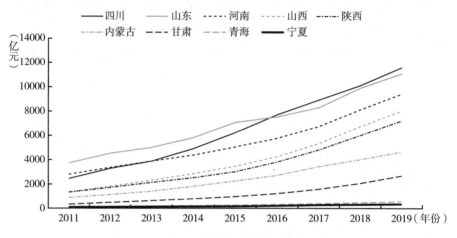

图 2　2011~2019 年黄河流域省区旅游总收入

四川境内黄河流经区域主要在阿坝州，四川省在经济发展、地理区位、交通便利条件等方面都优于青甘宁，主要处于长江流域发展带上，是旅游资源大省，2016~2019 年旅游总收入年均增长率为 14.6%，2018、2019 连续 2 年旅游总收入超过万亿元。黄河中游主要包括陕西、山西、内蒙古，2016~2019 年陕西、山西、内蒙古旅游总收入年均增长率分别为 23.69%、23.67%、19.77%；黄河下游省份山东、河南旅游发展规模明显大于上中游，同期旅游总收入年均增长率分别为 13.8%、18.7%，虽然山东旅游业发展和全国旅游业发展总态势一致，均呈现放缓的趋势，但山东旅游收入和接待游客人数一直位居黄河流域省区前列，2019 年旅游总收入破万亿元。虽然青海、甘肃、宁夏旅游总收入增长水平都高于全国旅游总收入增长水平，但旅游总收入和旅游人次基数与黄河中游下游省区相比明显处于弱势，2019年，山东和四川的旅游总收入分别是宁夏的 34.1 倍和 32.6 倍。

2016~2018 年黄河流域省区入境旅游市场总体保持平稳，2018 年山东和青海入境旅游人次较 2017 年略有下降。陕西、山东、四川入境旅游人次排在黄河流域省区前三，2018 年分别为 437.14 万人次、422.00 万人次和 369.82 万人次。山东入境旅游收入在 9 省区中位居第一，2018 年为 32.93 亿美元。可以看出经济发达地区、旅游资源大省具有更强的入境旅游吸引力。2016~2018 年内蒙古、河南、山西入境旅游人次增长平稳，2018 年接待入境旅游人次分别为 188.08 万人次、167.25 万人次和 71.35 万人次。黄河上游甘肃、青海、宁夏内陆省区入境旅游资源类型丰富，文化可识别度高，但入境旅游发展仍然滞后，2018 年甘肃接待入境旅游人次 10.01 万人次，青海、宁夏都不足 10 万人次，还有很大的提升空间（见表 2）。

表 2　2016~2018 年黄河流域省区入境旅游人次和收入

单位：万人次，亿美元

省区	入境旅游人次			入境旅游收入		
	2016 年	2017 年	2018 年	2016 年	2017 年	2018 年
山　西	62.98	67.00	71.35	3.17	3.50	3.78
内蒙古	177.91	184.83	188.08	11.39	12.46	12.72
山　东	328.82	440.52	422.00	30.63	31.74	32.93
河　南	149.93	155.89	167.25	6.47	6.62	7.23
四　川	308.79	336.17	369.82	15.82	14.47	15.12
陕　西	338.20	383.74	437.14	23.39	27.04	31.27
甘　肃	7.15	7.88	10.01	0.19	0.21	0.28
青　海	7.01	7.02	6.92	0.44	0.38	0.36
宁　夏	5.12	6.53	8.82	0.41	0.37	0.56

2. 黄河流域省区旅游接待能力

酒店、旅行社是目的地接待能力和水平的基本构成和体现。酒店不仅为游客提供了临时住所，也是休闲度假旅游发展的重要接待设施，酒店的数量、等级和类型是地方旅游发展水平的"晴雨表"。旅行社不仅是大众旅游活动的组织者，还是目的地旅游产品供应商的分销渠道，是连接旅游消费者和旅游产品供应商的纽带。旅行社不仅是外来游客体验目的地和旅途沿线各

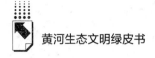
项旅游产品的重要组织者和服务者，也是本地居民前往国内外参与旅游活动的重要服务机构，因此在一定程度上反映了本地居民旅游消费情况。

从 2016~2018 年黄河流域省区星级酒店数量来看，可以将其分为三级梯队：第一梯队仍然是山东和河南，尤以山东星级酒店数量最多；第二梯队为四川、甘肃、陕西、内蒙古和山西；第三梯队为青海和宁夏。2016~2018 年山东星级酒店分别为 622 家、586 家、544 家，酒店客房分别为 86555 间、82112 间、79481 间；河南同年段对应酒店分别为 411 家、389 家、371 家，酒店客房分别为 53925 间、52649 间、50468 间。星级酒店数量较多不仅和山东、河南两省拥有世界级的泰山、曲阜孔庙、云冈石窟、嵩山少林寺等文化遗产有关，而且与这两省经济总量大、经济活动活跃、人员流动频繁有密切关系。值得注意的是，山东和河南星级酒店和客房数量呈逐年下降趋势，这和全国星级酒店数量呈现一致的下降趋势。2016~2018 年全国星级酒店总数分别为 9861 家、9566 家、8962 家。由于经营成本上升、竞争激烈、市场饱和等，一部分星级酒店被淘汰，一部分星级酒店转型不再经营酒店业务。第二梯队四川、甘肃、陕西在 2016~2018 年星级酒店和客房数量上要多于内蒙古和山西，且整体呈逐年上升态势，2017~2018 年三省都有 300 家及以上星级酒店。2016~2018 年内蒙古星级酒店分别为 175 家、242 家、217 家，山西星级酒店分别为 194 家、203 家、185 家，且两省区星级酒店数量在2018 年较 2017 年均有所下降。四川、甘肃、陕西除了拥有九寨沟/黄龙、峨眉山、敦煌莫高窟、兵马俑等世界级自然和文化遗产，其省会城市成都、兰州、西安也是我国西部经济和文化中心、交通枢纽之一，但经济的活跃程度要低于黄河流域东部省份。内蒙古和山西都是资源型省区，旅游资源各具特色，内蒙古以草原、沙漠和民族风情著称，山西以名山、古城以及大院著称。但 2018 年内蒙古星级酒店和客房数量均多于山西且在 2016~2017 年度有较快增长，2018 年星级酒店数量略有下降。同是中西部省区，旅游接待能力差异显著可能和人口规模、资源存量、国家政策倾斜、少数民族地区产业扶持等有一定关系。

2016~2018 年青海星级酒店分别为 76 家、162 家、162 家，宁夏分别为

90家、94家、83家。两省区星级酒店数量相较黄河中下游省区有较大差距，其中青海星级酒店数量有大幅提高，而宁夏星级酒店数量整体呈下降趋势（见表3、图3）。青海是旅游资源大省，拥有三江源、青海湖、昆仑山、塔尔寺等世界级旅游资源，2000年以来，"大美青海"旅游形象宣传口号逐渐深入人心，"一圈三线三廊道三板块"旅游规划布局促进基础设施和项目逐步落地，形成青海旅游的后发优势。

表3　2016~2018年黄河流域省区旅游接待能力

省区	星级酒店（家）			客房（间）			旅行社（家）			旅游从业人员（万人）		
	2016年	2017年	2018年	2016年	2017年	2018年	2016年	2017年	2018年	2016年	2017年	2018年
山　西	194	203	185	25382	25920	23269	778	790	890	4.94	4.44	5.35
内蒙古	175	242	217	22144	25578	25711	956	992	1129	3.98	4.35	5.14
山　东	622	586	544	86555	82112	79481	2115	2220	2511	24.75	25.58	27.35
河　南	411	389	371	53925	52649	50468	1009	974	1147	10.45	10.21	10.55
四　川	298	323	329	43794	47161	47861	485	773	1148	11.31	13.43	14.74
陕　西	275	300	304	38608	42286	39577	696	737	819	9.09	8.86	8.31
甘　肃	299	304	307	32495	33196	35443	463	504	678	4.61	4.59	5.09
青　海	76	162	162	7654	14792	17267	231	284	491	1.60	2.30	1.59
宁　夏	90	94	83	9980	10464	9607	115	127	161	1.28	1.44	1.29
总数	2440	2603	2502	320537	334158	328684	6848	7401	8974	72.01	75.20	79.41

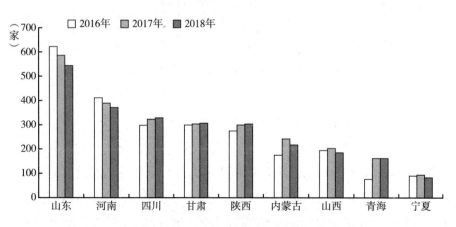

图3　2016~2018年黄河流域省区星级酒店数量

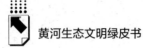

2016~2018 年黄河流域省区除河南外旅行社数量均逐年增加，但也呈现地域分化格局（见图4）。山东旅行社数量远超其他省区，2016~2018 年分别为 2115 家、2220 家、2511 家，而排在其后的四川、河南、内蒙古、山西、陕西 2018 年的旅行社数量分别为 1148 家、1147 家、1129 家、890 家、819 家。山东旅行社数量是其他省区的 2~3 倍，说明山东的旅游地接服务以及省内居民出游活动都非常活跃。第二梯队中四川旅行社数量增长较快，内蒙古在 2018 年旅行社数量也有较大增长，山西和陕西旅行社数量则保持稳定增长。甘肃、青海、宁夏这三省区相比较，甘肃旅行社数量高于其他两省区，2016~2018 年旅行社分别为 463 家、504 家、678 家，数量增长较快，青海旅行社数量提高幅度较大，而宁夏仍然处于末端，到 2018 年底旅行社数量不足 200 家。

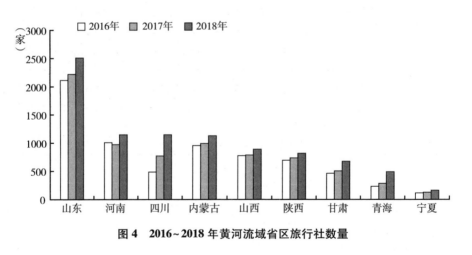

图 4　2016~2018 年黄河流域省区旅行社数量

本报告旅游从业人员数量来源于《中国旅游统计年鉴》（2017~2018）、《中国文化和旅游统计年鉴》（2019），主要包括星级酒店、旅行社和 A 级景区从业人员，是星级酒店、旅行社和 A 级景区固定从业人员之和。旅游从业人员数量与星级酒店和旅行社数量有着基本一致的分布。山东旅游从业人员数量最多，2016~2018 年分别为 24.75 万人、25.58 万人、27.35 万人；四川、河南、陕西旅游从业人员数量为 8 万~15 万人，其中四川的旅游从业人员在三省中数量最多，增长速度快，河南维持缓慢增长，而陕西略有下降；山西、内蒙古、甘肃旅游从业人员数量为3万~6万人，三省区旅游从业人员数量和增长速度接近。青海、宁夏旅游从业人员数量也处于黄河流域省区的末端，青海旅游从业人员数量虽多于宁夏，但2018年有所下降（见图5）。

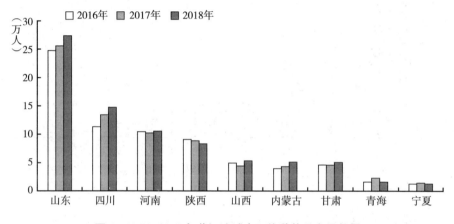

图5　2016~2018年黄河流域省区旅游从业人员数量

3.黄河流域省区旅游业的经济贡献

旅游业对经济的影响是一个动态过程，会受到地方资源、土地价格、人力成本、政府政策等多方面因素影响。旅游业对地方经济增长的影响计量方法包括运用协整理论通过时间序列数据对旅游业的经济贡献进行检验，以及多面板数据分析等。由于时间有限，本报告主要采用《中国统计年鉴》、《中国旅游统计年鉴》以及各省区国民经济和社会发展统计公报等面板数据，对各省区旅游总收入占地区生产总值的比重进行计算并比较，以便在短时间内快速描绘出各省区旅游业对地方经济贡献的基本轮廓。

根据《中国统计年鉴》（2017~2019），黄河流域省区地区生产总值总体呈现逐年增加的态势，由高到低排序仍然是山东最高，其后是河南、四川、陕西、内蒙古、山西、甘肃、宁夏和青海（见图6）。在31个省区市中，2018年广东地区生产总值为97278亿元，位列全国第一，山东为76470

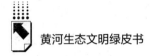

亿元，位列全国第三，河南、四川分别位列全国第五、第六。其他省区除了
陕西排第14位，内蒙古、山西、甘肃、宁夏和青海的地区生产总值都排在
第20位以后，宁夏、青海分别排在第28、29位。

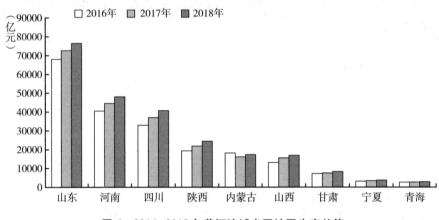

图6 2016～2018年黄河流域省区地区生产总值

　　旅游业发展对经济增长具有促进作用。通过比较各地区旅游总收入占地
区生产总值的比重可以看出，2016～2018年黄河流域省区旅游总收入占地区
生产总值的比重总体呈上升趋势，说明旅游对地方经济的贡献有逐渐加大的
趋势。在黄河流域9省区中，山西的旅游总收入占比最高，2016～2018年旅
游总收入占地区生产总值的比重年均达到35.64%。四川和陕西旅游总收入
年均占比接近，分别为24.12%和22.05%，但陕西增速更快。甘肃和内蒙
古旅游总收入占地区生产总值的年均比重分别为20.21%和19.85%，且都
有较快的增长。旅游总收入占地区生产总值比重低于20%的省区分别是河
南、山东、青海和宁夏，包括黄河流域经济最发达的两个省份和经济最不发
达的两个省份。2016～2018年山东旅游总收入占地区生产总值平均比重为
11.81%，青海为14.29%，但两省都呈现平稳上升趋势。青海和宁夏生态脆
弱，旅游业对经济的贡献应该起到更大的作用。但旅游业发展和地区经济发
展水平、基础设施条件等联系紧密，旅游经济增长与经济发展之间在空间上
具有显著相关性，我国旅游经济增长空间分异呈现东—中—西依次递减格

局，与经济实力呈现一致性。[①] 2016~2018 年青海旅游总收入占地区生产总值的平均比重为 14.29%，且有约 2% 的年均增长速度，宁夏位居最后（见图 7）。

图 7 2016~2018 年黄河流域省区旅游总收入占地区生产总值比重

（二）总结

黄河流域 9 省区旅游发展规模、接待能力和旅游经济贡献发展不平衡，呈现东—中—西空间分异特征。近 10 年黄河流域省区旅游收入和接待人次呈现持续上升趋势，黄河上游省区处于经济发展地区差异的低位地区，但旅游资源禀赋高、特色鲜明，具有较大的提升空间。四川在黄河上游地带，旅游接待人次和旅游收入远超青甘宁，但由于黄河流经川西边缘地区，带动效应较弱，因而呈现四川在黄河上游区域"一枝独秀"的极化分化格局。黄河中游省区接近京津冀主要市场，西安曾是中国历史上重要的国都，文化旅游资源质量高、类型丰富、分布集中，具有国际影响力和吸引力，能够形成带动效应，尤其是 2018 年国家发改委等部门印发的《关中平原城市群发展

---

① 李冬花等：《黄河流域高级别旅游景区空间分布特征及影响因素》，《经济地理》2020 年第 5 期。

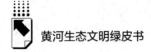

规划》，具有促进黄河中游省区对接市场空间由东向西、由南向北拓展，促进旅游业在黄河中游地带优化均衡发展的综合效应。黄河下游的山东、河南地处京沪、京广交通枢纽，南接长三角，北邻京津冀，旅游发展具有良好的资源基础和市场潜力。山东、河南在旅游总收入、星级酒店和旅行社数量、旅游从业人员数量等方面呈现绝对优势，但旅游发展有放缓趋势，星级酒店数量也有所下降。河南应借助中原城市群建设完善先进制造业和现代服务业基地，在继续发展传统观光旅游基础上，促进休闲、度假康养和商务会展等旅游新业态的发展。山东半岛城市群衔接日韩东北亚市场，应进一步开拓日韩国际市场，并辐射黄河流域中上游的内陆省区。

黄河流域省区旅游总收入对地区生产总值的贡献表现为中间高两端低，黄河中游省区山西、陕西、内蒙古以及上游的甘肃、四川旅游总收入占地区生产总值的年均比重接近或超过20%，而黄河下游最发达的山东、河南以及黄河上游的两个省区青海、宁夏旅游总收入在地区生产总值中占比低于中部地区的山西、陕西和内蒙古。山东、河南是多元经济大省，农业、工业、旅游业都比较发达，虽然旅游业在这两个省都是战略性支柱产业，但其他产业产值占有更大比重。青海、宁夏旅游经济与其总体的经济发展水平也有密切关系，欠发达地区要提升整体水平，促进综合发展，加快基础设施建设，提高教育水平以及旅游接待能力和服务质量。

二 黄河流域省区文化旅游发展的问题与挑战

（一）旅游资源优势发挥不足，上中下游旅游业发展不平衡

旅游资源禀赋对旅游目的地竞争力有较大影响。黄河流域9省区拥有众多历史悠久、文化底蕴深厚的历史城镇和乡村聚落，敦煌莫高窟、兵马俑、泰山等众多世界文化和自然遗产是吸引海外市场的重要资源。此外，各具特色的非物质文化遗产和民族风情、类型丰富的自然资源和各级文化遗产等共同构成点—线—面旅游资源网络。黄河流域省区2018年A级景区有3600

个，其中 5A 级景区 59 个、4A 级景区 1052 个。多数省区存在坐拥出色的资源但市场对接不足、营销滞后以及体验质量欠佳等问题。黄河上游省区青甘宁问题更突出，中下游省区有些是局部问题。如南太行跨越河南、山西两省，文化积淀深厚，风景质量上乘，但没有形成统一品牌，与京津冀、苏浙沪等大市场的对接和营销工作没有取得特别显著的成效。

黄河流域各省区旅游业发展不平衡，下中上游及其相对应的东—中—西部旅游业发展空间分异明显。黄河下游省份山东、河南旅游发展规模明显大于上中游，山东旅游收入和接待游客数量一直位居黄河流域各省区前列，2019 年旅游总收入破万亿元，黄河中游的陕西、山西、内蒙古，2019 年旅游总收入在 4000 亿~8000 亿元，位于黄河上游西部内陆地区的青甘宁 2019 年旅游总收入三省区之和是 3000 多亿元，山东、四川单省旅游总收入是三省区之和的 3 倍还多。沿黄河流域省区突破各自瓶颈，相互引流和协作发展，是拓展更大市场的关键。

（二）沿黄省区合作不足，黄河流域文化旅游区域品牌亟须培育

目的地品牌是用名称、符号、标志等来识别和区分不同的目的地。它给游客带来独特的旅游体验，这种体验使得该目的地独一无二，同时，品牌还能巩固和强化目的地旅游经历的愉快回忆。[1] 目前黄河流域省区尚未形成统一的黄河文化旅游品牌，各省区有关黄河文化的实质建设和品牌营销各自为政，质量参差不齐。此前黄河流域中下游省区开展过相邻区域的品牌建设合作行动，如 1986 年由山西运城市、陕西渭南市、河南三门峡市成立的"晋陕豫黄河金三角地区经济协作区"，并于 1999 年正式组建为"秦晋豫黄河金三角地区旅游协作区"。1997 年，由渭南市、延安市、韩城市、临汾市、运城市、河津市、宜川县、吉县共同成立了"中国黄河龙门—壶口八地市县旅游协作区联谊会"，合作开发黄河龙门

---

① Morgan Nigel Annette Pritchard, Roger Pride, eds., *Destination Branding: Creating the Unique Destination Proposition* (Oxford: Butterworth Heinemann, 2002).

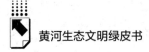

至壶口段丰富的旅游资源。山东沿黄九市 2020 年 7 月成立黄河流域城市文化旅游联盟，河南郑州市以"华夏之源、黄河之魂"打造国家黄河历史文化主地标城市。黄河上游的兰州市是黄河穿城而过的唯一省会城市，但在黄河主题创新文化建设、品牌辐射和带动、品牌营销和宣传等方面仍有很大的提升空间。

（三）文化遗产保护资金短缺，文化资产活化利用创新能力不足

黄河是中华文明起源和发展的重要河流，沿黄流域有众多历史文化遗址，有些遗址仍然需要加大保护力度，如长城遗址存在交通等基础设施建设遭到破坏，以及旅游开发修复不当的问题。此外，黄河流域多处早期人类文化遗址以及墓葬遗址等，大都深埋地下，遗址所在的地表之上多已开垦农田。土地权益问题直接影响到居于土地之上居民的利益以及政府的权益，遗产保护和土地利用权益产生多种矛盾和冲突，[①] 这些问题在黄河上游省区表现得更为突出。如黄河中下游省区的早期人类文化遗址，河南的仰韶文化遗址、西安的半坡遗址都已经被发掘整理建立博物馆，遗址既得到保护又能够发挥考古、教育以及旅游的作用。此外，西安曲江新区、大唐芙蓉园等将大型遗址保护与文化旅游、现代服务业相融合，与城市特色风貌重塑、城市历史文化活现等相结合，创新文旅产品和服务。但甘肃临洮的马家窑文化遗址、天水的西山坪遗址等由于资金短缺等问题既没有被保护好、传承好，也没有被利用好。

三 黄河流域文旅融合发展对策及建议

（一）建立跨区域联动机制，加强区域合作

2020 年，为应对国际复杂局势变化，国务院先后出台了新时代西部大

---

① 孙华：《我国大型遗址保护问题的思考》，《中国文化遗产》2016 年第 6 期。

开发、构建国内国际双循环等重大政策，这对于黄河流域各省区发展是又一次重大机遇。应充分发挥这些重大政策的驱动作用，打破区域行政壁垒和部门壁垒。2018年，《中共中央　国务院关于建立更加有效的区域协调发展新机制的意见》提出，统筹发达地区和欠发达地区发展。因此，首先应加强黄河上游内陆省区青甘宁和中下游地区的互惠合作，各省区文旅部门应联合起来成立黄河流域文化旅游联盟，沿黄省区应进行深度合作，在旅游营销、线路推广、节事活动开展等方面实现共促、共建、共享，推动沿黄区域各地及其旅游企业对黄河文化旅游资源进行深入挖掘、梳理、整合和提质。在建设黄河文化旅游统一品牌的基础上，毗邻省区以及三省交会省区要加强合作，如小西北青甘宁，豫晋陕三省交界的三门峡、运城、潼关、渭南、西安、宁夏、内蒙古的银川、中卫和阿拉善左旗的腾格里沙漠等，通过串联旅游线路，创新旅游产品，形成互促、互补、互相成就的协同发展格局。

"双循环"发展战略将进一步促进西部地区实现现代化，提升公共服务水平和基础设施通达程度，提高人民生活水平。社会经济发展也将带来人口集聚，旅游需求水平与消费能力提高。黄河流域省区通过吸引资金增加旅游项目投资和提质，优化产业结构，提升区域综合竞争力。黄河流域省区是目的地，承接东部沿海的消费者，同时也应该具有生发和创新潜力，通过推出黄河流域旅游年卡为沿黄流域居民提供景区门票、住宿等优惠政策，释放居民旅游需求，促进黄河流域省区之间互送客流。

（二）推动黄河文化带叠加丝绸之路经济带的文化遗产保护和活化

黄河流域的历史遗址类旅游资源极为丰富全面，其中以西安和洛阳一带尤为突出，其可作为整个黄河流域历史文化旅游的核心城市。各省区目前对于世界遗产类资源已具有较为成熟的旅游发展经验，而史前遗址类和陵墓类资源在保护和利用方面还未得到足够的重视。

丝绸之路是一条横贯亚欧大陆、联结中国和欧洲的商贸和文化交流之路。古丝绸之路东起长安，西至罗马，全长7000多公里，在中国境内总长4000多公里。这是一条文化之路、信息之路，沿线各个国家和地区通过商

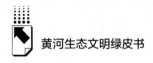
贸往来互通有无、传播文明，促进东西方文化交流，推进了人类社会发展。2014 年，丝绸之路作为线路遗产整体申报，经中国、哈萨克斯坦、吉尔吉斯斯坦联合申报，以"丝绸之路：长安—天山廊道路网"入选《世界遗产名录》。

丝绸之路黄河流域段主要包括陕西、河南、甘肃、宁夏和青海，这一区域处于丝绸之路东段。古丝绸之路始于长安，关中平原土地肥沃、水系纵横，是我国最早、最先进的农业区，也是中华文明的摇篮。

2015 年我国发布了《推动共建丝绸之路经济带和 21 世纪海上丝绸之路的愿景与行动》，为丝绸之路沿线区域的旅游业发展带来了新机遇，旅游业是文化交流活跃、上下游经济带动强劲的综合性产业，应充分发挥旅游业在丝绸之路经济带的先行军作用。

1. 重视对遗址的保护、整理，创新利用活化遗产

丝绸之路黄河段有多种类型的文化遗址，包括史前遗址、城镇遗址以及陵寝遗址等。史前遗址是人类历史发展阶段的具体反映，是珍贵的文物资源，也是重要的旅游资源。目前遗址保护和旅游发展比较成熟的主要有河南仰韶文化遗址、西安半坡文化遗址，它们同时也是 4A 级景区。而甘肃临洮马家窑文化遗址出土的彩陶具有很高的艺术和文化价值，但在遗址保护和遗址博物馆建设等方面都相对滞后。很多史前遗址深埋地下，遗址所在的地表之上多已开垦农田或是撂荒地。长江流域遗址保护利用已经积累了很好的可以借鉴的实践经验。如浙江杭州的良渚古城遗址、四川广元的三星堆国家考古遗址公园，其在遗址保护、考古研究、研学、国际交流和公众参观等方面发挥了多种功能。杭州的良渚文化村借助良渚遗址拓展了遗址的文化休闲和度假功能。

青海、甘肃可以联合挖掘整理新石器时代晚期文化（马家窑文化、齐家文化）。此外，甘肃河西走廊是丝绸之路重要的廊道，东西方文明也在这里交流荟萃，东部的汉族、满族，北部蒙古高原的匈奴、鲜卑、突厥、回鹘、蒙古等族，南部青藏高原的羌族等，西部月氏和其他民族，都集聚于此，各民族在此进行商贸往来，从事农牧生产活动，促进了民族之间的交流

和融合。河西走廊丝绸古道上的黑水国、破城子、玉门关、阳关等众多遗址，是丝绸之路上宝贵的文化遗产，但在保护和展示、遗产线路开发和促销、文化产业融资等方面与其他地区相比仍然有很大差距。宁夏应重点展示西夏文化和中石器时代文化；陕西、河南是历史文化遗址密集分布的省份，包括史前人类遗址、古城遗址、陵寝遗址、工业遗址等，可实现全面化、多元化发展；山东在以世界遗产为发展引擎的同时，作为新石器时代晚期文化（大汶口文化、龙山文化）的重点分布区还应进一步挖掘整理文化遗址，建立遗址公园等，使遗址发挥更全面的作用。

2. 联合丝绸之路沿线国家，进一步深化"一带一路"文化旅游国际合作

联合国世界旅游组织（UNWTO）于 1994 年提出"丝绸之路旅游项目"，到 2018 年，有亚、欧、非 34 个成员国加入该项目。该项目旨在促进成员国开展跨国探险和文化旅游，增加旅游投资，促进丝绸之路沿线自然和文化遗产的保护。欧洲的西丝绸之路旅游发展驱动（Western Silk Road Tourism Development Initiative），是中小企业和企业竞争力（Competitiveness of Enterprises and Small and Medium Size Enterprises，COSME）与欧盟共同资助的研究组织，旨在通过市场研究帮助欧洲中小企业在境外运营企业并且改善进入市场的条件，促进可持续旅游和文化交流。中国提出"一带一路"愿景和倡议后，在完善区域旅游交通网络，开放各国旅游市场，共建区域旅游线路、产品和品牌等方面取得了很大进步，但在丝绸之路东部各国学术领域的合作还没有建立类似西丝绸之路的研究合作组织，为丝绸之路的跨国和区域企业发展以及可持续旅游等提供研究依据。在中国发起的"一带一路"合作框架下，促进建立丝绸之路东部旅游发展研究组织，联合丝绸之路东部国家尤其是俄罗斯、蒙古国等，建立研究机构并与西丝绸之路学术组织建立合作和共建共享机制。

新冠肺炎疫情过后，中国应以更加开放的行动拓展丝绸之路沿线国家的交流与合作，国之交在于民相亲，文化交流与旅游能够增进人们之间的理解和信任。应进一步联合俄、蒙等国家，推动中俄、中蒙以及其他东欧国家等进行文化交流与跨境旅游合作区的建设，共同开发文化旅游产品和线路，加

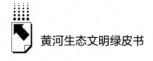
快与国际文化旅游服务标准接轨。

我国丝绸之路沿线叠加黄河流域有众多文化古道，在详细踏勘考察的基础上，可以推出不同难度等级的游线，包括草原丝路、青海"羌中道"等对于海内外探险爱好者具有较大吸引力的探险路线。

西安目前已经具有较好的国际旅游接待能力，应该继续完善城市品牌和形象，同时促进兰州、西宁、银川省会（首府）城市进一步开放和国际化，简化国际旅游城市间入境游客签证通关流程，增加国际旅游者互免签证、落地签和电子签证的国际空港城市数量，培育丝绸之路沿线国家市场，促进入境旅游人次、入境旅游收入的增长。

（三）推动文化遗产和文化产品的数字化发展

疫情防控期间，世界上很多国家推出数字博物馆展览、线上歌剧、音乐剧、音乐会等文化节目，大部分免费。这也是培育市场、培育观众的过程，既有公益效应，也有广告宣传的作用。数字敦煌在我国文物数字化进程中走在前列，腾讯公司与敦煌研究院联合推出的一项基于新文创战略和互联网思维的数字化文保项目——数字供养人，以"科技+文化"的方式，通过数字化保护方式创造性地为传统文化有效传播带来更多机遇。

沿黄流域各省区博物馆、文化遗址等应积极和互联网公司合作，通过数字传播以及 AR（增强现实）、VR（虚拟现实）等技术的串联，为游客展现更丰富的体验场景，使其身临其境地感受旅游目的地背后的历史文化底蕴。同时重视日常使用的新技术和新媒体的重要性，开发在线的旅游和文化节目，达到更广泛的宣传效果。

Abstract

The general secretary Xi Jinping points out that "culture is the soul of a country and a nation", "without a high degree of cultural confidence, without a thriving culture, there would be no China Dream". The Yellow River gives birth to the Chinese civilization and the cultural heritage of the Yellow River continues the historical and national context. "Protecting and carrying forward the Yellow River culture" is an important component of ecological protection and high-quality development in the Yellow River basin. The second volume of *Green Book of Yellow River Eco-Civilization*: *Annual Report on Eco-Civilization Construction of the Yellow River Basin* (*2021*). With the theme of "protecting and inheriting the cultural ecology of the Yellow River, developing the ecological culture of the Yellow River", it is divided into a general report and twenty sub-reports. The general report is based on the objective ecological elements of human development, the civilized elements of meeting basic human needs and overall development. Firstly, this report expounds the relationship of unity and pluralism among ecology, culture and civilization in the Yellow River basin. Secondly, from the pre-qin to present, taking the historical evolution and development of the Yellow River culture in China as a clue. Exploring the Chinese ecological wisdom and practical wisdom, pointing to the significance of Yellow River culture protection and inheritance. Thirdly, led by problem awareness, the future direction of Yellow River culture development is pointed out from the development path and the mentality, macro design and leading direction. Constructing the cultural system of the Yellow River, especially the ecological cultural system. The twenty sub-reports contain three themes: history, ecology and cultural tourism. The history chapter takes prehistoric culture, farming culture, red culture, and the culture of the revolutionary base area of Nanliang as

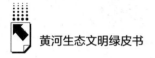

the whole process, based on the development of the national culture of the Yellow River basin from ancient times to the present, analyzes the Chinese cultural lineage that runs through it, studies the occurrence, development and transformation of the Yellow River culture. Through studying the occurrence, development and transformation of the Yellow River culture, it shows that the importance and richness of the Yellow River culture reflected people's material and spiritual life. The ecology chapter is based on the natural environment and social environment of the Yellow River, including water culture, forest culture, ancient trees and famous trees culture, grassland culture, desert culture, tea culture, Jade culture, Chinese medicine culture, human settlements culture, wood construction culture and so on. The reports points to the civilization system of Yellow River culture based on geographical environment, natural phenology and human practice, and its contemporary inheritance and challenge. The cultural tourism chapter is based on the presentation of the Yellow River culture with category, including the grotto art, Regong art, the Yellow River culture in ancient poetry, the Yellow River culture in British literature, the trans-dimensional communication of the Yellow River culture and the cultural tourism in the Yellow River basin. Based on promoting the integration and development of culture and tourism, innovative means of communication. With the low carbon benefits and cultural benefits of the cultural tourism industry, we serve the national cultural construction and create a pillar industry for the cultural development of the Yellow River basin. The different themes in the sub-reports all emphasize the historical and ecological perspective to highlight their own heritage in history. While observing its occurrence and development, the reports deep into the ecological practice category and contribute to the core energy of ecological culture for the high-quality development of the Yellow River basin.

Keywords: Yellow River Culture; Ecological Culture; Cultural Heritage Protection; Yellow River Basin

Contents

I General Report

Abstract: Human beings have gestated the colorful cultural ecology of the Yellow River in the activities of the Yellow River basin. The continuity of the Yellow River culture from ancient times to the present has made it the principal part of Chinese civilization, the root and soul of the Chinese nation, and the context of the Chinese nation. Protecting, inheriting and promoting the Yellow River culture is an important foundation for strengthening the cultural identity and self-confidence of the Chinese nation. It is the spiritual force for building an advanced culture of socialism with Chinese characteristics and realizing the Chinese Dream. The fragile foundation of ecological environment and the lagging level of economic development in the Yellow River basin restrict the development of the Yellow River culture. In the new era, under the guidance of Xi Jinping's Thought on Ecological Civilization, we should explore new paths and new ideas for the protection and development of the Yellow River culture, building a cultural system of the Yellow River, especially an ecological culture system. These provide a solid cultural foundation and cultural guarantee for building a beautiful and happy Yellow River.

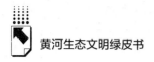

Keywords: Yellow River Culture; Ecological Culture; Pluralistic Integration; Cultural Heritage Protection; Yellow River Basin

II   Topical Reports

G.2   Report on the Development of Prehistoric Culture in the Yellow River Basin *Zhao Yan, Lin Zhen* / 047

Abstract: The Yellow River valley is the main birthplace of Chinese civilization and ancient Chinese people. The Yellow River culture is an important part of Chinese civilization, which is the root and soul of the Chinese nation. There are extensive prehistoric cultural sites in the upper, middle and lower reaches of the Yellow River, including the representative culture of Dadiwan culture, Yangshao culture, Majiayao culture, Qi culture, Longshan culture, Erlitou culture, Dawenkou culture and so on. The prehistoric cultural heritage of the Yellow River includes tangible heritage and intangible heritage. We should protect and utilize the prehistoric cultural heritage of the Yellow River well. It plays an important role in inheriting the excellent traditional Chinese culture, telling the story of the Yellow River culture and enhancing the cultural confidence.

Keywords: Yellow River Culture; Chinese Civilization; Prehistoric Culture; Heritage Protection; Yellow River Basin

G.3   Report on the Development of Agricultural Culture in the Yellow River Basin

Zhang Xiuqin, Zhong Yadong, Xu Feng and Sun Qiyuan / 068

Abstract: The Yellow River valley is the important birthplace of Chinese agricultural civilization, where the stone age agricultural culture sprouted and developed. For thousands of years, Chinese civilization has flourished and developed. Sustained progress in agriculture in the Yellow River basin has played a fundamental role. The region's agricultural cultural heritage includes farming and animal husbandry in the context of dry farming, widespread fruit tree planting, intensive use of water and soil resources, and traditional planting techniques that have been used ever since. Many practices embody the concept of "harmony between man and nature". The long-standing agricultural culture in the Yellow River basin is facing unprecedented problems and crises. This should be planned in advance, adapted to local conditions, protected the environment with the effective inheritance and protection.

Keywords: Yellow River Basin; Agricultural Culture; Agricultural Heritage Systems

G . 4　Report on the Development of Red Culture in the Yellow River Basin

Chen Lihong, Mou Wenpeng, Chen Chen and Wang Xiaodan / 081

Abstract: Red culture in the Yellow River basin is an advanced culture created and inherited by the Chinese Communist Party in the course of the Chinese People's Revolution. The Yellow River basin is rich in red culture resources, and the old revolutionary area is the concentrated embodiment of red culture, which breeds the red spirit with rich connotation. Looking back on the history, red culture in the Yellow River basin is an important spiritual motive force for the victory of the Chinese Revolution. To protect red resources, inherit red genes and realize the innovation and development of red culture in the Yellow River basin.

Keywords: Yellow River Basin; Red Culture; Old Revolutionary Base Area; Time Value

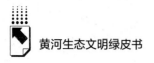

G . 5   Report on Cultural Development of Nanliang Revolutionary

Base Area   *Liu Zhili* , *Li Hongju* / 096

Abstract: Nanliang is located at the foot of Daliang Mountain in the middle section of Ziwu Ridge (Qiaoshan Mountain Range) at the junction of Shanxi and Gansu provinces. It is located in the Soviet government (also known as the Nanliang government) , which is rich in red cultural resources. The spirit of Nanliang formed during the land reform period is a representative culture. This region also has rich natural ecological resources and cultural resources. To combine the cultural resources of this area, avoid the short-sighted act of disorderly development, and to find a way of comprehensive protection and development. That is the inevitable way to achieve high-quality development of the region.

Keywords: Nanliang; Red Culture; Historical Culture; Ecological Civilization

G . 6   Report on the Development of Water Culture in the

Yellow River Basin   *Zhang Lianwei* / 111

Abstract: Water culture has a long history that has different types and functions. The water culture of the Yellow River basin is an important part of Yellow River culture as well as water culture of China, including the material form, the system form and the spirit form and so on. Actively promoting the protection and development of water culture in the Yellow River basin, that is an important cultural support for ecological protection and high-quality development. To promote the construction of water culture in the Yellow River basin, it is necessary to tell the stories of water culture, develop the water culture industry, enhance the cultural content of the hydraulic engineering, strengthen the protection and utilization of water cultural heritage, and promote the research and popularization of water culture.

Keywords: Yellow River Basin; Water Culture; Hydraulic Engineering; Cultural Heritage

Abstract: The Yellow River basin has a long history of forest culture.
General secretary Xi Jinping points out that we should protect and carry forward
the Yellow River culture, which means the Yellow River basin forest culture has
a good opportunity to develop. The Yellow River forest culture has three types:
forest material culture, forest system culture and forest spirit culture. We should
protect all types of forest culture, give full play to the functions and functions of
forest culture, tell the story of forest culture and make forest culture become a
beautiful cultural name card of the Yellow River basin. Therefore, we should
strengthen the protection and utilization of forest culture, realize the modern
transformation of forest culture, promote the dissemination and education of forest
culture actively, expand the development of forest cultural industries. Let the
forest culture of the Yellow River basin "stand up" in the development tide of
the new era.

Keywords: Yellow River Basin; Forest Culture; Cultural Industry

Abstract: The ancient and famous trees in the Yellow River valley are the
local "aborigines", which are related to people's life closely. Almost every old and
famous tree contains rich cultural significance. To excavate the material culture,
spiritual culture, system culture and behavior culture of ancient and famous trees is
helpful to inherit the Yellow River culture, tell the "Yellow River Story" and
continue the historical context. With the deepening of ecological civilization
construction of the Yellow River, the protection and management of ancient and
famous trees are paid more and more attention.

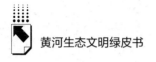

Keywords: Ancient and Famous Trees Culture; Yellow River Culture; Heritage Protection; Yellow River Basin

G.9 Report on the Development of Grassland Culture in the
Yellow River Basin   *Lu Xinshi，Dong Shikui* / 157

Abstract: Grassland culture is an important part of the Yellow River culture. The grassland culture of the Yellow River basin is concentrated in the upper and middle reaches of the Yellow River, including Anduo culture, Hehuang culture, Longyou culture, Hetao culture and so on. Grassland ecological culture is the essence of grassland culture, which reflects the ecological wisdom of respecting nature, conforming to nature and protecting nature. At present, we should further protect and explore the spiritual connotation of the grassland culture of the Yellow River basin , carry forward its value of the times and promote the innovative development and industrial development of grassland ecological culture in the Yellow River basin.

Keywords: Grassland Culture; Ecological Culture; Yellow River Basin

G.10 Report on the Development of Desert Culture in the
Yellow River Basin   *Dai Xiuli，Jie Fang* / 169

Abstract: The desert culture in the Yellow River basin is an important part of the Yellow River culture. It has both the generality and characteristics of the Yellow River culture and the desert culture. The desert culture is rich in content, diversified in forms and has the characteristics of distinct regionalism, remarkable pluralism and inclusiveness and so on. In the process of origin and historical evolution, a unique value system has been formed with the value orientation of realizing the harmonious coexistence between man and nature. The construction of ecological civilization in the desert area of the Yellow River basin is of great ecological, economic and political significance. The ecological crisis it faced is also a cultural crisis, a crisis of values. In the future, under the guidance of "Two Mountains Theory", it will surely usher in high-quality development.

Keywords: Yellow River Basin; Desert Culture; Cultural Reflection

G. 11   Report on the Development of Tea Culture in the Yellow River Basin

Qie Tingjie, Cai Ziwei and Zhou Guowen / 185

Abstract: Tea culture in the Yellow River valley has a long history. After thonds of years of development, each province and region have formed tea customs and drinking habits with local characteristics, which is a regional culture with the imprint of the Yellow River civilization. With the success and advancement of the "Tea Introduction from the South to the Norths" project, the geographical position of the Yellow River basin will be widened to the north of the boundary of tea cultivation, for the sustainable development of tea culture industry laid a material foundation. At present, tea culture is in the stage of vigorous development and is active in the stage of tea culture in the world. But still need to develop industry standards, create leading enterprises, set up innovative awareness and other aspects planned ahead.

Keywords: Yellow River Basin; Tea Culture; Tea Cultural Industry

G. 12   Report on the Development of Jade Culture in the Yellow River Basin

Li Yaqi / 199

Abstract: The development of jade culture in the Yellow River valley has a highly symbiotic relationship with the ancient civilization of the Yellow River

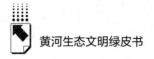

valley in China. The Yellow River basin is based on the concept of "Harmony between Man and Nature". The jade culture shows the spiritual and cultural functions of etiquette, power and morality, expanding the geographical knowledge and national ideas of the Central Plain civilization in the Yellow River valley and developing its aesthetic implication and form. At present, the jade culture is rich and has some advantages in the mineral resources in the Yellow River basin. But the cultural context is not enough to sort out and also lack of cultural creation. With the demand of cultural interpretation and development in the Yellow River basin, the jade culture shows the core of ecological view of nature and the characteristics of cultural inclusion. Looking forward to the new upgrading of cultural and creative industries relying on context.

Keywords: Yellow River Basin; Jade Culture; View of Nature

G.13 Report on the Development of Traditional Chinese Medicine Culture in the Yellow River Basin

Li Ming, Sun Huawei / 213

Abstract: Traditional Chinese medicine culture is an organic part of Chinese traditional culture. It is the embodiment of the concept of "Harmony between Heaven and Man", "Advocate Neutralization", "Conformity to the Four Seasons", "Combination of Appearance and Spirit" and "Yin-yang Balance" in the practice of health preservation. The unique human history and geography of the Yellow River basin give birth to the culture of traditional Chinese medicine. Actively promoting the inheritance and development of traditional Chinese medicine culture is an important cultural guarantee for the protection and high-quality development of traditional Chinese medicine industry in the Yellow River basin. To promote the construction of traditional Chinese medicine culture in the Yellow River basin is to constantly study and explore the connotation and extension of traditional Chinese medicine culture. To promote the construction of the Chinese medicine culture in the Yellow River basin is to continuously study and explore the connotation and extension of Chinese medicine culture, improve and strengthen the protection and utilization of ancient Chinese medicine relics and books, inherit and innovate the ideas and experiences of famous Chinese medicine masters, popularize and improve the health and cultural literacy of Chinese medicine among the public, encourage and cultivate a healthy lifestyle supported by Chinese medicine culture, and protect and promote well-known brands of Chinese medicine culture, so as to promote the revitalization and dissemination of Chinese medicine culture.

Keywords: Yellow River Basin; Traditional Chinese Medicine Culture; Cultural Communication

G.14 Report on the Development of Human Settlement

Culture in the Yellow River Basin

Liu Zhicheng, Yao Peng, Xu Tong and Ma Jia / 229

Abstract: The human settlement activities and the human settlement culture in the Yellow River basin have lasted for thousands of years. It is an important component of the culture and the result of human being adapting to the physical and geographical conditions of the Yellow River basin actively. According to the spatial scale, the historical dynamic construction process and general characteristics of human settlement culture in the Yellow River basin, the relationship is coupled and decoupled from the general cultural and geographical features, the regional features of the river basin and the characteristics of human settlements. In the history, the human settlement culture of the Yellow River basin was presented by means of rich material carriers directly related to human settlement activities, such as historic towns and villages, scenic spots and historical gardens. The core of human settlement culture is "People's Yearning for a Better Life" in the Yellow River basin. As the main tone and general direction, it is embodied in the overall civilization construction achievements of civilization,

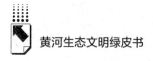

green, livable and so on.

Keywords: Human Settlement Culture; Historical and Cultural City; Historic Garden; Yellow River Basin

G.15 Report on the Development of Timber Structure Architecture Culture in the Yellow River Basin

Gao Ying, Meng Xinmiao, Wang Ning,
Mei Shiyi and Xuan Shiqing / 250

Abstract: The development of the timber structure architecture has a long history in the Yellow River basin. Its rich architectural types and complex structural system are one of the projections of the Yellow River culture. As one of the carriers of the Yellow River culture, this paper systematically summarizes the historical development and cultural connotation of the traditional timber structure architecture. It is of great significance for the Yellow River culture inheritance and development to repair and protect the timber structure architecture with new technology. The development of modern timber structure architecture should absorb the cultural connotation and advantages of the traditional timber structure architecture, to form cultural characteristics of the Yellow River basin with the modern timber structure architecture system. At the same time, we should fully pay attention to and tap the potential of timber structure architecture in the field of near-zero energy consumption and near-zero emission. While promoting the construction of ecological civilization in China, it helps the construction industry to achieve the goal of carbon neutrality.

Keywords: Timber Structure; Architectural Protection; Cultural Inheritance

362

Contents ⌐⟩

Abstract: The Yellow River basin is the area where Buddhism was first introduced into China. From the Hexi Corridor of Gansu province to the east, China's four largest grottoes and many important grotto remains are almost concentrated in the Yellow River basin, where is the center of Chinese Buddhist Grotto Art. This report describes the distribution, artistic characteristics and value of the grotto remains in the Yellow River basin. It analyzes the historical origin of multi-ethnic cultural integration of grotto art and the relationship between natural ecology and humanistic ecology. This report puts forward some countermeasures and suggestions on the problems of ecological threat, man-made destruction and insufficient research of grotto art.

Keywords: Grotto Art; Heritage Protection; Yellow River Basin

Abstract: As an important birthplace of Chinese civilization, the Yellow River basin is a multi-ethnic and multi-religious region. It is also the most representative area of Chinese culture and art. It is of special significance to protect, inherit and develop the culture and art of the Yellow River basin. Regong art is one of the most representative art forms formed by the fusion of different nationalities in the Yellow River basin. This report briefly describes the development of Regong art in recent years. From the point of view of natural ecology and human ecology, this report analyzes the integration of cultural inheritance and tourism development in the new era.

Keywords: Regong Art; Cultural Inheritance; Yellow River Basin

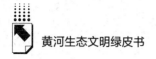

G.18 Report on the Development of the Yellow River Culture in Ancient Poetry *Liu Xuemei, Li Yuanhui* / 295

Abstract: Ancient Yellow River poetry is the treasure of Chinese civilization, containing rich ecological culture, social culture, military culture and water culture and so on. It is of great value to our construction of material and spiritual civilization in the socialism with Chinese characteristics of the new era. The poetry of the Yellow River has the value of ecological civilization, the education value of the Yellow River culture and the excellent traditional culture and the education value of the elegant art, etc.. So we should pay attention to and strengthen its mining and research.

Keywords: Chinese Civilization; Ecological Culture; Yellow River Culture; Traditional Culture; Elegant Culture

G.19 Report on the Development of Yellow River Culture Writing in British Literature

Nangong Meifang, Xia Fan, Du Min,

Liu Sicen and Tang Yuyuan / 308

Abstract: There are many writings about the Yellow River culture in British literature. It not only shows the process of western understanding of the Yellow River culture, but also reflects the influence of the Yellow River culture on the west. From the 14th century, when the Yellow River culture first appeared in English literature, the writing of the Yellow River culture by British literature writers experienced a process of "Fiction-Realistic-Pluralism". On the whole, the Yellow River culture was worshipped and praised before the 19th century. But it shows the identity of the Yellow River culture being instrumentalized from the perspective of the western subject. After the 19th century, under the background of increasing exchanges between China and foreign countries, the writing of the

Yellow River culture in British literature shows pluralism under the realistic representation.

Keywords: British Literature; Yellow River Culture; Yellow River Basin

G.20 Report on the Trans-dimensional Communication and Development of the Yellow River Culture

Yang Yixuan, Lin Zhen / 320

Abstract: The Yellow River is regarded as "the ancestor of four major river system", "the head of a hundred springs". The Yellow River culture formed in the Yellow River basin is the treasure of Chinese traditional culture. The trans-dimensional communication of the Yellow River culture injects new energy into the cultural development. With the help of the art form of the second-dimensional culture, the cultural value is transmitted in the circle of the new generation and the trans-dimensional communication of culture is realized. The mainstream culture is expressed in a non-mainstream form. The common creation means of the second-dimensional culture will be integrated into the Yellow River cultural creation and the trans-dimensional communication system of the Yellow River culture will be constructed. Constructing the digital database of the Yellow River cultural heritage, forming the commercial brand intellectual property, strengthening platform propaganda by means of cultural tourism, so that the dimensional culture merge into the traditional culture gene and promote the development of Yellow River culture.

Keywords: Yellow River Culture; Trans-dimension; Two-dimension; Cultural Communication

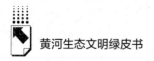
G.21   Report on the Development of Cultural Tourism in the

Yellow River Basin   *Cai Jun*, *Li Guangzi* / 334

Abstract: The scale of tourism development, the capacity of reception and the contribution of tourism economy of nine provinces and regions in the Yellow River basin are unbalanced. It shows the characteristics of spatial differentiation in the east-middle-west. The contribution of the total tourism income to the regional gross domestic product of various provinces and regions shows the phenomenon of high in the middle and low in both ends. There are some problems in the development of cultural tourism in the Yellow River basin, such as insufficient tourism resources, unbalanced tourism development in the upper, middle and lower reaches, insufficient cooperation between provinces and regions along the Yellow River and shortage of funds for the protection of cultural heritage. Therefore, this report puts forward some countermeasures and suggestions for the development of cultural tourism integration, such as establishing cross-regional linkage mechanism, strengthening regional cooperation, protecting and activating the cultural heritage protection in the Silk Road economic belt.

Keywords: Yellow River Basin; Cultural and Tourism Integration; Regional Cooperation

权威报告·连续出版·独家资源

皮书数据库
ANNUAL REPORT(YEARBOOK)
DATABASE

分析解读当下中国发展变迁的高端智库平台

所获荣誉

- 2020年，入选全国新闻出版深度融合发展创新案例
- 2019年，入选国家新闻出版署数字出版精品遴选推荐计划
- 2016年，入选"十三五"国家重点电子出版物出版规划骨干工程
- 2013年，荣获"中国出版政府奖·网络出版物奖"提名奖
- 连续多年荣获中国数字出版博览会"数字出版·优秀品牌"奖

皮书数据库　　"社科数托邦"
微信公众号

成为会员

　　登录网址www.pishu.com.cn访问皮书数据库网站或下载皮书数据库APP，通过手机号码验证或邮箱验证即可成为皮书数据库会员。

会员福利

- 已注册用户购书后可免费获赠100元皮书数据库充值卡。刮开充值卡涂层获取充值密码，登录并进入"会员中心"—"在线充值"—"充值卡充值"，充值成功即可购买和查看数据库内容。
- 会员福利最终解释权归社会科学文献出版社所有。

数据库服务热线：400-008-6695
数据库服务QQ：2475522410
数据库服务邮箱：database@ssap.cn
图书销售热线：010-59367070/7028
图书服务QQ：1265056568
图书服务邮箱：duzhe@ssap.cn

社会科学文献出版社 皮书系列
SOCIAL SCIENCES ACADEMIC PRESS (CHINA)

卡号：688462454878
密码：

中国社会发展数据库（下设 12 个专题子库）

紧扣人口、政治、外交、法律、教育、医疗卫生、资源环境等 12 个社会发展领域的前沿和热点，全面整合专业著作、智库报告、学术资讯、调研数据等类型资源，帮助用户追踪中国社会发展动态、研究社会发展战略与政策、了解社会热点问题、分析社会发展趋势。

中国经济发展数据库（下设 12 专题子库）

内容涵盖宏观经济、产业经济、工业经济、农业经济、财政金融、房地产经济、城市经济、商业贸易等 12 个重点经济领域，为把握经济运行态势、洞察经济发展规律、研判经济发展趋势、进行经济调控决策提供参考和依据。

中国行业发展数据库（下设 17 个专题子库）

以中国国民经济行业分类为依据，覆盖金融业、旅游业、交通运输业、能源矿产业、制造业等 100 多个行业，跟踪分析国民经济相关行业市场运行状况和政策导向，汇集行业发展前沿资讯，为投资、从业及各种经济决策提供理论支撑和实践指导。

中国区域发展数据库（下设 4 个专题子库）

对中国特定区域内的经济、社会、文化等领域现状与发展情况进行深度分析和预测，涉及省级行政区、城市群、城市、农村等不同维度，研究层级至县及县以下行政区，为学者研究地方经济社会宏观态势、经验模式、发展案例提供支撑，为地方政府决策提供参考。

中国文化传媒数据库（下设 18 个专题子库）

内容覆盖文化产业、新闻传播、电影娱乐、文学艺术、群众文化、图书情报等 18 个重点研究领域，聚焦文化传媒领域发展前沿、热点话题、行业实践，服务用户的教学科研、文化投资、企业规划等需要。

世界经济与国际关系数据库（下设 6 个专题子库）

整合世界经济、国际政治、世界文化与科技、全球性问题、国际组织与国际法、区域研究 6 大领域研究成果，对世界经济形势、国际形势进行连续性深度分析，对年度热点问题进行专题解读，为研判全球发展趋势提供事实和数据支持。

法律声明

"皮书系列"（含蓝皮书、绿皮书、黄皮书）之品牌由社会科学文献出版社最早使用并持续至今，现已被中国图书行业所熟知。"皮书系列"的相关商标已在国家商标管理部门商标局注册，包括但不限于LOGO（ ）、皮书、Pishu、经济蓝皮书、社会蓝皮书等。"皮书系列"图书的注册商标专用权及封面设计、版式设计的著作权均为社会科学文献出版社所有。未经社会科学文献出版社书面授权许可，任何使用与"皮书系列"图书注册商标、封面设计、版式设计相同或者近似的文字、图形或其组合的行为均系侵权行为。

经作者授权，本书的专有出版权及信息网络传播权等为社会科学文献出版社享有。未经社会科学文献出版社书面授权许可，任何就本书内容的复制、发行或以数字形式进行网络传播的行为均系侵权行为。

社会科学文献出版社将通过法律途径追究上述侵权行为的法律责任，维护自身合法权益。

欢迎社会各界人士对侵犯社会科学文献出版社上述权利的侵权行为进行举报。电话：010-59367121，电子邮箱：fawubu@ssap.cn。

社会科学文献出版社